寒旱区湿地环境特征
及生态修复研究

李卫平　宋智广　杨文焕　王志超　孙岩柏　高静湉　著

中国水利水电出版社
www.waterpub.com.cn
·北京·

内 容 提 要

　　本书以寒旱区湿地为研究对象，以内蒙古包头黄河湿地为典型代表，系统研究了我国北方寒旱地区湿地的环境特征及生态修复。全书在长期野外定位观测与研究的基础上，以包头黄河湿地水质及土壤物理指标为切入点，深入阐明了浮游植物、微生物、重金属、有机碳等与寒旱区湿地水、土环境的响应关系，并通过工程技术示范对寒旱区湿地的生态修复进行了探究。

　　本书内容丰富，深入浅出，结合环境科学领域的新理论、新方法、新技术，可供环境科学、环境工程、环境化学、湖泊学等专业的研究人员、大专院校师生以及环境、水利、自然资源等相关部门的管理人员参考。

图书在版编目（CIP）数据

寒旱区湿地环境特征及生态修复研究 / 李卫平等著
. -- 北京：中国水利水电出版社，2020.6
　ISBN 978-7-5170-8643-7

　Ⅰ. ①寒… Ⅱ. ①李… Ⅲ. ①寒冷地区－干旱区－沼泽化地－生态环境－特征－研究②寒冷地区－干旱区－沼泽化地－生态恢复－研究 Ⅳ. ①P941.78

中国版本图书馆CIP数据核字（2020）第108970号

书　　名	寒旱区湿地环境特征及生态修复研究 HAN - HANQU SHIDI HUANJING TEZHENG JI SHENGTAI XIUFU YANJIU
作　　者	李卫平　宋智广　杨文焕　王志超　孙岩柏　高静湉　著
出版发行	中国水利水电出版社 （北京市海淀区玉渊潭南路 1 号 D 座　100038） 网址：www.waterpub.com.cn E - mail：sales@waterpub.com.cn 电话：（010）68367658（营销中心）
经　　售	北京科水图书销售中心（零售） 电话：（010）88383994、63202643、68545874 全国各地新华书店和相关出版物销售网点
排　　版	中国水利水电出版社微机排版中心
印　　刷	北京瑞斯通印务发展有限公司
规　　格	184mm×260mm　16 开本　13 印张　324 千字
版　　次	2020 年 6 月第 1 版　2020 年 6 月第 1 次印刷
印　　数	0001—1200 册
定　　价	**68.00 元**

凡购买我社图书，如有缺页、倒页、脱页的，本社营销中心负责调换

前言

    湿地是自然界最富生物多样性和生态功能最丰富的生态系统；是野生动植物，尤其是鸟类最重要的栖息地；在抵御与调节洪水、降解污染物等方面具有不可替代的作用；是全球最大的碳库，在全球碳循环中起着重要作用；是重要的国土和自然资源，为人类的生产、生活提供了多种资源；被誉为"地球之肾""生命摇篮""物种基因库"等，是地球不可或缺的生存环境。湿地的保护管理和社会经济、生态效益息息相关，是实现可持续发展的重要环境基础。

    寒旱区湿地由于具有寒冷和干旱两个特殊气象条件，生态环境特征有其特殊性。包头黄河湿地地处我国寒旱区，地貌主体为黄河冲积平原，以河流湿地、沼泽湿地为主，地理位置独特，环境特征明显。包头黄河湿地位于全球候鸟迁徙的重要路线上，是鸟类、两栖类、鱼类等湿地生物生息繁衍的理想场所，物种丰富、景观独特，是包头市乃至西北寒旱地区一个得天独厚的宝贵自然资源。

    包头市现有湿地 36026.3hm²，占全市国土面积的 1.3%。其中，黄河滩涂湿地 29339hm²，占全市湿地面积的 81.4%，分布于黄河流经全市境内的 220km 沿线。湖泊和内陆湿地 6687.3hm²，占湿地面积的 18.6%，主要分布于大青山北部地区。

    然而，近年来随着包头的飞速发展，带来大量污染排放、开荒耕种、私挖乱建等破坏活动，黄河湿地应有的功能出现了退化，而且还出现包括黄河在内的地表水体富营养化、水土流失、土壤板结、土地沙化、盐碱化，生物物种数量减少等不良现象。过度的人为破坏使得包头黄河湿地生态系统的生物多样性呈减少趋势，生态系统越来越脆弱。黄河湿地的调查与保护亟待加强。

本书依托内蒙古科技大学寒旱区水环境团队对包头黄河湿地的多年研究，以长期野外定位观测与研究为基础，跟踪包头黄河湿地生态系统的功能变化，分析其变化趋势，运用国内外先进的观测技术和方法，对位于寒旱区的包头黄河湿地水质变化、细菌群落结构、浮游植物特征等进行介绍，并在此基础上探索水体修复技术，以期为改善包头黄河湿地水环境现状提供理论依据及技术支持。

本书主要研究内容如下：

（1）水质指标、土壤理化指标及湿地环境现状。检测指标包括水温、水深、透明度、pH、溶解氧、电导率、氧化还原电位、总溶解性固体、总氮、氨氮、硝态氮、亚硝态氮、总磷、溶解性磷、叶绿素a、化学需氧量、重金属含量、土壤有机碳等，对湿地现状进行全面综合评价。

（2）细菌种群特征研究。细菌群落的活动对湿地生态系统的生态完整性有直接而深远的影响，是生态系统中营养成分交换和循环的重要组成部分，因此，探究湿地细菌种群特征意义重大。本书将从湿地细菌多样性，群落结构以及环境因素对细菌群落结构的影响等方面对有关内容进行探讨。

（3）湿地浮游植物分布。浮游植物不仅是水生态系统的初级生产者，也能够迅速响应水体的营养状态变化，直接或间接地影响着水生态系统的稳定。此外浮游植物在水生态系统的物质循环和能量流动中还扮演着重要的角色，对其进行研究也是了解湿地生态系统不可或缺的一环。本书将从浮游植物组成及其时空变化展开探讨，并探索其与水质因子的关系。

（4）黄河湿地生态系统修复。本书根据团队前期研究成果，介绍团队在黄河湿地展开的水体修复项目，如人工浮岛、生态沟渠等修复手段，并推荐其他湿地经典修复方案，为今后进一步改善寒旱区湿地环境现状提供思路。

全书由内蒙古科技大学李卫平教授设计，由李卫平、宋智广、杨文焕、王志超、孙岩柏和高静湉共同执笔。其中孙岩柏参与了第1章的撰写，高静湉参与了第2章的撰写，杨文焕参与了第3章、第4章的撰写，石大钧、高静湉参与了第5章的撰写，宋智广、孙岩柏参与了第6章的撰写，王志超参与了第7章、第8章的撰写。感谢刘建龙、王晓云、王佳宁、齐璐、王铭浩、王智超、缪晨霄、孟青、王高强、周明利、张元、申涵、王战和吕伟祥等团队成员在资料收集、整理、后期的校稿工作中付出的辛勤劳动。

本书由国家重点研发项目（2019YFC0409204），内蒙古科技创新引导项目（KCBJ2018033），内蒙古自然科学基金（2018LH04002，2019LH05011，2019BS05004），内蒙古自治区高等学校科学研究项目（NJZY19132）等项目联合资助。

由于作者水平有限，本书还存在很多不足之处，诚恳希望广大读者批评指正，提出宝贵意见。

作者

2020 年 5 月

于内蒙古科技大学

目录

第1章

概　述

1.1　湿地的概念及特征

1.1.1　湿地的概念

湿地（wetland）这一概念起源于美国，中国古代将其称之为沼泽、湖泊、河流等。加拿大、美国、日本、英国等国家由于经济发展迅速，较早地通过立法规范湿地资源的开发利用，实现了现代化湿地资源管理。在湿地的自然科学概念方面，各国研究人员的界定也有所不同，但无论是国内还是国外都有如下特点：①水文、土壤、植被三要素条件中满足其中一个或多个，因此出现广义和狭义概念的区分；②水文条件是基础，积水时间不定，暂时或长久；③将湿地区分于其他水体。

加拿大湿地面积居世界之首，加拿大研究人员从水文和湿土两个角度对湿地进行了具体定义，并首次提出了水深 2m 的划分标准。Zoltai 将湿地定义为"湿土占优势，在非冰封季节的多数时间内水位接近或超过矿质土壤，有水生植物生长的土地"，并首次提出了淡水湿地下界为枯水期水深 2m 的标准。Tamocai 提出了用于统计与监测加拿大湿地各项指标的定义，即"湿地为水位接近或高于地面的、有充足时间能促成湿土形成或水化过程的土壤水饱和及能成为陆生、水生植物和能提供各类适应湿环境生物活动的土地"。Zoltai 和 Tarnocai 提出的湿地定义都被认为是"三要素定义"，即满足水文、土壤和植被三种湿地特有的判定条件，前者指出有湿成和水成的特点，后者强调有湿成和水成的趋势。

美国的湿地科研工作处于领先水平，湿地的自然科学概念经历了由浅水水体到陆地与水体之间的过渡带，再到完全具备水文、土壤、植被三个要素特征的转变，概念范围呈先扩大后缩小的趋势。美国鱼类和野生动物管理局（U. S. Fish & Wildlife Service）于 1956 年便在一本名为《39 号通报》的刊物中，使用了"湿地"这一专业术语，首次清楚地将湿地定义为："被浅水或暂时性积水所覆盖的低洼地区，一般包括草本沼泽、灌丛沼泽、苔藓泥炭沼泽、湿草甸、泡沼、浅水沼泽以及滨河泛滥地，也包括生长挺水植物的浅水湖泊或浅水水体，但河、溪、水库和深水湖泊等稳定水体不包括在内"。经过二十多年的研究，专家学者对湿地的研究兴趣高涨，相关科研也取得了丰硕的成果。1979 年在《美国湿地和深水生境的分类》报告中推翻了原来的湿地定义，并提出了新的概念："湿地是陆生系统和水生系统之间过渡的土地，其地下水水位经常达到或接近地表，或为浅水所覆盖。它必须具有下述三个特征中的一个或多个：①土地上周期性生长的水生植物占优势；②基质中不透水的水成土壤占优势；③基质非土质化，而是土壤在非冰封期含饱和水，或被浅水覆盖。"该定义表明湿地之所以称为湿地，并不是必须完全具备三个传统的条件——水文、土壤和植被（三要素），而是可将其单纯地视为从陆地到水体的过渡部分。由于其覆盖水域的广泛性，被认为是迄今为止最具综合性的湿地定义，湿地概念不一的情况得以暂时终结。该概念主要用于湿地调查、监测和湿地界限划定等科学研究。

日本和英国的湿地科学概念简单明了，都指出了湿地应满足水分和土壤并存的特征。英国学者指出湿地是"一个地面受水浸润的地区"；日本学者认为湿地应具有潮湿、地下水水位高、不定期土壤水饱和的特点。英国学者的定义虽然强调了水分和土壤，但没有指出水量的多少，混淆了湿地与水体的界限，忽视了受地下水浸润的湿地，因此不被认为是规范的湿地自然科学概念。日本学者的定义强调了湿地应具备的特征，但该特征的规定并不清晰，"地下水水位高"也没有具体的参考标准，因此实用性较弱，不是科学的湿地概念。

早期，湿地一词在中国并不为人所熟知，中国学者对湿地概念的探索起源于沼泽。1975 年 12 月 21 日国际《湿地公约》颁布生效之后，中国学者开始由沼泽的概念过渡到湿地的概念。直到 20 世纪 90 年代湿地研究理论接近成熟，并进行了定量化规定。中国于 20 世纪 70 年代后期才有沼泽的概念，沼泽被视为一种特殊的自然综合体。其地表经常湿润或积水，并有水生植物生长，土壤中有泥炭层。此后，学者们开始了对沼泽定义的探索。例如，孙广友等 1988 年在沼泽综合分类中指出："沼泽是地表过湿或浅积水并生长沼—湿—水生植被的地理综合体"。然而湿地内涵则更广泛，不仅仅包括沼泽这一种湿地类型，还包括湿草甸、滨海湿地等。陆健健 1990 年明确划定了湿地的保护范围和湿地植被的覆盖率，并从量化的角度指出："陆缘为含 60% 以上湿生植物的植被区，水缘为海平面以下 6m 的水陆缓冲区"，包括内陆和外流江河流域中自然的或人工的、咸水的或是淡水的所有集水区域（枯水期水深 2m 以上的区域除外），且不论区域内的水是流动的还是静止的，间歇的还是永久的。也有学者从生态系统的视角认为："湿地是一类介于水域和陆域之间的特殊过渡类型生态系统，其地下水水位通常处于或接近地表，或整个地带被浅水覆盖，并促进形成湿地土壤，以支持水生植物生长和适于湿地动物活动的区域"。

除各国科研人员外，作为湿地保护的首个国际公约《关于特别是作为水禽栖息地的国际重要湿地公约》（以下简称《湿地公约》），也对湿地的概念做出了定义：其中第一条规定，"湿地为天然或人工、长久或暂时性沼泽地、湿原、泥炭地或水域地带，带有或静止或流动、或为淡水、半咸水或咸水水体者，包括低潮时不超过 6m 的水域"。在《湿地公约》第二条第一款中补充规定"每一湿地的界线应精确记述并标记在地图上，并可包括邻接湿地的河湖沿岸、沿海区域以及湿地范围的岛屿或低潮时水深不超过 6m 的水域，特别是当其具备水禽栖息地时。"

综上，湿地公约中的湿地具有如下特征：①湿地既包括沼泽地、湿原、泥炭地等特定湿地类型，也包括水域地带，还包括低潮时不超过 6m 的海域；②湿地既有天然的，也包括人工形成的湿地；③湿地既可以是暂时存在的湿地，也可以是长久的湿地。《湿地公约》中的湿地概念从湿地的形成方式、存在时间、水的存在状态和含盐度，以及水域深度方面描述了湿地的基本特征。从形成方式上看，包括天然和人工两种形式，相应地划分产生了天然湿地和人工湿地两种湿地类型；从存在时间上看，湿地并不要求长久存在，而是长久或季节性存在即可认为是湿地；在水文方面，水的形态可以是流动水体也可以是静止水体，水可以是淡水也可以是咸水；在划分标准上确定了低潮时不超过 6m 的水域，界定了湿地与深水湖泊和深海的区分范围。此外，对湿地的延展范围也做出了规定，在明确标记湿地的界线的前提下，保护与湿地邻接的河湖海岸和岛屿。

"湿地"这一概念在中国官方文件中正式提出的时间是 1987 年 5 月，由国务院环境保护委员会发布的中国第一部关于自然保护特别是生物多样性保护方面的纲领性文件《中国自然保护纲要》将沼泽和海涂合称为湿地："沼泽是陆地上有薄层积水或间隙性积水，生长有沼生和湿生植物的土壤过湿阶段，其中有泥炭积累的沼泽称为泥炭沼泽，海涂即指沿海滩涂，是指沿海涨潮时被水淹没，退潮时露出水面的软底质的广大潮间平地（潮间带和潮上浪花飞溅带），现在国际上常把沼泽和海涂合称为湿地"。林业部（1998 年改为国家林业局）于 1997 年将湿地定义为"湿地系指天然或者人工、长久或暂时性沼泽地、湿原、泥炭地或水域地带，带有静止或流动淡水、半咸水、咸水水体，包括低潮时水深不超过 6m 的水域；同时，还包括临近湿地的河湖沿岸、沿海区域以及位于湿地范围内的岛屿或低潮时水深不超过 6m 的海水水体"。与《湿地公约》中的湿地概念对比，两文件的规定基本完全一致，采纳了广义的湿地概念，涵盖了各种条件下的湿地，包括河流、湖泊、沼泽、库塘、水稻田等。《湿地保护管理规定》作为中国第一部专门针对湿地保护而制定的行政规章，填补了国家湿地立法的空白，该规定由国家林业局于 2013 年 3 月出台，其中指出了："湿地，是指常年或者季节性积水地带、水域和低潮时水深不超过 6m 的海域，包括沼泽湿地、湖泊湿地、河流湿地、滨海湿地等自然湿地，以及重点保护野生动物栖息地或者重点保护野生植物的原生地等人工湿地。"

1.1.2 湿地的特征

湿地第一大特征：具有空间数量上不同的水，具有时态上不同的水，具有组成成分不同、性质上也有区别的水。

"湿地"顾名思义为"潮湿的土地"，一般所指的潮湿是指土壤中水分含量为饱和和超饱和状态。当土壤出现积水现象时，表明土壤水分含量为超饱和状态，这是土壤本身及其空隙不能储藏更多水分的表现。研究发现，土壤中水储藏不均匀，可能是由于地表的倾斜，导致水流汇集成径流。除此之外，水分的时空分布也是很重要的。由于水分的蒸发，致使超饱和状态的积水量锐减，而径流的形成，又会加大积蓄或增加流量。因此，水的空间和时间的变化是十分重要的，有时甚至是湿地存在与否的关键。

近期的研究发现水中充满着除了 H_2O 外的微生物、高等生物、矿物质、空气，甚至天然或人为的化合物。目前将水体分为酸、碱两大系列水体。研究证明除各种矿物质对水系统内的其他部分产生影响外，酸性水和碱性水同样对水系统内的其他成分起着重要的影响。

湿地第二大特征：具有丰富的生物多样性。在湿地中，鸟类是最大的生物资源。鸟类中的候鸟，为了寻找合适的生存环境和孕育下一代，每年都要迁徙数千公里。"拉姆萨尔公约"就是为保护这些鸟类而签署的。湿地中还有相当一部分留鸟，它们并不迁徙，或仅是小范围内不定期的飞行和觅食。这些鸟类中，有一部分为水禽，在水面或浅水中生活。还有一部分鸟类，它们依靠水体提供食物却不生活在水中。当然也有一部分鸟类，他们的生活习性需要依靠湿地的环境来进行鸟巢的搭建。水生或湿生植物滋养的昆虫，是候鸟、留鸟很好的食物。湿地中也不乏鸟类，春夏季它们一般生活在陆地上，到秋冬季生活在湿地中。总之，湿地的鸟类不但体形、食性、行为方式不同，种类也千差万别。

湿地的昆虫种类繁多，包括水生的，河岸湖边生的，至今还没有一个资料能够提供可参照的数据。中国对湿地中的鱼类、两栖类、爬行类，都有一定的统计和研究，但还需进一步深入研究。

很多学者对湿地生物多样性中的植物做过较系统的研究，也提出了许多相差很悬殊的数量概念。有一点可以确定的是，由于湿地的特殊性，植物种类的多样性与复杂性是显而易见的。也有学者认为，由于水环境的均一性，湿地植物种类构成比较简单。但对病毒、细菌和真菌等的工作和研究明显不足，许多物种的命名与记录也十分困难。

湿地中的水生生物，是湿地最重要的成分，也是湿地的重要资源。湿地是一种独特的生态系统，它既不是单纯的陆地系统，也不是单纯的水系统，它是两系统的结合体。湿地的形成过程和其他群体一样是由环境和生物的相互作用形成的，两者不断进行着物质与能量的交换，其中环境要素起首要作用。湿地也是一种自然生态系统，它与海洋、森林、草原、荒漠一起，共同维持着地球上的生命系统。

中国湿地除了具有以上特征外，还具有以下一些特有的特点。

中国湿地第一大特征：类型多。中国的湿地几乎包括了《湿地公约》所定义的湿地类型，并拥有独特的青藏高原湿地，是亚洲湿地类型最齐全的国家之一。

中国湿地第二大特征：面积大。据初步估计，中国湿地面积6600多万hm^2，占世界湿地面积的10%，居亚洲第一位，在全球排第四。而这个数字并不包括河流湿地。中国河流众多，仅流域面积在1万hm^2以上的河流就有5万条之多。

中国湿地第三大特征：分布广。在中国境内，从寒温带到热带、从沿海到内陆、从平原到高原山区都有湿地分布，而且还表现为一个地区内有多种湿地类型和一种湿地类型分布于多个地区的特点，构成了丰富多样的组合类型。

中国湿地第四大特征：区域差异显著。中国东部地区河流湿地多，东北部地区沼泽湿地多，而西部干旱地区湿地明显偏少；长江中下游地区和青藏高原湖泊湿地多，青藏高原和西北部干旱地区又多为咸水湖和盐湖；海南岛到福建北部的沿海地区分布着独特的红树林和亚热带、热带地区人工湿地。青藏高原具有世界海拔最高的大面积高原沼泽和湖群，这里又是长江和黄河等大水系的发源地，形成了独特的生态环境。

中国湿地第五大特征：生物多样性丰富。物种的丰富程度常以种的密度来表示，即单位面积的种数。中国湿地据目前所知的高等植物类及其所占面积测算，其种的密度为0.0056种/km^2，超过世界植物区系最丰富的巴西（0.0046种/km^2），而且是中国物种平均密度（0.0028种/km^2）的2倍。中国湿地的鸟类种类繁多，在亚洲57种濒危鸟类中，中国湿地内就有 31 种。中国部分湿地还是南北半球候鸟迁徙的重要中转站，是世界水禽的重要繁殖地和东半球水禽的重要越冬地。

1.2 中国湿地的类型

中国地域辽阔，地貌类型多样，地理环境复杂，是世界上湿地类型齐全、数量丰富的国家之一。目前中国拥有湿地面积 6600 多万 hm^2，湿地总面积位居亚洲第一位，世界第四位，约占世界湿地面积的 10%。截至 2005 年 2 月 2 日，黑龙江扎龙自然保护区、青海鸟岛自然保护区、湖南洞庭湖自然保护区、香港米埔湿地、海南东寨港红树林自然保护区等 30 处湿地已被列入国际重要湿地名录。

在中国境内，从寒温带到热带、从沿海到内陆、从平原到高原山区都有湿地分布，湿地组合类型丰富多样。其中，湿地类型按地域划分为东北湿地、黄河中下游湿地、长江中下游湿地、杭州湾北滨海湿地、杭州湾以南沿海湿地、云贵高原湿地、蒙新干旱/半干旱湿地和青藏高原高寒湿地等。但改革开放开始以后，由于湿地不合理利用屡禁不止，湿地受威胁程度较大，其面积急剧缩减。到 20 世纪 90 年代中期，已有 50% 的滨海滩涂不复存在，近 1000 个天然湖泊消亡，黑龙江三江平原 78% 的天然沼泽湿地丧失，七大水系 63.1% 的河段水质因污染失去了饮用水的作用。

1992 年中国加入湿地公约后，积极开展湿地保护工作。国家林业局专门成立了"湿地公约履约办公室"，负责推动湿地保护的规划和执行工作。截至 2002 年 6 月，中国已建立湿地自然保护区 353 处。其中：国家级湿地自然保护区 46 处，面积 402 万 hm^2；省级 121 处，大约有 40% 的天然湿地得到保护，总计保护面积 1600 万 hm^2。黑龙江省扎龙等 30 块湿地被列入国际重要湿地名录，内蒙古达赉湖等 4 块湿地列入了国际"人与生物圈"网络。

1.2.1 海洋湿地

中国近海与海岸湿地主要分布于沿海的 11 个省（自治区、直辖市）和港澳台地区，跨越热带、亚热带和温带 3 个气候带。海域沿岸约有 1500 多条大中河流入海，形成了浅海滩涂、珊瑚礁、河口水域、三角洲、红树林等湿地生态系统。近海与海岸湿地以杭州湾为界，分成南北两个部分。

（1）杭州湾以北的近海与海岸湿地多为沙质和淤泥质海滩，而岩石性海滩仅集中于山东半岛、辽东半岛的部分地区，整个海洋湿地由环渤海滨海和江苏滨海湿地组成。潮间带无脊椎动物丰富，鱼类大多分布在浅水区域，植物生长茂盛，为鸟类提供了丰富的食物来源，是鸟类良好的迁徙栖息场所。许多地区成为大量珍禽的栖息地，如辽河三角洲、黄河三角洲、江苏盐城沿海等。

（2）杭州湾以南的近海与海岸湿地中，岩石性海滩较为普遍。其主要河口及海湾有钱塘江—杭州湾、晋江口—泉州湾、珠江口河口湾和北部湾等。其中，天然红树林分布在海南至福建北部沿海滩涂及台湾西海岸的海湾、河口的淤泥质海滩上。

1.2.2 河流湿地

中国有 5 万多条河流，流域面积在 $100km^2$ 以上。其中，1500 多条河流的流域面积更是在1000km²以上。东部沿海地区气候湿润多雨，绝大多数河流分布于此，西北内陆气候干旱少雨，河流较少，并有大面积的无流区。中国外流河与内陆河的分界线从大兴安岭西麓起，沿东北—西南向，经阴山、贺兰山、祁连山、巴颜喀拉山、念青唐古拉山、冈底斯山，直到中国西端的国境。外流河位于分界线以东以南，其面积约占全国总面积的65.2%；除额尔齐斯河流入北冰洋外，分界线以西以北的河流均属内陆河，其面积占全国总面积的34.8%。

在外流河中，源远流长、水量充沛、蕴藏巨大水力资源的大江大河大多发源于青藏高原，主要有长江、黄河、澜沧江、怒江、雅鲁藏布江等；发源于内蒙古高原、黄土高原、豫西山地、云贵高原的河流，主要有黑龙江、辽河、滦海河、淮河、珠江、元江等；发源于东部沿海山地的河流，大多逼近海岸，其特征主要为流程短、落差大，水量和水力资源较为丰富，主要包括图们江、鸭绿江、钱塘江、瓯江、闽江、赣江等。中国的内陆河可划分为五大区域，包括新疆内陆诸河、青海内陆诸河、河西内陆诸河、羌塘内陆诸河和内蒙古内陆诸河，其共同点是径流产生于山区，消失于山前平原或流入内陆湖泊。

1.2.3 湖泊湿地

根据自然环境的差异、湖泊资源的开发利用程度以及湖泊环境整治的区域特色，中国的湖泊可划分为5个自然区域。

（1）东部平原地区湖泊是中国淡水湖最集中的地区，该区湖泊主要分布于长江及淮河中下游、黄河及海河下游和大运河沿岸，其中较著名的淡水湖泊有鄱阳湖、洞庭湖、太湖、洪泽湖和巢湖。东部平原地区湖泊湿地生态系统的生物生产力较高，但由于人类活动影响强烈，不仅导致湖泊数量和面积锐减，还导致湖泊水体富营养化和水质污染有逐渐加重的趋势。

（2）蒙新高原地区湖泊地处内陆，该区主要特征是气候干旱，降水稀少，导致地表径流补给较少，又由于蒸发强度较大，超过湖水的补给量，导致湖水不断浓缩而发育成闭流类的咸水湖或盐湖。

（3）云贵高原地区湖泊全系淡水湖。滇池、抚仙湖、洱海等一些大的湖泊都分布在断裂带或各大水系的分水岭地带。其生态系统较脆弱，主要原因是入湖支流水系较多，而湖泊的出流水系普遍较少，导致湖泊换水周期长，生态系统易受到干扰。

（4）青藏高原地区湖泊是地球上海拔最高、数量最多、面积最大的高原湖群区，也是中国湖泊分布密度最大的两大稠密湖群区之一，长江、黄河和澜沧江等水系发源于该区。该区湖泊补水以冰雪融水为主，湖水入不敷出，干化现象显著，近期多处于萎缩状态。

（5）东北平原与山区湖泊多系外流淡水湖，它们是因地势低平、排水不畅，而汇集成的大小不等的湖泊，主要分布在松辽平原和三江平原。此外，在丘陵和山地地带还有火山口湖和堰塞湖。

1.2.4 沼泽湿地

沼泽湿地有着显著的环境调节作用，同时它也具有水、土地、泥炭、生物、旅游等资源功效。中国沼泽湿地在地理分布和类型特征上，既显示出地带性规律，又有非地带性或地区性差异。总体来说，沼泽湿地的基本特征主要是会受到水的影响，地表经常过湿或有薄层积水；湿地中会生长沼生和部分湿生、水生或盐生植物；同时湿地中会有泥炭积累或无泥炭积累而仅有草根层和腐殖质层，但土壤剖面中均有明显的潜育层。中国东北地区沼泽湿地较为丰富，主要以东北三江平原、大兴安岭、小兴安岭、长白山地为多，沼泽湿地分布面积占全国沼泽湿地分布面积的 30% 以上。天山山麓、阿尔泰山、云贵高原以及各地河漫滩、湖滨、海滨一带也有沼泽发育，山区多木本沼泽，平原则草本沼泽居多。中国沼泽分布主要有如下规律：

（1）分布广而零散。中国在不同的气温带，不同的地理条件，不同的地貌形态处均有沼泽分布，其中仅东北的三江平原和四川西北部的若尔盖沼泽呈集中连片分布，其他地区每一块沼泽地的面积都不大。

（2）东部地区的沼泽多于西部。中国东部沼泽面积约占全国沼泽面积的 70% 左右，主要原因是由于地势低平，气候湿润，降水充沛，水资源丰富，故利于沼泽发育。

（3）东部地区沼泽面积有从北向南减少的总趋势。中国的东半部横跨不同的热量带，受纬度地带性的影响，各带水热状况不同，沼泽类型有显著区域变化。其中东北山地和平原，属寒温带和温带，气候比较冷湿，不仅沼泽类型多，面积也大，东北全区沼泽面积约占全国总面积的一半以上，向南至暖温带、亚热带和热带，沼泽面积迅速减小。

1.2.5 库塘湿地

库塘湿地是指为灌溉、水电、防洪等目的而建造的人工蓄水设施，属于人工湿地。其在全国各地均有零星分布，但主要分布在大江大河中、上游以及天然湿地集中的周边区域，而分布最集中的地区则位于长江流域中、下游。

1.3 包头黄河湿地概况

包头黄河湿地在一定程度上代表了寒旱区湿地，包头黄河湿地地貌主体为黄河冲积平原，以河流湿地、沼泽湿地为主。包头黄河湿地地处中国寒区、干旱半干旱区（简称寒旱地区），位于全球候鸟迁徙的重要路线上，是鸟类、两栖类、鱼类等湿地生物生息繁衍的理想场所，因此物种丰富、景观独特，是包头市乃至西北寒旱区一个得天独厚的宝贵自然资源。然而近年来，随着包头市的飞速发展，带来大量污染排放、开荒耕种、私挖乱建等破坏活动，黄河湿地应有的功能出现了退化现象，而且还出现包括黄河在内的地表水体富营养化、水土流失、土壤板结、土地沙化、盐碱化、生物物种数量减少等不良状况。过度的人为破坏使得包头黄河湿地生态系统的生物多样性呈减少趋势，生态系统越来越脆弱，任由其发展下去将会影响社会经济的发展，对包头黄河湿地的保护和管理亟待加强。

包头黄河国家湿地公园位于包头市南侧的黄河北岸，由昭君岛、小白河、南海湖、共中海和敕勒川五个片区组成，总面积 12222hm²，堤南面积 9726hm²，堤北面积 2496hm²。湿地公园年生态需水量约 1195 万 m³，规划范围内无村庄用地，不涉及人口搬迁问题。

（1）昭君岛片区。西起三岔口村西鱼塘西界、南至黄河中心线、东至宋昭公路、北至拟建蓄滞洪区北界及黄河景观大道，总面积 3112hm²，其中堤南面积 2491hm²、堤北面积 621hm²。湿地公园包含整个拟建西海湖湿地蓄滞洪区，年生态需水量约 300 万 m³。

（2）小白河片区。西起昆都仑河东岸、南至黄河中心线、东至画匠营子水源地保护区东界、北至小白河应急分洪区现状水域北界及分洪区内岛屿南侧，总面积 2257hm²，其中堤南面积 1090hm²、堤北面积 1167hm²。湿地公园包含小白河应急分洪区面积 470hm²，年生态需水量约 550 万 m³。

（3）南海湖片区。西起南海子保护区东边界、南至黄河中心线、东至章盖营子村西边现状乡间路、北界分别为防洪大堤和现状水域边界，总面积 1328hm²，其中堤南面积 1022hm²、堤北面积 306hm²。湿地公园年生态需水量约 150 万 m³。

（4）共中海片区。西起现状灌渠和现状林地、南至黄河中心线、东至现状道路，避开二道壕村和杨有源圪旦、北界避开什大股村、南尧子村和南光村，距离防洪大堤 1km，总面积 4012hm²，其中堤南面积 3641hm²、堤北面积 371hm²。湿地公园年生态需水量约 180 万 m³。

（5）敕勒川片区。西起 X061 乡道、南至黄河中心线、东至黄河中心线及皿鸡卜村西南界，北以张立文尧村西侧、乡间公路及防洪大堤为界，总面积 1513hm²，其中堤南面积 1482hm²、堤北面积 31hm²。湿地公园年生态需水量约 15 万 m³。

1.3.1 区位分析

包头市地处内蒙古高原的南端，东距省会呼和浩特 180km，与鄂尔多斯隔河相望。黄河包头段位于包头市区的南侧，境内黄河河段长 220km，黄河大堤长 165km，已建成黄河景观大道长约 57km。黄河湿地南岸临鄂尔多斯，东北接省会呼和浩特市，西接巴彦淖尔市，湿地位于内蒙古经济最发达的呼包鄂城市带中心位置。国家湿地公园选址位于黄河北岸，西起昭君岛，东至敕勒川，建设总面积达包头黄河湿地的 1/2 左右。

包头黄河国家湿地公园沿黄河选择了 5 个建设点，其中包括 3 个近市区建设点，分别是昭君岛、小白河、南海湖，距离包头市中心大约 20km，城市快速路可迅速到达；土右旗境内 2 个建设点，分别为共中海和敕勒川，距离市中心最远约 90km。目前现状连接基地的道路等级较低，可达性不高。基地周边的包茂、京新、呼大高速公路、包头机场、火车站等，构成了到达湿地区域便捷的交通网络。

1.3.2 自然地理条件

1. 地理位置

包头黄河湿地位于包头市南侧，四至界限为：东至八里弯，南临鄂尔多斯市，西接巴彦淖尔市，北至黄河大堤以北 2km。地理坐标为东经 109°25′51″～111°1′36″，北纬 40°14′39″～40°33′20″，总面积共 3 万 hm²，其中，包头黄河国家湿地公园的面积 12222hm²。

2. 地质地貌

（1）地质。15 亿年前，黄河湿地所在地是一片汪洋。沉积厚达 20000 余 m 的海相碎屑及碳酸盐建造。经过各种变质作用，形成一套深变质岩系。古生代早期地壳持续上升，本地区成为内陆。中生代中期，内陆局部下陷，形成山间盆地，陆缘碎屑没于盆地，沉积总厚度达 7000 余 m。随陆缘碎屑沉没的大片森林变质成煤。到新生代，因新构造运动，黄河湿地下陷成盆地，最大沉积总厚度为 1500m，整个盆地呈北深南浅，西深东浅的不对称形，构造上为一封闭的地堑式盆地。

（2）褶皱构造。褶皱是地壳运动形成的波状起伏形态。包头黄河湿地在前寒武系结晶基地褶皱强烈，多呈紧密线型不对称褶皱，由前寒武系片麻岩、含铁石英岩组成，轴部岩层倾角大于 70°，两翼 60°～70°，属紧密线型褶皱。中生界侏罗纪地层多为简单的开阔对称或不对称型褶皱。由侏罗系砂砾岩构成，近槽部岩层倾角 10°～17°，北翼岩层倾角 20°～28°，南翼则为 40°～50°，属不对称向斜。新生界第三系、第四系褶皱地层产状近于水平，仅在包头黄河湿地所在地断陷盆地周边形成一些山前倾斜平原。又因新构造运动使地壳产生升降运动，破坏了地层的水平，使湖盆中心明显东移，使黄河河道南移，地面向黄河谷地倾斜。

（3）断裂构造。包头黄河湿地所在地断裂构造极为发育，断裂方向各异，大小不等，以近东西向、北东向两组为主。本地区地势地貌主要受呼包大断裂、鄂尔多斯台地北缘大断裂、和林格尔隐伏大断裂的控制。断裂构造的频繁活动，在不同时期均造成大量岩浆侵入，并占基岩面积的 20％左右，羽状排列成群出现的各种脉岩很发育，侵入岩从超基性至酸性均有出露，以中性最多。

（4）地貌。包头黄河湿地地貌主体为黄河冲积下湿平原。本地区的地形是北高南低，西北向东南倾斜，黄河沿南境边从西向东蜿蜒而过，属于阴山和黄河之间的冲积平原。从景观上来看，包头黄河湿地呈现出水域、沼泽、灌丛、湿草甸等类型，其中以水域、沼泽、湿地为主要类型。

1.3.3 气候特征

包头黄河湿地气候总体特征是：光照充足，降水较少，蒸发剧烈。冬季漫长而严寒，夏季短促而炎热，年、日温差大，春、秋两季气温变化剧烈，春季风大，时遭寒潮侵袭。雨热同季，积温有效率高。

1. 降水

包头黄河湿地地处半干旱草原地带，为典型的大陆性季风气候。年平均降水量 307.4mm，降水多集中于夏季 6—8 月平均降水量 250mm，冬季 12 月至次年 2 月降水量最少仅占全年降水量的 1.3％～2.3％。黄河湿地降雪期 4～5 个月，但降雪日少，约 10 天，降雪量亦少，积雪深度在 10cm 以下，积雪日数为 55～77 天，大雪多出现在秋末冬初或冬末春初。

2. 气温

包头黄河湿地年平均气温 8.5℃，全年 1 月气温最低，平均气温－12.7℃，7 月气温最高，平均气温在 22.2℃，大于等于 5℃的活动积温 3278.9℃持续 222 天，大于等于 10℃的活动积温 3916.6℃持续 176 天，全年无霜期 148 天，早霜期在 9 月下旬，终霜期在 5 月中旬。

3. 风

包头黄河湿地处于季风气候范围，冬夏具有明显的风向变化，冬季北风、西北风盛行，春季风向多变且紊乱，秋季偏北、偏西风占优势。平均风速一般为 2～4m/s，最大风速达 15～17m/s，特大风可达 34m/s。每年 3 月进入风季，到 5 月结束。

4. 日照

包头黄河湿地日照充足，太阳能资源丰富，年平均日照时数 3177h，日照百分率 65％，大于 10℃的日照时数 1357.4h，日照率 62％，年总辐射量 133.82kcal/cm^2，其中 4—9 月占 85.39％，全年辐射最高期为 5 月，月平均辐射量为 16.36kcal/cm^2 以上。

5. 湿度与蒸发

包头黄河湿地年平均相对湿度一般在 50％以上，春季相对湿度最小平均 43％，夏季相对湿度最大约为 69％，秋季水汽含量下降，温度也在下降，变化较平稳，如 10 月的湿度为 62％，冬季由于气温低，相对湿度仍较春季高。包头黄河湿地水面年蒸发量在2342mm，一年中各地水面蒸发以 5 月、6 月最大，12 月、1 月最小，8 月蒸发量仍较高，9 月开始下降，11 月显著下降，陆地年平均蒸发量 250～350mm。

1.3.4　土壤

包头黄河湿地土壤类型分为草甸土、盐土和风沙土三类。草甸土主要分布在湖区及外围的沼泽地带，为黄河湿地面积最大的一个土类。盐土呈斑块状散布于沼泽的外围。风沙土大多分布于黄河岸边的沙滩地。黄河湿地地下水水位较高，土壤湿度大，pH 为 9，呈碱性。土壤中速氮、速磷、速钾、有机质含量较高。

1.3.5　水文

1. 地表水

包头黄河湿地内的地表水主要来源为黄河水，其次为地下水和大气降水。据现有资料显示，黄河昭君岛至磴口段水面宽 130～458m，水深 1.4～9.3m，平均流速 1.4m/s，平均径流量 824m³/s，最小流量 48m³/s，最大流量 6400m³/s，年平均径流量 259.56m³/s。每年 11 月下旬开始流凌，12 月上旬封冻，冰厚 0.6～1.2m，至次年 3 月下旬开河，封冻期 4 个月。开河时，冰凌常阻塞河道，有时形成危害。

2. 地下水

包头黄河湿地地下水资源十分丰富，有供水意义的含水层分布很广，昭君岛至磴口段所在的地区地下水主要来源于山麓冲洪积湖积层承压水，地下水埋深 30～50m，水质矿化度小于 0.5g/L 的超淡水，适宜饮用和灌溉。

1.3.6　社会经济条件

1. 行政区域

包头市辖 10 个旗、县、区，其中：4 个市区（昆都仑区、青山区、东河区、九原区），2 个矿区（白云鄂博矿区、石拐区），3 个农牧业旗县区（土默特右旗、达尔罕茂明安联合旗、固阳县），1 个经济开发区（包头稀土高新技术产业开发区），总面积 27768km²。

2. 人口数量与民族组成

包头市有蒙古族、汉族、回族、满族、达斡尔族、鄂伦春族等 31 个民族。到 2009年，少数民族人口共 14.4 万人，占总人口的 6.57％。其中：蒙古族 7.9 万人，占总人口的 3.62％；回族 3.6 万人，占总人口的 1.65％；满族 2.44 万人，占总人口的 1.11％。剩余 0.4 万人为其他少数民族。

到 2009 年，包头市总人口为 219.59 万人，其中农业人口 83.28 万人、非农业人口136.31 万人。2009 年，包头市人口自然增长数为 0.88 万人，自然增长率 5‰，机械增长率 2.32‰，2001—2009 年包头人口机械增长率处于振荡式变动发展状况。

3. 交通、通信

东河区地理位置优越，区内交通发达，具有航空、铁路、公路等多种运输优势，是内地连接西北地区和包头市连接周边盟市旗县的重要枢纽。京包、包兰等铁路以及包头直达北京、太原、兰州、西安、上海、宁波的列车均经过东河区，包头东站为一等站，是全国较大的零担货物中转站之一。现代化的包头民航机场位于东河区，有飞往北京、上海、广州、武汉、西安等地的航线。

九原区环绕包头市区，交通十分便利，区内各乡、苏木、镇及较大的村庄之间都有沥青路及公共汽车相通。程控电话可直拨国内外。

土右旗地处呼和浩特、包头和准格尔煤田"金三角"腹地，南临黄河，京包铁路、京兰公路、呼包高速公路在境内东西横穿而过。全旗境内交通便利，电力供应充足。科学、教育、文化、卫生事业发展迅速。

稀土高新区距火车站 6km，距民航机场 16km，区内拥有多条城市规划主干道，辅以纵横交错的区间路，形成了四通八达的快捷交通网络。高新区经过近十年的建设，基础设施建设日趋完善，全部实现了道路、电力、电信、有线电视、供水、排水、供气、供热等"八通一平"。

4. 土地权属及利用现状

包头黄河国家湿地公园规划总面积约 12222hm^2，其中黄河大堤南侧面积 9726hm^2、黄河大堤北侧面积 2496hm^2。具体用地类型面积统计信息如表 1-1 所示。规划区内林地属于国有用地，由湿地保护管理部门管理，其他可作开发用地由包头市各区政府统一管理，无土地使用权和管理权纠纷。

表 1-1　　　　　　　　　湿地公园土地利用现状　　　　　　　　　单位：hm^2

位置	类　型	昭君岛	小白河	南海湖	共中海	敕勒川	总计
堤南	不稳定耕地（湿地）	1309	376	607	1663	855	4810
	市政用地	18	—	—	—	—	18
	林地	11	—	—	—	—	11
	水域	665	374	132	348	262	1781
	滩涂	97	49	128	198	36	508
	灌木林	231	—	—	25	48	304
	林地	—	—	—	1028	122	1150
	芦苇沼泽	105	92	36	61	15	309
	其他沼泽	47	169	119	—	79	414
	湿草甸	1	—	—	267	65	333
	沟渠	—	—	—	24	—	24
	荒草地	—	19	—	—	—	19
	鱼塘	7	—	—	—	—	7
	重盐碱地	—	—	—	27	—	27
	铁路用地	—	11	—	—	—	11

续表

位置	类　　型	昭君岛	小白河	南海湖	共中海	敕勒川	总计
堤北	重盐碱地	290	312	73	318	27	1020
	工业用地	6	6	—	—	1	13
	市政用地	—	231	—	—	—	231
	水域	—	280	35	—	1	316
	灌木林	37	—	—	—	—	37
	芦苇沼泽	—	44	121	—	—	165
	其他沼泽	24	27	18	—	—	69
	湿草甸	—	14	5	38	—	57
	荒草地	164	146	34	—	—	344
	鱼塘	75	49	—	—	—	124
	铁路用地	—	8	—	—	—	8
黄河大堤		25	50	20	15	2	112
合　计		3112	2257	1328	4012	1513	12222

5. 地方经济

近年包头市政府在"保增长、促发展"的精神指导下，坚定不移地推进工业强市战略，进一步优化升级优势特色，增强自主创新能力，其中钢铁、铝业、装备制造、电力、稀土产业成为拉动工业经济增长贡献最大的产业。2009 年，地区生产总值实现 2160 亿元左右，增长了 17.5％左右，继 2006 年实现生产总值达千亿元后，三年时间再增千亿元总量。财政总收入完成 244.2 亿元，增长 19％。城镇居民人均可支配收入首度达到 23089 元，农牧民人均纯收入达到 7826 元，分别增长 10.7％和 10.6％。

1.3.7　历史沿革

历史上的包头是孕育着古老中华民族传统的黄河文化和蒙古高原阴山文化的交汇处。黄河流经包头的地段是原始人类较早活动的地方，蕴藏着大量的古人类文化遗迹，已发掘的就有 10 多处。蒙古高原位于东西上千公里的阴山山脉之北，在中国古代，这里是北方少数民族生息繁衍的地方，在与黄河流域的中原各代王朝的交往中，促进了各民族的融合，加快了少数民族的封建化过程，促进了整个社会的发展和文明的交往。

从战国至唐朝，包头境内曾修建过一些古城，最早是赵武灵王于公元前 306 年筑九原城。公元前 221 年秦为九原郡。公元 433 年，鲜卑族建立的北魏王朝，设怀朔镇。后来，随着形势的变化，时间的推移，古城被一一废弃了。

进入五代后，包头属辽统治。辽在这里设云内州，一直沿袭至金元，建制未变。元代初年，包头地区的冶炼业、纺织业、陶瓷业开始兴盛，出现了商品经济，商业活动随之兴旺起来。后来蒙古族各部落陆续进驻河套，包头地区又成为土默特部落游牧之地。

清王朝建立后，乾隆五年（公元 1741 年），萨拉齐建制，设协理通判，这是包头地区最早出现的行政建制。清嘉庆十四年（1809 年）设置包头镇。1870 年（同治九年）前后，包头修筑城墙，辟东、南、西、东北、西北 5 座城门，形成了近代包头的城市规模。

19 世纪后期至 20 世纪初，包头已发展成为中国西北著名的皮毛集散地和水旱码头。1923 年平绥铁路通车包头，1931 年包头电灯面粉公司和永茂源甘草公司创办，包头开始有了近代工业。1934 年，中德双方组织的"欧亚航空邮运股份有限公司"在包头修筑飞机场，开辟包头—宁夏—兰州航线，定期航班每周往返一次。饮食、服务业日益兴旺，市面日趋繁荣。

抗日战争期间，共产党领导包头地区各族军民，开创了大青山抗日游击根据地，与日寇进行了艰苦卓绝的斗争。1949 年 9 月 19 日，绥远发动"9·19"起义，包头获得和平解放。1950 年 2 月 13 日，包头市人民政府正式成立。

1.3.8 湿地资源

1. 湿地类型、面积与分布

包头黄河湿地为内陆湿地，类型多样，规划范围湿地主要包括河流型湿地、沼泽型湿地、湖泊型湿地几个主要类型，湿地总面积约 9975hm²。

（1）河流型湿地。河流型湿地是水陆之间、定期地或长期受到洪水泛滥的区域；多见于河流及河流与陆地交接的地方。该类型的湿地是规划范围内黄河湿地的最主要组成。河流湿地包括永久性河流和洪泛平原湿地两种类型。包头段黄河全长 220km，水面宽度 130～458m，每年的 3 月下旬为黄河高纬度地区特有的凌汛期。洪泛平原湿地分布于黄河大堤的堤南，每年的 3 月下旬受到凌汛洪水的淹没，其他时期受到耕作等人为干扰的影响。

（2）沼泽型湿地。沼泽型湿地包括沼泽和沼泽化草甸（简称沼泽湿地）。沼泽是地表经常或长期处于湿润状态的湿地，具有特殊的植被和成土过程。规划范围内的黄河沼泽湿地包括两种类型：沼泽化草甸和内陆盐沼。沼泽化草甸是因季节性和临时性积水引起的沼泽化湿地，土壤无泥炭堆积，分布于黄河泛洪区（河滩地）。内陆盐沼是由河流或地下水带来盐分的长期蒸发积累而成，以一年生或多年生盐生植物为主，如柽柳、碱茅、赖草等，分布于黄河河滩外围区域。

（3）湖泊型湿地。规划范围内的湖泊型湿地为河成湖，是由于黄河的发育和河道的变迁形成的湖泊，在黄河包头段分布有多个河成湖，其中较大的有西海湖、小白河、南海湖和敕勒川牛轭湖等，另有小型的河成湖 5～6 个，总面积约 1700hm²。

2. 湿地植被资源

包头黄河湿地以非地带性草甸植被和沼泽植物占优势，植物群落类型多样，植物种类丰富，物种多样性高。规划范围内不同类型的湿地具有相当的代表性，涵盖了包头黄河湿地几乎所有的植物种类，各种植被类型也均有分布。

（1）植物科属组成。据不完全统计，包头黄河湿地有维管束植物 133 种，隶属 36 科 93 属，其中：蕨类植物 1 种，隶属 1 科 1 属；被子植物 132 种，隶属 35 科 92 属。

（2）植被类型。植被类型是指将组成植被的各种植物群落进行划分。一般的类群单位可分为植被型、植被亚型、群系组、群系、群丛组、群丛等六个级别。包头黄河湿地的植物类型可分为灌丛、草原、草甸、沼泽、草塘等 5 个类型，其中分布面积占优势的是草甸、沼泽和草塘。

1）灌丛植被。包头黄河湿地的植被亚型可分为阔叶灌丛，呈带状分布于黄河岸边、

盐渍土地和环湖边缘。阔叶灌丛可细分为紫穗槐灌丛、白刺灌丛、枸杞灌丛等。

2）草原植被。草原是包头的地带性植被，是在温带半湿润与半干旱气候条件下发育起来的，由低温旱生多年生草本植物组成的一种植被类型。黄河湿地是由于黄河水流的作用而形成的生态系统，原生草原多数消失，仅在各块湿地的边缘地带小面积分布，可细分为冷蒿、草木樨群系。

3）草甸植被。草甸植被是由多年生草本植物为主体的一类群落，是在土壤水分充足的中等湿度条件下发育形成的植被类型。包头黄河湿地的草甸植被是隐域性的植被类型，在土壤水分主要来源于地表水（黄河）的低湿地上发育。按照对水分、盐分适应性的一般特点，可将草甸植被进一步划分为典型草甸植被、沼泽草甸植被、旱中生草甸植被及盐化草甸植被等 4 个不同的亚型，4 个亚型共可进一步划分为 11 个群系。

4）沼泽植被。沼泽植被是由湿生植物在地表积水、土壤过湿的生境中形成的多种植物群落，也是一种隐域性植被。由于沼泽环境中生态条件比较均一，不像一般土壤生境的变幅显著，所以植被组成中广布种较多，主要位于防洪大堤堤内，呈斑块状分布，根据主要植物群落的不同，分为灌木沼泽和草本沼泽。

5）草塘植被。草塘即明水区。水体是草塘的主体，因此水是影响草塘分布的主要生态条件。黄河湿地的草塘主要分布在沿黄河成湖区域，防洪大堤堤内也零星分布有小面积的草塘。

（3）湿地动物资源。包头黄河湿地野生动物资源极为丰富，据 2001 年《内蒙古南海子自治区级自然保护区综合考察报告》，包头南海子湿地有脊椎动物 101 种，分属于 23 目46 科 76 属。其中：两栖类 4 种（1 目 2 科 2 属）；爬行类 5 种（2 目 4 科 5 属）；兽类 15种（5 目 8 科 12 属）；鸟类 77 种（15 目 32 科 57 属）。根据《包头野鸟》记载，截至 2007年，包头黄河湿地观测到的鸟类数量增加至 184 种，作为包头黄河湿地的代表性区段，湿地公园规划范围内可观察到上述几乎全部种类的野生动物，具体如下：

1）鱼类、两栖爬行类。黄河水域鱼类资源丰富，黄河干流总共有鱼类 121 种（亚种），其中纯淡水鱼类 98 种，占总数的 78.4%。黄河上游鱼类仅 16 种，组成较简单，仅有鲤科、鳅科两科。近年来由于水域生物资源遭到破坏，鱼类种类减少，数量降低。黄河包头段的鱼类主要有黄河鲤鱼、蒙古红鲌、赤眼鳟、须鳅等。

包头黄河湿地两栖类共 4 种，占自治区两栖类类群的 44%。爬行类共 5 种，在动物地理区划中意义重大，是华北区—黄土高原亚区—大青山以南丘陵平原区的指示种。

2）鸟类。鸟类是包头黄河湿地最丰富的动物类群，也是最主要的保护对象。2001 年在包头南海子自然保护区内，观察到国家级重点保护动物（鸟类）13 种，其中，国家Ⅰ级保护鸟类 2 种、国家Ⅱ级保护鸟类 11 种。到 2007 年，包头黄河湿地观察到的国家级重点保护动物（鸟类）达到 31 种，其中国家Ⅰ级保护鸟类 5 种、国家Ⅱ级保护鸟类 26 种。迁徙途经包头黄河湿地的鸟类种类明显增多，数量也明显增加。

包头黄河湿地鸟类的分布特点主要如下：①以候鸟居多，每年黄河的凌汛期与鸟类的迁徙期大致相近，此时停歇鸟类众多；②停留鸟类数量众多；③鸟类类群随着水面面积的变化相应发生变化，水面扩大时，游禽占多数，水面减少时，涉禽增多，规律性明显；④珍稀鸟类有增多的趋向，2001—2007 年间观察到的国家级重点保护鸟类由 13 种增加到

31 种。

3）哺乳类。包头黄河湿地的兽类生存面积较小，种类较为贫乏，共 15 种。其中，啮齿类占优势，共 9 种。哺乳类虽然种类较少，但在动物地理区划中具有重要意义，如草原黄鼠、大仓鼠、中华鼢鼠等，为该区动物地理省的指示种。

3. 湿地水资源

包头处于半干旱草原地带，为典型的大陆性季风气候，降雨少且主要集中于夏季，蒸发量相对较大。通过研究气象部门提供的近 20 年的降水量、蒸发量统计数据，得出包头市区的年平均降水量为 310.4mm，而年平均蒸发量高达 1593.3mm；土右旗的年平均降雨量为357.4mm，年平均蒸发量达 1954.8mm。因此，雨水资源对包头黄河湿地的补给十分有限，主要的水源补给依靠地表水及地下水资源。规划湿地公园内部及周边的地表水体丰富，包括众多河流、湖泊、蓄滞洪工程区等，并且和饮用水水源保护地的关系十分紧密。

（1）河流。

1）黄河。黄河是包头最大的地表水体，是包头市区主要的生活、生产水源。黄河包头段总长度 220km，水面宽 130～458m，水深在 1.4～9.3m 之间，平均水流速度 1.4m/s，年平均径流量 259.56m³/s，河道比降约 0.1‰。黄河包头段存在一个显著的特征现象——凌汛。凌汛俗称冰排，是冰凌对水流产生阻力而引起的江河水位明显上涨的一种水文现象。包头由于地处沿黄高纬度特殊的地理位置，每年 11 月下旬河面开始流凌，从 12 月上旬至次年 3 月中旬河面完全封冻，从 3 月下旬开始开河，开河时会发生凌汛。

2）哈德门退洪渠。哈德门退洪渠位于哈德门沟防洪体系末端，长 8.6km，主要输送哈德门防洪体系滞洪区的退水，退水主要集中在每年的 7 月、8 月，在非汛期也有少量径流。哈德门渠的现状水源主要是包钢、神华等工业企业排放的废水以及两岸的雨（洪）水，未来污水、废水截留后送至污水处理厂处理，将仅有雨洪排入哈德门渠。

3）昆都仑河。昆都仑河是包头境内最大的黄河支流，全长 26.4km，是昆都仑河防洪体系的一部分，主要接纳流域内的径流。每年汛期（6—9 月），处于昆都仑河防洪体系上游的昆都仑水库会根据汛情向昆都仑河泄洪；而非汛期，昆都仑水库虽无下泄流量，昆都仑河仍保持少量径流。

4）四道沙河。四道沙河与北郊截洪沟、三道沙河一起组成四道沙河防洪体系，汛期承接两岸雨（洪）水。非汛期河道现状水源主要为稀土、化工、食品等工业废水；未来水源主要为新南郊水质净化厂近期 7.5 万 t/d、远期 2 万 t/d 的处理出水，水质均为一级B（GB 18918—2002《城镇污水处理厂污染物排放标准》，以下同）。

5）东河。东河与东河水库、北梁截洪沟、东水道共同组成东河防洪体系。近年已在东河的城区段长 5.55km 的范围内实施堤防、蓄水、水源、滨河东西路以及雨污水截流 5大治理工程，但下游段仍缺乏整治和维护。水源工程的实施内容为每年 4 月从南海湖引水42.9 万 m³ 输入东河城区段河道，在夏季酌情补水，每年 11 月向黄河排空河水，此外无其他排水；而下游河段近、远期的水源为东河东污水处理厂出水，水量为近期 1 万 t/d、远期 2 万 t/d，水质达到 GB 18918—2002《城镇污水处理厂污染物排放标准》二级排放标准。

（2）湖泊和水塘。包头黄河国家湿地公园规划范围内部及周边已有若干湖泊或水塘，

总面积约 900hm²。具体情况如表 1-2 所示。

表 1-2   湿地公园内部及周边湖泊、水塘信息统计

公园片区	湖泊/水塘名称	水面面积/hm²	主要水源	污染风险
昭君岛	西海湖	220		鱼塘、不稳定耕地（湿地）
小白河	小白河	170		鱼塘
南海湖	南海湖	320	黄河	周边开发、人为活动
共中海	现状水塘	110		不稳定耕地（湿地）
敕勒川	牛轭湖	80		不稳定耕地（湿地）

各湖泊和水塘主要以黄河为水源，辅以浅层地下水及雨水径流，现状存在农业生产、鱼塘养殖以及开发等人为活动污染风险。

（3）蓄滞洪区。包头市黄河沿岸规划有西海湖湿地滞洪区、小白河应急分洪区、包头南海湖湿地滞洪区 3 个蓄滞洪区，用于每年凌汛期从黄河分洪，总分洪量 1 亿 m³。

西海湖湿地滞洪区位于包头市全巴图乡到东圐圙淖村之间的黄河景观路北侧，分洪期设计水面面积 474hm²，分洪蓄水位 1008.45m，平均水深 4.22m，分洪蓄水量 2000 万 m³；非汛期兴利水位 1005.1m，平均水深 0.87m，蓄水量 412.4 万 m³。该蓄滞洪区的建设将新建顶高程为 1010.0m 的围堤 6.9km；西海湖分洪闸可通过的最大流量为 200.71m³/s，最小流量为 38.14m³/s，整个滞洪区可以在 46h 内全部放满。建成后哈德门退洪渠洪水直接排入滞洪区内，将现有的哈德门退洪渠挡黄闸作为调节滞洪区洪水位的建筑物。

小白河应急分洪区位于包头市区以南、包西铁路大桥以东、四道沙河以西，属于九原区奶业公司和稀土高新区万水泉境内，原计划于 2011 年 3 月底开挖完成。设计水面面积 1000hm²，蓄水位 1005.96m，最大水深 7.96m，最大分洪量 5000 万 m³，需新建顶高程为 1008.38m 的围堤 10.9km 以及最大分洪量 417.6m³/s 的新建分洪闸 2 座。

包头南海湖湿地滞洪区分为四个工程区，总水面面积 692hm²，总蓄水量 3000 万 m³。工程将保留现状的一座南海湖补水闸（最大过流能力 60m³/s），新建 46h 内放满Ⅱ区、Ⅲ区和Ⅳ区水域的分洪闸 1 座（最大过流能力 200m³/s）及蓄滞洪围堤。其中各分区的具体情况如下：

1）Ⅰ区为南海湖内湖，现状为水面，设计水面维持现状面积 333hm² 不变，蓄水位 1003.0m，平均水深 3.0m，蓄水量 1000 万 m³，新建围堤顶高程 1005.0m。

2）Ⅱ区为南海湖外湖，现状为芦苇杂草湿地，水面很少，设计开挖后水面面积 187hm²，蓄水位 1003.0m，平均水深 6.0m，蓄水量 1120 万 m³，新建围堤顶高程 1005.0m。

3）Ⅲ区位于二道沙河东岸，现状为百亩荷塘项目，现状水面面积 33hm²，设计开挖后水面面积 50hm²，蓄水位 1002.0m 以保证荷花生长，平均水深 3.0m，蓄水量 150 万 m³，新建围堤顶高程 1004.0m。

4）Ⅳ区位于东河入黄口，现状为南海村荒地、废弃砖场，设计开挖后水面面积 122hm²，蓄水位 1003.0m，平均水深 6.0m，蓄水量 730 万 m³，新建围堤顶高

程 1005.0m。

三大蓄滞洪区与包头段黄河湿地水系密切连接，通过水系的规划，构建完善的连通水系，能够为国家湿地公园建设所需的生态用水带来契机，可在不影响蓄滞洪区分洪功能的基础上，同时赋予蓄滞洪区以生态用水水源的新功能。

（4）饮用水水源保护区。根据 2011 年 2 月《包头市地表水饮用水水源保护区划定方案（城镇部分）》，包头市地表水饮用水水源保护区分为一级保护区、二级保护区和准保护区。一级保护区包括昆都仑水库取水口和黄河包头段的 3 个水源地（昭君坟水源地、画匠营子水源地以及磴口水源地）共 4 个，总面积约 1800hm²；二级保护区包括昆都仑水库除取水口以外部分和黄河包头段一级保护区以外部分共 4 个，总面积约 5100hm²；准保护区包括水库上游的昆都仑河段，总面积约为 61100hm²。

3 个黄河集中式饮用水水源地均与本项目有关，分别为包头市黄河昭君坟水源地、包头市黄河画匠营子水源地和包头市黄河磴口水源地。昭君坟水源地主要是包钢的工业水源地，兼有为市区提供部分饮用水的功能，水源地属于包头钢铁公司；画匠营子水源地是包头市最大的生活饮用水水源地，主要为昆都仑区、青山区、沙河镇和东河区西部供水；磴口饮用水水源地主要为东河区东部地区提供自来水。另外，一个距离黄河湿地较远的昆都仑水库为备用的季节性调节的地表水水源地，是包头唯一的湖库型水源地。

包头黄河湿地的建设和管理可与饮用水水源保护区结合，达到互相促进的目的。

（5）地表水体水质。根据《2008 年包头市环境质量报告》，部分地表水体的规划水域功能、保护目标和水质监测评价结果情况如表 1－3 所示。

表 1－3　　　　　地表水体的规划水域功能、保护目标水质监测评价结果情况

水体分类	水体名称	规划水域功能/保护目标	监测及水质评价结果
河流	黄河包头段	Ⅲ类	平均为Ⅲ类，但各月份均有超标现象
	四道沙河	Ⅴ类	劣Ⅴ类，氨氮、总磷和化学需氧量超标率 100%，工业污染严重
	昆都仑河	Ⅲ类	劣Ⅴ类，氨氮、氟化物和化学需氧量超标率 100%，总磷超标率 66.7%，工业污染严重
	东河	Ⅴ类	劣Ⅴ类，水质稍好于四道沙河，石油类超标率 100%
湖泊	南海湖	Ⅲ类	劣Ⅴ类，化学需氧量、高锰酸盐指数、总氮、总磷、氟化物超标率 100%

注　根据《2008 年包头市环境质量报告》。

（6）灌渠。共中海片区和敕勒川片区均有现状灌渠经过公园——民族团结渠和民利渠。灌渠根据灌溉需求从黄河引水，主要用于沿途和下游的农业灌溉，因此并非常年有水。总结两个灌渠现状的引水规律为：每年春季 1.5 个月，夏季 1 个月，秋季 1.5 个月。

可见，除黄河包头段勉强达标外，其余所有地表水体水质均严重超标，当地水体污染十分严重。

4. 湿地生态系统评价

（1）湿地土地利用现状。包头黄河湿地公园 5 个规划区域内土地利用主要为不稳定耕地（湿地）、荒草地、林地、芦苇湿地、灌木林、湿草甸等类型。不稳定耕地（湿地）分布于黄河防洪大堤的南侧，为面积最大的土地利用类型。不稳定耕地（湿地）为间歇耕作

的区域，有其特殊性，在凌汛期结束后，河滩出露，当地农民种植向日葵和玉米等作物，管理粗放，在非种植季自然恢复为以香蒲为优势种的湿地群落。

5 个规划区域均现存面积不等的水域，在土默特右旗的共中海和敕勒川区域有防护林分布，尤其是共中海区域，防护林面积大。防护林的种植包括纯林和农林交错两种模式。

（2）生态系统典型性。

1）湿地特征。湿地是潮湿或浅积水地带发育成水生生物群和水成土壤的地理综合体，包括陆地上天然的和人工的、永久的和临时的各类沼泽、泥炭地、咸、淡水体，以及低潮位时 6m 水深以内的海域。《国际湿地公约》中湿地应至少具备如下一至几个特征：①至少周期性地以水生植物为植物优势种；②底层土主要是湿土；③在每年的生长季节，底层有时被水淹没。

规划区域内黄河湿地符合湿地定义，同时具备上述三个特征。每年的凌汛期内，包头黄河湿地均会被河水淹没，河漫滩以河滩沼泽为主，发育有芦苇和香蒲为优势种的水生植物群落。部分区域虽受到耕种等人为干扰，但干扰消失后，地块重新被香蒲等湿地植物占领。

2）湿地组成。包头黄河湿地包括河流型湿地、沼泽型湿地和湖泊型湿地等多种湿地类型，如河流、沼泽、河成湖、沼泽型草甸等；具备典型的河流生态系统的主要组成部分，如河道、堤岸、迂回扇、牛轭湖、曲流沙坝、沼泽、漫滩沼泽；具有带状形态，能量和物质的流动量高，湿地结构发育完整。在湿地公园规划范围内，涵盖了包头黄河湿地所有现存湿地类型。

（3）湿地面积比例。包头黄河湿地公园总面积 12222hm²，公园内现存湿地总面积 9975hm²，现状湿地率达 81.61%。各类型湿地面积如表 1-4 所示。

表 1-4　　　　　　　　　　　　　现状各类型湿地面积　　　　　　　　　　　　单位：hm²

湿地类型	面　　积	湿地类型	面　　积
芦苇沼泽	474	不稳定耕地（湿地）	4810
其他沼泽	483	湿草甸	352
滩涂	508	黄河	1208
库塘	1854	总计	9975
盐碱滩	286	湿地率	81.61%

（4）生态系统独特性。

1）气候及地理区位。黄河流域界于北纬 32°~42°，东经 96°~119°之间，南北相差 10 个纬度，包头黄河湿地位于黄河流域最北端，高程在千米以上，虽地处上游，但河道比降接近黄河河口的比降。该区间的支流较少，且均为雨洪产流的季节性河流，由于冬季严寒漫长，气温在 0℃以下的时间持续 4~5 个月，最低气温可达 -35℃，因此冰期几乎无本地水源补给，冰期来水绝大部分来自兰州以上的区段。

在自然情况下，黄河包头段流凌封冻时间常比上游的兰州早 20 多天，而解冻开河时间却晚一个多月。特殊气候条件和地理位置导致每年的黄河开河期为特有的凌汛期。凌汛作为一种自然现象有利有弊：一方面极易造成串堤决口，淹没成灾；另一方面凌汛对于地

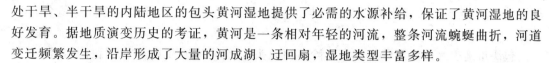

处干旱、半干旱的内陆地区的包头黄河湿地提供了必需的水源补给，保证了黄河湿地的良好发育。据地质演变历史的考证，黄河是一条相对年轻的河流，整条河流蜿蜒曲折，河道变迁频繁发生，沿岸形成了大量的河成湖、迂回扇，湿地类型丰富多样。

2）植被。包头黄河湿地位于内陆干旱半干旱区，属于蒙新干旱、半干旱湿地区，年降水量仅 175～340mm，地带性植被为温带荒漠草原，生态环境先天脆弱。黄河流经包头，孕育了两岸多样的湿地，为植物和动物提供了复杂和良好的栖息环境，丰富了该区域的生物多样性，与周围地带性植被景观形成了极为鲜明的对比。独特的气候、地理区位以及与周围地带性植物的差异，使得包头黄河湿地成为高纬度、寒区、干旱半干旱区独特的河流湿地生态系统。

（5）湿地物种多样性。包头黄河湿地分布有多种群落，芦苇草塘、沼泽、水域、滩涂、香蒲-耕地、阔叶灌丛、杨树林、杨树林-耕地、盐碱地、先锋植物群落，这些群落为动植物提供了适合的栖息环境。内蒙古分布的湿地高等植物和低等植物中的藻类植物共有111 科、306 属、802 种（含变种及变型），其中湿地高等植物约有 103 科、293 属、763种。据不完全调查，包头黄河湿地现有维管束植物 133 种，占内蒙古湿地植物种类的16.6%。据 2001 年调查资料，脊椎动物种数为 101 种。2001 年在包头南海子自然保护区内，观察到国家级重点保护动物（鸟类）13 种，其中，国家Ⅰ级保护鸟类 2 种、国家Ⅱ级保护鸟类 11 种。到 2007 年，包头黄河湿地观察到的国家级重点保护动物（鸟类）达到31 种，其中国家Ⅰ级保护鸟类 5 种、国家Ⅱ级保护鸟类 26 种。包头黄河湿地生物多样性高，是鸟类重要的迁徙和栖息场所，同时为湿地植物和其他动物提供了良好的生存环境。

（6）湿地水资源。

1）黄河防洪大堤以南。包头黄河湿地黄河防洪大堤以南区域为原生或次生湿地群落，每年黄河周期性的泛滥可满足维持湿地正常发育的水文条件，保证湿地植被的健康生长和繁殖。雨季还可得到季节性河水径流补给。因此自然降雨和自然径流完全满足防洪大堤以南区域的湿地用水需求。

2）黄河防洪大堤以北。湿地公园内部及周边地表水体丰富、水系发达、水量丰沛，能满足湿地公园大堤以北区域湿地的生态用水需求。但部分水体由于肆意排污、农业生产活动、鱼塘养殖以及周边开发带来的人为活动的影响而遭到污染，需要在后期加强管理。

综上所述，包头黄河湿地是典型的河流湿地，水文条件良好，湿地类型多样，湿地结构较完整，湿地内动植物多样性较高，湿地公园选址范围内湿地面积大，湿地率高，具备了湿地公园建设的生态条件。

5. 湿地环境质量现状评价

由于资料有限，本规划主要参考《2008 年包头市环境质量报告》中对包头黄河湿地的空气环境质量、地表水环境质量以及噪声环境质量现状进行概括性评价。

包头市重工业发达，电力热力生产供应业、黑色金属冶炼及压延业、有色金属冶炼及压延加工业等每年都会带来大量的二氧化硫、烟尘、氟化物等空气污染物，过去空气污染十分严重。近年来，由于注重节能减排和产业结构调整，包头市空气环境质量呈逐年好转趋势。2008 年全年未出现酸雨现象；且整个沿黄地区，除包头铝厂附近农业区空气氟化物 2008 年年均值 15.49 [$F\mu g/(dm^2 \cdot d)$] 超过国家农业区标准值（3.0 [$F\mu g/(dm^2 \cdot$

d）］）4.2 倍外，二氧化硫、总悬浮颗粒物、飘尘、氮氧化物等其他空气环境各指标良好。

包头市地表水体污染程度较高。除黄河包头段达到规划的水域功能目标外，昆都仑河、四道沙河、东河等几条主要的入黄河流以及南海湖等水域，由于大量的工业废水、生活污水无序排放，水质均远远超标（参见本章表 1-3 中的内容），超标污染物主要为氨氮、总磷、氟化物等。包头市水环境如在后期不严格进行截污、污（废）水达标排放等整治和长效管理，将会影响包头黄河湿地的质量，进而对整个生态环境产生进一步的负面影响。

包头市 2008 年监测的四个区（东河区、昆都仑区、九原区和青山区）、157.0km 路段的平均等效声级全部达到国家标准，且与往年相比噪声污染有明显降低。黄河湿地区域位于市区以南，人流、车流量较稀少，因此声环境质量较好，对黄河湿地及生态栖息地的保育和恢复、生物多样性的提升、游客休闲十分有利。

6. 湿地文化与旅游资源

（1）人文与自然并举的包头湿地文化。包头黄河湿地文化是人文历史与自然景观文化的交融点，也是包头湿地区别于其他湿地的特色之一。

河套是黄河流域重要的组成部分，自古以来，代表人文历史的河套文化就融入了黄河、草原、阴山、战争、移民这五大元素，河套文化的发展历史是中华文化发展历史上的重要组成部分，河套文化的进程与中华文明共生共荣。河套文化中渗透着强烈的中华民族精神，即开放、进取、宽容与和谐。阴山横亘，黄河环绕，草原辽阔孕育着中华民族开放胸襟，黄河的奔腾汹涌体现了黄河文化自强不息、积极进取的精神；多个少数民族聚居在此，反映了地区文化的包容精神；民族的凝聚以及饮食、风俗上的海纳百川，构成了河套文化的底蕴。

除人文历史外，包头黄河湿地自然景观文化，充分地展示了生物多样性的丰富及生物本身的珍稀，具有强大的生态功能，同时具有强大的降解能力和净化水质功能，形成黄河边上的独特景观，被誉为"大自然的生命摇篮""物种基因库"和"鸟类天堂"，同时也是"保护地球、保护自然的天然教科书"。

（2）包头旅游资源分析。根据《包头市旅游发展总体规划（2006—2020）》，包头市旅游资源分为六个特色各异的旅游区：①五当召—春坤山旅游区；②美岱召—九峰山风景旅游区；③白云区"龙梅玉荣"草原风情旅游区；④希拉穆仁草原民族风情旅游区；⑤固阳长城文化旅游区；⑥城市商务、会展、休闲旅游区。

包头市旅游资源类型丰富，且各具特色，主要有 8 大类，人文与自然资源各 4 大类。其中，人文资源有以武当召为代表的寺庙景观、以秦长城为代表的长城景观、以"二人台"民间艺术为代表的文化艺术、以包钢和军工业为代表的工业景观；自然资源有以黄河湿地为代表的水体景观，以九月峰为代表的山岳景观，以响螺湾为代表的沙漠奇观以及具有地区小气候的避暑地。旅游资源中五级旅游资源有 6 个，四级旅游资源有 9 个，三级旅游资源有 34 个，共有 49 个优良的旅游资源。

包头旅游资源开发现状评价如下：①旅游资源丰富且独特，但产品结构单一，没有突出其特色，主要表现在城市旅游和工业旅游尚未全面开展，草原风光旅游内容单一，形式简单，且常年不变，缺少娱乐性和参与性，难以形成持久的旅游吸引力；②旅游资源没有充分利用，旅游景区建设相当落后，形成 A 级的景区少，现状只有 9 家，其中 4A 级景区仅有南海子湿地公园。包头国家湿地公园的建设中应避免类似情况发生。

（3）规划区旅游资源现状。目前，规划区范围内已经成型的旅游资源较少，主要以九原区的昭君岛为主，湿地公园其他区域有较好的生态人文资源，亟待对其旅游资源进行挖掘。昭君岛，位于九原区，是湿地公园内唯一成型的旅游资源。与鄂尔多斯市昭君坟隔岸相望，其余三面被黄河支流所环绕，东西长 4km，南北宽 2.5km，岛上有昭君雕像，同时有旱生植物和沙漠等植物 25 种，鸟类约 25 种，是人文与自然兼具的旅游资源。

（4）规划区旅游资源挖掘。地处高纬度、寒区、干旱半干旱区能拥有一片湿地结构发育完整的生态资源，本身对少水区域就是极具吸引力的旅游资源。

自然生态方面，种类丰富且稀有的迁徙鸟类和栖息地资源、多样的植被景观以及敕勒川区段形成的岛屿都将是未来生态旅游的潜在资源。就植被来说，不同区段的植被呈现不同种类的分布特点，城区段的芦苇质量好，而非城区段植被以大片林地沼泽、重盐碱地和撂荒地为主，这对于黄河滩边是难得的自然景观。就鸟类来说，包头湿地公园范围内，城区段停留的鸟类多，且以水鸟为主，非城区段因以林地为主，停留的鸟类以林鸟为主。不同的植被种类也决定了停留的鸟的种类不一样。这些明显的区段特征，为包头湿地公园不同区段形成错位旅游特色和特色景观风貌提供了良好的基本条件。

人文方面，包头湿地公园周边区域已经形成一些人文方面的旅游资源，可与周边区域结合，人文资源上采用融合发展的方式，增强旅游资源影响力，形成区域人文特色，自然资源上采用错位发展的方式，突出湿地资源的唯一性。

具体来说，昭君岛湿地段周边均为体现边塞历史的人文资源，如昭君墓、麻城古城、西嚎口汉墓群等，此区段可以本身的自然生态特色和"昭君出塞"的著名历史事件为旅游资源，塑造区段旅游特色；小白河地段周边已开发了黄河漂流等旅游项目，此区段可以依靠湿地自身的生态特色，主要塑造以"水"相关的旅游形象；南海子地段周边已有国家4A 级景区南海子湿地公园，此区段应与南海子湿地公园融合发展，延续南海子湿地公园的特色，结合自身湿地景观资源，形成特色湿地景观；共中海地段和敕勒川地段属于非城区段，可结合林地、岛屿等旅游资源，引入民间艺术资源，做"休闲度假"的文章，让居民体验远离喧嚣的宁静。

而南海湖是包头市区唯一的天然湖泊，发挥着湿地实体净化与蓄滞洪水的作用，在保护黄河湿地生态系统、防风固沙、涵养水源等方面都起到了非常重要的作用，每年为当地人文服务提供了巨大的价值。本章通过对内蒙古包头市南海湖湿地进行实地调查研究，分析南海湖湿地为代表的寒旱区湿地水质、浮游生物、微生物、重金属和有机碳的情况，探讨植物微生物联合改善水质的可能。

参 考 文 献

［1］ 滕晓华. 内蒙古包头黄河湿地保护与恢复措施 ［J］. 内蒙古林业调查设计，2015，38 (5)：68 - 71.

［2］ 庞珺. 基于生态文明的干旱区湖泊湿地景观环境综合评价及改善对策研究 ［D］. 泰安：山东农业大学，2014.

［3］ 余国营. 湿地研究进展与展望 ［J］. 世界科技研究与发展，2000 (3)：61 - 66.

［4］ 杨永兴. 国际湿地科学研究的主要特点、进展与展望 ［J］. 地理科学进展，2002 (2)：111 - 120.

［5］ 杨荣，吴秀花，杨宏伟，赛纳，苏亮，韩淑梅，刘永宏，郭永盛. 包头黄河湿地生态系统服务价值评估 ［J］. 内蒙古林业科技，2018，44 (4)：43 - 49.

［6］ 刘建龙. 包头黄河湿地水质评价与需水量研究 ［D］. 包头：内蒙古科技大学，2015.

［7］ 李卫平，刘建龙，鲍交琦，等. 包头黄河湿地生态恢复植物类型的选择 ［J］. 湿地科学，2015，13 (2)：211 - 216.

［8］ 国家统计局. 包头统计年鉴 2013 ［M］. 北京：中国统计出版社，2013.

［9］ 马学慧，牛焕光. 中国的沼泽 ［C］. 北京：科学出版社，1990.

［10］ 于思佳. 包头黄河湿地生态系统健康评价研究 ［D］. 呼和浩特：内蒙古农业大学，2018.

第 2 章

包头南海湖湿地水质现状分析

2.1 包头南海湖湿地水质季节动态分析

2.1.1 水体理化性质季节动态

对包头南海湖湿地进行实地勘察，根据湿地区位分布、功能划分、土壤结构、动植物组成等特点，对包头南海湖湿地进行布点取样分析。各取样点位置如图 2-1 所示，各取样点布设说明见表 2-1。

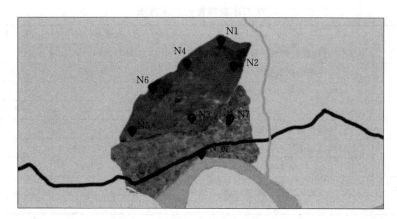

图 2-1 包头南海湖湿地取样布点图

表 2-1   包头南海湖湿地取样点布设说明

序号	编号	名称	说　明
1	N1	南海 1 点	南海湖引水入口
2	N2	南海 2 点	南海湖湿地公园内湖植被修复区
3	N3	南海 3 点	南海湖湿地公园外湖植被修复区
4	N4	南海 4 点	南海湖湿地公园旅游开发区

续表

序号	编号	名称	说　明
5	N5	南海 5 点	南海湖控水出口
6	N6	南海 6 点	南海湖湿地公园内湖植被修复建设区
7	N7	章盖营点	南海湖湿地鱼类养殖区
8	N（黄）	章盖营村南海点	黄河出包头断面

2015 年 1 月至 2016 年 12 月，对南海湖湿地 8 个取样点进行取样，采样时间为每月中旬，每次取样均在 7 天内无极端天气（如大规模降雨和沙尘暴等）的情况下进行，并且采集区域无突发性污染事件，以避免高污染负荷冲击对监测带来的影响。所有样品的采集使用专用聚乙烯采样瓶密封保存，迅速带回实验室测定。冰封期在冰面上使用冰钻破冰采集冰样和冰下水样。采集冰样时，应尽量保持冰块完整，并密封保存；用深水采样器采集冰面下的水样，收集在 1000mL 的专用聚乙烯采样瓶中，带回实验室立即测定。

湿地水质的现场测定采用多参数水质分析仪，现场使用便携式多参数水质分析仪对冰下水样的水温、溶解氧（DO）、电导率（EC）、总溶解性固体（TDS）、盐度、pH、氧化还原电位（ORP）进行监测。冰体送抵实验室后，置于常温房间中融冰，冰体在融化过程中始终保持盖紧取样瓶，减少有机物挥发和光降解所造成的损失，冰体完全融化后进行测定。

实验室监测水质指标的测定方法参照《水和废水监测分析方法（第四版）》，具体分析方法见表 2 - 2。

表 2 - 2　　　　　　　　　　　　相关水质指标的测定方法

水质指标	测　定　方　法	标准号	检出限/(mg/L)
总氮	碱性过硫酸钾消解—紫外分光光度法	GB 11894—89	0.05～4
氨氮	纳氏试剂分光光度法	GB 7479—87	0.025～2
硝态氮	紫外分光光度法	GB 7480—87	0.08～4
亚硝态氮	N -（1 萘基）-乙二胺光度法	GB 7493—87	0.003～0.2
总磷	过硫酸钾消解—钼酸铵分光光度法	GB 11893—89	0.01～0.6
溶解性磷	过硫酸钾消解—钼酸铵分光光度法	GB 11893—89	0.01～0.6
叶绿素 a	丙酮提取法	SL 88—2012	—
化学需氧量	重铬酸钾法	GB 11914—89	5～500
悬浮物	重量法	GB 11901—89	5～100

1. 水温

温度对水体中的生物活性及水体中发生的理化反应有着重要的影响，水体温度直接影响着营养盐的转化及去除速率，对富营养化湖泊中污染物的去除具有重要的指导意义。包头南海湖湿地水体月均温度变化如图 2 - 2 所示，年平均温度为 13.8℃，最高水体温度出现在 7 月为 27.12℃，最低水体温度出现在 2 月为 0.95℃。

2. pH

pH 对水质、水生生物和鱼类有很重要的影响，南海湖湿地水体 pH 月均变化如图 2 - 3 所示。从图 2 - 3 中可以看出，南海湖片区 pH 在 8.53～9.26 之间。包头南海湖湿地水体流动缓慢，水动力条件差，为水生植物的大量繁殖提供了良好条件，包头南海湖湿地的水生植物较多，光线条件良好时水中植物的光合作用会消耗水中的CO_2导致水中pH略有升高，并且水生植物的茂盛生长集中在7—9月，因此在7—9月pH明显高于其他月份，而10月以后，水生植物开始凋零，pH有不同程度的降低。

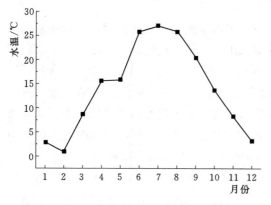

图2-2　包头南海湖湿地水体月均温度变化　　　　图2-3　包头南海湖湿地水体pH月均变化

3. 电导率

电导率是估算水体被无机盐污染的指标之一，与水中的溶解性固体有密切关系。包头南海湖湿地各个片区水体电导率月均如图2-4所示。

从图2-4中可以看出，南海片区的电导率在2294～38210μS/cm之间，说明南海片区无机盐污染严重，并且6—10月维持在较高的水平，这主要是由于水体电导率与水温有关，水体温度高，水体的黏度低，离子迁移的速度就快，从而导致电导率较高。

4. 溶解氧

溶解氧是指示水体污染程度的重要指标，也是衡量水质的综合指标。当溶解氧低于4mg/L时，就会引起鱼类窒息死亡。包头南海湖湿地溶解氧月均变化如图2-5所示。由图2-5可以看出南海湖湿地溶解氧的月均变化为先升高后降低，三个片区溶解氧含量均为4月、5月最低，这与包头南海湖湿地地理位置的独特性以及当地的气候有关，该时期

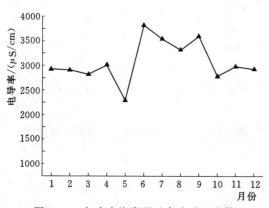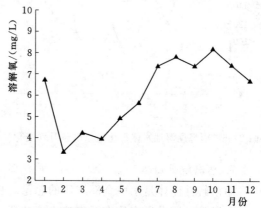

图2-4　包头南海湖湿地各个片区水体　　　　图2-5　包头南海湖湿地水体溶解氧月均变化
　　　　　　电导率月均变化

植物进入生长期，水生植物生长消耗大量的溶解氧，但是光合作用微弱，因此溶解氧浓度略低；6—8月时，水生植物生长最为茂盛，此时光合作用会产生大量的氧气，使湿地水体中的溶解氧含量上升。10月以后，溶解氧有明显的下降趋势，这是由于10月温度开始降低，植物凋零，光合作用减弱，产生的氧气减少所导致。

5. 氧化还原电位

氧化还原电位是用来反映水溶液中所有物质表现出来的宏观氧化还原性，对于水体污染评价同样具有重要意义。电位为正表示溶液显示出一定的氧化性，为负则表示溶液显示出一定的还原性。当水体中含较多硫酸根、硝酸根、磷酸根、铁离子、锰离子、铜离子、锌离子等时，常处于氧化态；当水体中含有较多氯离子、氮气、氨氮、亚硝酸盐、硫化氢、甲烷、亚铁离子、多数有机化合物（包括残饵、粪便、池底有机质淤泥）等时，常处于还原态。包头南海湖湿地水体氧化还原电位月均变化如图2-6所示，由图可知包头南海湖湿地水体的氧化还原电位在69.75～201.5mV之间，表现出明显的氧化性，并且在5—7月有较大的波动，氧化还原电位受溶解氧和pH的影响，6—9月pH较高，水体偏碱性，导致氧化还原电位较低。

6. 盐度

盐度的分布与变化影响和制约着其他水文要素的分布和变化，因此在水文观测中，盐度的测量扮演着重要的作用。同时，盐度是影响水生动物的重要理化因子，盐度通过调节机体的渗透压来调节其生理机能。南海湖湿地水体盐度月均变化如图2-7所示，从图中可以看出南海湖湿地水体盐度含量在1.55～2.08ppt之间。南海湖湿地水体盐度在5—9月含量较高，可能是因为这5个月光照强烈，水体大量蒸发，间接地促使水体中的不挥发类污染物浓缩，从而导致盐度含量增加，到10月时光照强度下降，加上秋季的降水使得南海水体盐度有所降低。

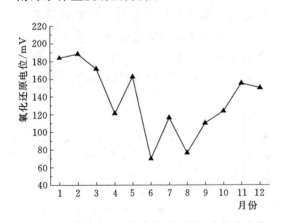

图2-6　南海湖湿地水体氧化还原电位月均变化

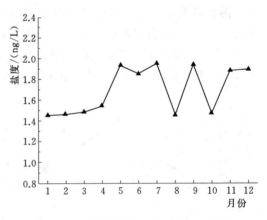

图2-7　南海湖湿地水体盐度月均变化

7. 总溶解性固体

总溶解性固体是水中全部溶质的总量，也称为总矿化度，包括无机物和有机物两者的含量。通常可用电导率值表征溶液中的盐分，一般情况下，电导率越高，盐分越高，总溶解性固体也就越高。由图2-8可知，南海湖湿地水体总溶解性固体含量较高的一个原因是南海湿地蒸发量大于流入量，另外一个原因是南海湿地为浅水湖泊，多年来进水量多，而出水量小。南海湖湿地水体各片区总溶解性固体月均变化如图2-8所示。

2.1.2 水体营养盐季节动态

1. 总氮

总氮是水体中各种形态氮的总量，水体中含氮量的增加将导致水体质量下降，总氮可以反映水体的受污染程度。南海湖湿地水体各片区总氮月均变化如图2-9所示。南海湖湿地水体总氮含量在3月最高达到4.81mg/L，总氮含量在8月达到最低3.58mg/L，超出《地表水环境质量标准》（GB 3838—2002）中的Ⅴ类水限值（2.0mg/L）0.79倍。

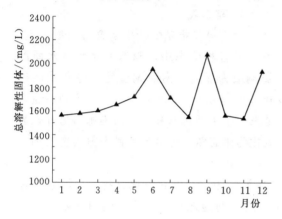

图2-8 南海湖湿地水体各片区总溶解性固体月均变化   图2-9 南海湖湿地水体各片区总氮月均变化

2. 总磷

总磷是指水体中各种形态的磷的总量，是反映水体受污染程度和水体富营养化程度的重要指标之一。水体中磷含量升高会使水体中的浮游生物和藻类大量繁殖，消耗溶解氧，导致水体富营养化。南海湖湿地水体各片区总磷月均变化如图2-10所示。

由图2-10可知，南海湖湿地水体各片区总磷含量的时间分布规律为6月最高，其他月份在0.015~0.676mg/L之间波动。4月、6月、8月南海湖湿地水体各片区总磷含量与《地表水环境质量标准》（GB 3838—2002）中的Ⅲ类水限值相比，均存在不同程度的超标现象。这主要是由于6—8月为包头市降雨量丰沛时段，地表径流会引入大量总磷污染物，这是导致夏季总磷污染严重的原因之一。

3. 氨氮

氨氮是指水中以游离氨（NH₃）和铵离子（NH₄⁺）形式存在的氮。氨氮是水体中的主要耗氧污染物，可导致水体富营养化现象的产生，对鱼类和水生生物有毒害。南海湖湿地水体各片区氨氮月均变化如图2-11所示。

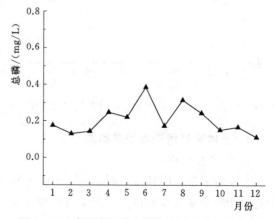

图2-10 南海湖湿地水体各片区总磷月均变化

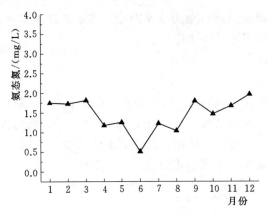

图2-11 南海湖湿地水体各片区氨氮月均变化

从图2-11中可以看出，水体氨态氮含量在1月最高，主要是由于冰封期水温较低，浮游植物相对较少，对铵离子的利用率低，全文使氨氮含量较高；6月最低，氨氮含量为1.04～1.96mg/L，介于《地表水环境质量标准》（GB 3838—2002）中的Ⅱ类（0.50mg/L）和Ⅴ类（2.0mg/L）之间。

4. 硝态氮

硝态氮是指硝酸盐中所含有的氮元素，在氮的各种形态中，硝态氮对水体水质的影响最为显著。南海湖湿地水体各片区硝态氮月均变化如图2-12所示。硝态氮含量变化范围为0.21～0.66mg/L。水体硝态氮含量与总氮变化规律相近，硝态氮含量较高主要是来源于生活污水和农业污染源。另外，当水中溶解氧含量较高时，氨氮和亚硝态氮易于氧化为硝态氮，也会导致硝态氮含量增加。

5. 亚硝态氮

亚硝态氮是以亚硝酸根离子（NO_2^-）及其盐类形态存在的含氮化合物，南海湖湿地水体各片区亚硝态氮月均变化如图2-13所示。南海湖湿地水体各片区亚硝态氮含量较低，在0.05～0.33mg/L之间波动，在9—12月比较稳定，1—8月波动明显，9月出现峰值达到0.373mg/L。整体来看，冰封期初期亚硝态氮含量较高，主要是由于水温低，反硝化作用几乎停止，使得亚硝态氮不易转化为硝态氮或转化为硝态氮的速率降低。

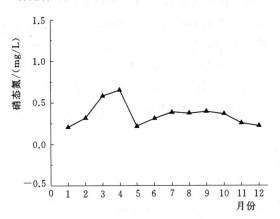

图2-12 南海湖湿地水体各片区硝态氮月均变化

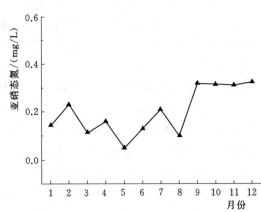

图2-13 南海湖湿地水体各片区亚硝态氮月均变化

2.1.3 水体有机污染物季节动态

1. 化学需氧量

化学需氧量（COD_{Cr}）可以表示水中还原性物质的多少，化学需氧量常常作为衡量水中有机物质含量多少的指标。化学需氧量越大，说明水体受有机物的污染越严重。南海湖湿地水体各片区化学需氧量月均变化如图2-14所示。

从图 2-14 中可以看出南海湖湿地水体各片区化学需氧量最高，在 82.392～171.123mg/L 之间，与《地表水环境质量标准》（GB 3838—2002）中的Ⅲ类水限值相比，超标 4～8.55 倍。南海湖湿地水体污染物排入集中，底泥释放等，都是化学需氧量高的原因。

2. 叶绿素 a

叶绿素（chlorophyll）是一类与光合作用（photosynthesis）有关的最重要的色素，存在于能进行光合作用的生物体内，例如绿色植物、蓝菌和藻类。南海湖湿地水体的叶绿素 a 在 9 月明显偏高，其他月份波动性比较小，9 月是南海湖湿地水体水生植物生长最为茂盛的时期，因此叶绿素 a 的含量最高。南海湖湿地水体各片区叶绿素 a 月均值变化如图 2-15 所示。

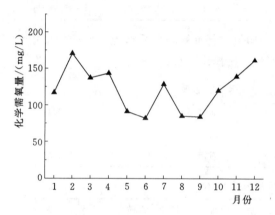

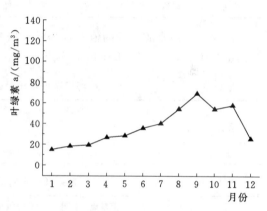

图 2-14 南海湖湿地水体各片区化学需氧量月均变化　　图 2-15 南海湖湿地水体各片区叶绿素 a 月均变化

2.2 包头南海湖湿地水质评价

2.2.1 水质污染指数评价法

污染指数法根据水质组分浓度相对于其环境质量标准的大小来判断水的质量状况。水质污染指数 P 的计算公式为

$$P = \frac{1}{n} \sum_{i=1}^{n} P_i \qquad (2-1)$$

$$P_i = \frac{C_i}{S_i} \qquad (2-2)$$

式中　　P——水质污染指数；

　　　　P_i——污染物 i 的污染指数；

　　　　C_i——污染物 i 的实测浓度；

　　　　S_i——污染物 i 的评价标准；

　　　　n——参加评价的污染指标个数。

污染负荷分担率 K_i 的计算公式为

$$K_i = P_i / \sum_{i=1}^{n} P_i \times 100\% \qquad (2-3)$$

污染指数评价法依据国家《地表水环境质量标准》（GB 3838—2002）中的Ⅲ类水体水质标准确定，使用的评价因子及标准限值见表2-3，污染指数分级标准见表2-4。

表2-3　　　　　　　　　　　　　　地表水Ⅲ类水体水质标准限值　　　　　　　　　　　　单位：mg/L

水质指标	pH	溶解氧	化学需氧量	氨氮	总磷	总氮
Ⅲ类	6～9	≥5	≤20	≤1.0	≤0.2	≤1.0

表2-4　　　　　　　　　　　　　　　　　　污染指数分级标准

P值	<0.2	0.2～0.4	0.4～0.7	0.7～1.0	1.0～2.0	>2.0
级别	清洁	尚清洁	轻污染	中污染	重污染	严重污染

南海湖湿地水质指标的值取各采样点监测平均值进行计算，各采样点的水质污染指数及污染等级见表2-5，水质指标均值及污染负荷分担率K_i见表2-6。

表2-5　　　　　　　　　　　　　　南海湖湿地水质污染指数及污染等级表

点位	N1	N2	N3	N4	N5	N6
P值	2.56	2.74	2.11	2.30	2.38	2.45
污染级别	严重污染	严重污染	严重污染	严重污染	严重污染	严重污染

表2-6　　　　　　　　　　　　　　各采样点水质指标均值及K_i值

| 监测点位 | pH | | 溶解氧 | | 化学需氧量 | | 氨氮 | | 总磷 | | 总氮 | |
	均值/(mg/L)	K_i值/%	均值/(mg/L)	K_i值/%	均值/(mg/L)	K_i值/%	均值/(mg/L)	K_i值/%	均值/(mg/L)	K_i值/%	均值/(mg/L)	K_i值/%
N1	9.09	8.47	5.63	7.34	94.87	30.94	0.68	4.42	0.74	24.03	4.67	30.45
N2	9.17	7.96	5.70	6.93	126.49	38.42	1.39	8.47	0.36	10.85	5.39	32.71
N3	8.46	9.55	7.48	11.82	94.10	37.15	0.85	6.73	0.17	6.57	4.82	38.10
N4	9.15	9.48	5.84	8.47	63.18	22.93	0.73	5.28	0.77	28.03	4.46	32.39
N5	9.08	9.10	5.58	7.83	131.08	45.98	0.67	4.67	0.17	5.93	4.63	32.50
N6	9.24	8.98	5.23	7.12	117.79	40.10	0.64	4.36	0.50	17.68	4.07	27.69

由表2-5可知，南海湖片区评价结果显示南海湖污染指数均大于2，为严重污染级别。从污染负荷分担率K_i值分析，化学需氧量的K_i值最大在22.93～45.98之间，其次是总氮和总磷，K_i值分别在27.69～38.10与5.93～24.03之间，因此南海湖的首要污染物是化学需氧量，其次是总氮和总磷。从各指标的监测平均值来看，化学需氧量、总磷、总氮超过地表水Ⅴ类标准。

2.2.2　内梅罗污染指数法

内梅罗污染指数通过先求出各项监测因子的各项分指数，即它的超标倍数，然后求出检测项目的平均值，以最大的分项指数和平均值代入下一步理计算。

内梅罗污染指数法根据内梅罗污染指数相对于其环境质量标准的大小判断水环境质量

状况，依据国家《地表水环境质量标准》（GB 3838—2002）中的Ⅲ类水体水质标准确定，使用的评价因子及标准限值见表 2-3。

内梅罗污染指数 I_P 的计算公式为

$$I_P = \sqrt{\frac{(I^i_{\max})^2 + (\bar{I})^2}{2}} \tag{2-4}$$

式中 I_P ——内梅罗指数；

$I^i_{\max}$ ——所有评价因子中污染指数最大值；

$\bar{I}$ ——所有评价因子的污染指数平均值。

南海湖水质指标的值取各采样点监测平均值进行计算，各采样点水质指标的均值 I_i 值及水质等级见表 2-7。

表 2-7　　　　　　　　　各采样点水质指标的均值 I_i 值及水质等级

监测点位	溶解氧		化学需氧量		氨氮		总磷		总氮		$I^i_{\max}$	I_P	水质等级
	均值	I_i值	均值	I_i值	均值	I_i值	均值	I_i值	均值	I_i值			
N1	5.58	1.12	131.08	6.55	0.67	0.67	0.17	0.85	4.63	4.63	6.55	5.03	重污染
N2	5.84	1.17	63.18	3.15	0.73	0.73	0.77	3.85	4.46	4.46	4.46	3.68	污染
N3	7.48	1.49	94.10	4.70	0.85	0.85	0.17	0.85	4.82	4.82	4.82	3.85	污染
N4	5.70	1.14	126.49	6.32	1.39	1.39	0.36	1.80	5.39	5.39	6.32	5.01	重污染
N5	5.63	1.13	94.87	4.74	0.68	0.68	0.74	3.70	4.67	4.67	4.74	3.96	污染
N6	5.23	1.05	117.79	5.88	0.64	0.64	0.50	2.50	4.07	4.07	5.88	4.62	污染

从表 2-7 中可以看出，$I^i_{\max}$ 的值主要集中在化学需氧量和总氮的污染指数，说明南海湖湿地的化学需氧量和总氮对水体的污染最为显著。南海湖湿地各点 I_P 在 3.68～5.03之间，其中 N1 和 N4 点 I_P 大于 5，达到重污染级别，其他点位的 I_P 值在 3～5 之间，水质等级为污染级别。从空间上分析 N1 点位南海湖湿地的进水区域，N4 点虽然是南海湖湿地的旅游区，但是在本课题的调查中发现在 N4 点附近有排污暗口将污水排入南海湖湿地，因此 N1 和 N4 点污染物浓度高，水体污染程度严重；在 N2、N3、N6 点均有大量的芦苇和香蒲等水生植物，这些植物对水体中的氮磷污染物具有一定的降解作用，并且在污水进入湿地后污染物经过沉降、过滤、积累等过程水质得到净化。

2.2.3　富营养化评价

富营养化评价采用营养状态指数法 TSI（chla）法，其分级评价标准见表 2-8，其计算公式为

$$TSI(chla) = 10 \times \left[6 - \frac{2.04 - 0.68\ln(chla)}{\ln 2} \right] \tag{2-5}$$

式中 $chla$ ——叶绿素 a 的含量，mg/m^3。

通过连续测定南海湖 6—11 月的叶绿素 a 含量，采用营养状态指数公式计算得出南海湖湿地各点 $TSI(chla)$ 值，如图 2-16 所示。

表 2-8	_TSI_（_chla_）的分级评价标准		
TSI 值范围	富营养程度	_TSI_ 值范围	富营养程度
TSI≤37	贫营养型	_TSI_＞53	富营养型
37＜_TSI_≤53	中营养型		

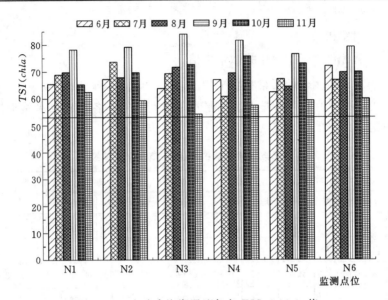

图 2-16　包头南海湖湿地各点 _TSI_（_chla_）值

从图 3-16 可以看出，监测期间南海湖 _TSI_（_chla_）值均大于 53，南海湖水体为富营养型。通过监测数据可知，污水进入南海湖湿地后，各项污染指标均有所降低，尤其在 N1、N3、N6 点的植物较其他点位茂盛，且污染物含量低于其他点位，可知湿地水生植物对湿地水质的净化有不可小觑的作用，但是南海湖内对氮、磷有去除作用的芦苇、香蒲覆盖率较低，由于产量低而不被收割利用，反而会对水质造成二次污染。南海湖湿地水体流动缓慢，富营养化严重，虽然污染物可以被水中的藻类吸收，但藻类吸收、生长、繁殖、死亡，最后沉积在底泥中，污染物长期在水体中累积沉积导致沉积物在水环境中释放污染物，使底泥也成为了南海湖的潜在污染源。

2.3　包头南海湖水环境容量研究

2.3.1　水环境容量

1. 水环境容量的定义

水环境容量是指水体在一定环境功能条件下，水环境所能容纳的最大允许负荷量。污染物进入水体后，受稀释、扩散、迁移和同化的作用，其容量是由稀释容量、迁移容量及净化容量组成，分为以下三个组成部分，即

$$W_T = W_d + W_t + W_s \tag{2-6}$$

式中　W_T——水环境容量；

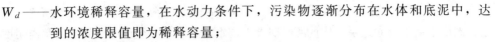

W_d——水环境稀释容量，在水动力条件下，污染物逐渐分布在水体和底泥中，达到的浓度限值即为稀释容量；

W_t——水环境迁移容量，是指水体经流动输送到下游的污染物数量；

W_s——水环境净化容量，是水体对污染物自净能力的一种反映。

2. 影响水环境容量的主要因素

影响水环境容量的因素主要有：①水域特性（几何特征，水文特征）；②化学性质（pH，硬度）；③物理自净能力（挥发、扩散、稀释、沉降、吸附）；④化学自净能力（氧化、水解等）；⑤生物降解（光合作用、呼吸作用）；⑥污染物质（不同污染物本身具有不同的物理化学特性和生物反应规律，不同类型的污染物对水生生物和人体健康的影响程度不同）。

确定水环境容量，需要确立不同影响因子之间的关系，并对单因子计算出的环境容量进行综合分析，同时建立约束条件求解各类需要控制的污染物质的环境容量。湖库的环境容量与污染物排放的位置和方式有关，不同的方式其环境容量也不同，主要表现为集中排放与分散排放、瞬时排放与连续排放、岸边排放与河心排放等。因此，在排污方式的限定上也是确定环境容量的一个重要因素。

2.3.2 南海湖水文特性分析

1. 南海湖的形成与形态

南海湖不仅承受着货运和周边居民日常洗涤的污染，而且自1958年成立南海渔场利用湖水养鱼开始，对南海湖的开发利用程度日益加深。由于基础设施不健全，城区及周边污水时常未经处理直接流入南海湖。1990年市政排污建设的泵站开始运行，但尾水直接排入南海湖湿地。1998年才彻底封闭了西部的生活污水排放口。现如今，南海湖的入水口除黄河提水口外，还有东北部雨水口和公园管理处的少量生活污水直接入湖。南海湖周边湿地时常缺水导致植被死亡，导致湿地不能发挥净化外源污染，在洪水时还向湖中输入死亡植物残体等污染物。南海湖地处风沙带，常年受到风沙的侵袭，湖泊接受大量泥沙沉淀。以上一系列原因最终导致南海湖水质恶化，水生生态系统遭到破坏，底泥淤积严重。此外，由于南海湖是一个只有进水没有出水的浅水尾闾湖泊，包头市年蒸发量为2342.2mm，年均降水量仅为307.4mm，水质有盐化的趋势。水质恶化和水生生态系统破坏降低了南海湖的生态服务功能，水质型缺水现象日益紧迫。

南海湖东西长约3.5km，南北宽约1.2km，湖深0.8～3m，是一个只有进水没有出水的浅水尾闾湖泊。在未封闭前，南海湖水自西南流入，向东北经弧形转弯后由东南向流出。在黄河向南改道的过程中，西南入口逐渐淤死，并于1958年在东部出口人工筑坝，从而形成现有的湖面形状。南海湖的水深分布也因原有黄河河道冲蚀和淤积而形成现有的西南浅东北深的状况。

2. 南海湖水环境容量的影响因素

南海湖当前水域面积333hm²，库容610万m³。南海湖地处半干旱草原地带，为典型的大陆性季风气候。年平均降水量307.4mm，降水多集中于夏季。6—8月平均降水量为250mm，冬季12月至2月降水量最少，仅占全年降水量的1.3%～2.3%。湖区水面年蒸发量在2342mm，其中以5月、6月最大，8月蒸发量仍较高，9月开始下降，11月显著下降，

12 月和 1 月最小，陆地年平均蒸发量 250～350mm。由于降水量不足，堤坝修建，与黄河隔断，湖区水量主要通过泵站从黄河凌期人工调水补给。现如今南海湖的水质及透明度状况不容乐观。经 2016 年对南海湖的水生态现状调查发现：南海湖的透明度平均为 32cm。外源污染并未完全截断，仍有少量污水流入湖中，具体污水口位置如图 2-17 所示。

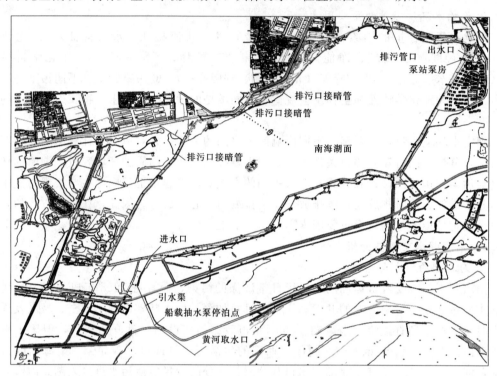

图 2-17　南海湖进、出水口及潜在的排污口

通过对南海湖进行水深和泥深的现场测量，南海湖水深在 86～293cm 之间，如图 2-18、图 2-19 所示，南海湖水深区在东北部，最大水深 293cm，在东北角和西北角岸边水较浅。

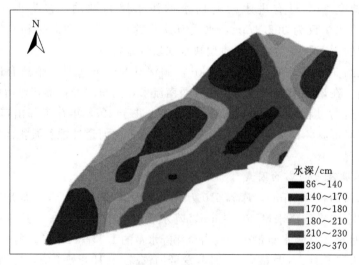

图 2-18　南海湖水深分布图

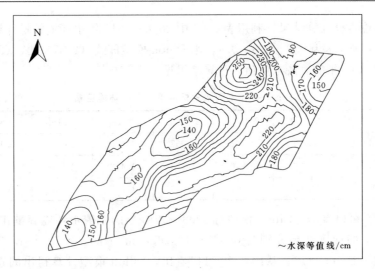

图 2-19 南海湖水深等值线图

2.3.3 南海湖水环境容量的计算

1. Dillion 模型计算南海湖水环境容量

（1）Dillion 模型的计算公式为

$$C=\frac{L(1-R)}{\overline{Z}(Q_入/V)} \tag{2-7}$$

$$L=\frac{\overline{Z}C_s(Q_入/V)}{1-R} \tag{2-8}$$

式中　L——总磷、总氮单位允许负荷量，$g/(m^2 \cdot a)$；

　　　　C_s——总磷、总氮的水环境质量标准，mg/L；

　　　　C——库水中平均总氮、总磷浓度，mg/L；

　　　　$\overline{Z}$——平均水深，m；

　　　　R——氮、磷的滞留系数，1/a。

（2）南海湖计算参数见表 2-9、表 2-10。

表 2-9　　　　　　　　　　　南海湖水环境容量计算参数值

参数指标	2008 年	2009 年	2010 年	2011 年	2012 年	2013 年	2014 年	2015 年
A/m^2	3.42×10^6	3.31×10^6	3.44×10^6	3.58×10^6	3.18×10^6	3.28×10^6	3.12×10^6	3.41×10^6
$q_S/(m/a)$	2.0373	1.8068	1.7027	1.5434	1.7716	1.2585	1.7463	1.4068
V/m^3	3.00×10^6	3.00×10^6	3.00×10^6	3.00×10^6	3.00×10^6	3.00×10^6	3.00×10^6	3.00×10^6
Z/m	1.382	1.423	1.352	1.413	1.366	1.385	1.405	1.391
$R/(1/a)$	-2.20×10^{-1}	1.91×10^{-1}	4.95×10^{-1}	6.18×10^{-1}	4.54×10^{-1}	9.10×10^{-1}	1.98×10^{-1}	2.38×10^{-1}
$Q_出/(m^3/a)$	1.09×10^{-2}	1.03×10^{-2}	1.08×10^{-2}	1.03×10^{-2}	1.03×10^{-2}	8.18×10^{-3}	9.27×10^{-3}	8.89×10^{-3}
$Q_入/(m^3/a)$	6.51×10^{-3}	1.46×10^{-3}	-1.71×10^{-3}	7.10×10^{-3}	6.76×10^{-3}	-1.80×10^{-3}	3.94×10^{-3}	3.82×10^{-3}
$W_{入总磷}/(g/a)$	1.45×10^6	8.46×10^5	4.94×10^5	3.73×10^5	5.26×10^5	8.44×10^4	8.19×10^5	7.78×10^5
$W_{出总磷}/(g/a)$	1.19×10^6	1.04×10^6	9.80×10^5	9.78×10^5	9.63×10^5	9.39×10^5	1.02×10^6	1.02×10^6
$W_{入总氮}/(g/a)$	4.81×10^7	2.01×10^7	1.42×10^7	4.54×10^7	4.11×10^7	1.35×10^7	2.65×10^7	2.60×10^7
$W_{出总氮}/(g/a)$	6.45×10^6	5.53×10^6	5.42×10^6	5.11×10^6	5.21×10^6	3.82×10^6	5.05×10^6	4.44×10^6

（3）水环境容量计算结果。利用表2-9中2008—2015年水环境容量计算参数值，选取水环境质量标准C_s为0.2、0.3、0.4，用Dillon模型即式（2-7）、式（2-8）模拟计算得到2008—2015年的总磷浓度值，计算结果见表2-10。

表2-10　　　　Dillon模型在不同水质标准下的总磷环境容量　　　单位：g/(m² · a)

C_s	2008年	2009年	2010年	2011年	2012年	2013年	2014年	2015年
0.2	0.918	0.829	0.732	0.957	0.895	1.676	0.475	0.894
0.3	1.138	0.905	0.946	1.274	1.472	1.890	0.782	1.405
0.4	1.429	0.932	1.121	1.780	1.545	2.083	1.034	1.824

从表2-10可以看出，Dillon模型对2008—2015年的总磷水环境容量在Ⅲ类、Ⅳ类、Ⅴ类水质标准下的计算结果分别为0.475~1.676g/(m² · a)、0.782~1.890g/(m² · a)和1.034~2.083g/(m² · a)；从图2.20可以看出，Dillon模型计算得出的总磷水环境容量最高的是2013年，最低的是2014年，且水环境容量值对不同水质标准参数的响应度不高。

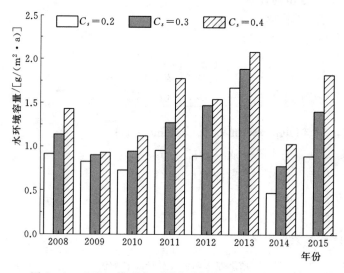

图2-20　Dillon模型在不同水质标准下的总磷环境容量

利用表2-10中2008—2015年水环境容量计算参数值，选取水环境质量标准C_s为1.0、1.5、2.0，用Dillon模型即式（2-7）、式（2-8）模拟计算得出2008—2015年的总氮浓度值，计算结果见表2-11。

表2-11　　　　Dillon模型在不同水质标准下的总氮环境容量　　　单位：g/(m² · a)

C_s	2008年	2009年	2010年	2011年	2012年	2013年	2014年	2015年
1.0	5.0193	2.1245	3.4905	4.2975	3.0179	3.7917	2.1352	4.0215
1.5	7.529	4.8868	5.2357	6.4463	6.0268	6.1875	3.2028	5.9314
2.0	10.0386	5.8492	5.9809	8.595	8.0358	8.5834	4.2705	7.8476

从表 2 - 11 可以看出，Dillon 模型对 2008—2015 年的总氮水环境容量在Ⅲ类、Ⅳ类、Ⅴ类水质标准下的计算结果分别为 2.125～5.019g/(m² · a)、4.887～7.529g/(m² · a) 和 5.849～10.039g/(m² · a)；从图 2 - 21 可以看出，Dillon 模型计算得出的总氮水环境容量最高的是 2008 年，最低的是 2014 年，且水环境容量值对不同水质标准参数的响应度不高。

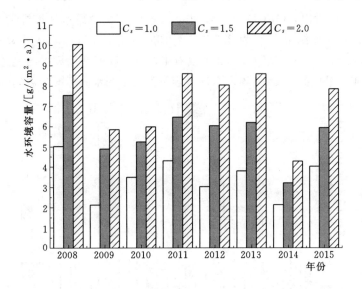

图 2 - 21　Dillon 模型在不同水质标准下的总氮环境容量

2. OECD 模型计算南海湖水环境容量

（1）OECD 模型的计算公式为

$$C = C_i \left[1 + 2.27 \left(\frac{V}{Q_{出}} \right)^{0.056} \right]^{-1} \qquad (2-9)$$

$$L = q_s C_s \left[1 + 2.27 \left(\frac{V}{Q_{出}} \right)^{0.586} \right] \qquad (2-10)$$

式中　L——总磷、总氮单位允许负荷量，g/(m² · a)；

　　C_s——总磷、总氮的水环境质量标准，mg/L；

　　C_i——流入库水按流量加权的年平均总氮、总磷浓度，mg/L；

　　C——库水中平均总氮、总磷浓度，mg/L；

　　$\overline{Z}$——平均水深，m；

　　R——氮、磷的滞留系数，1/a。

（2）水环境容量计算结果。

利用表 2 - 9 中 2008—2015 年水环境容量计算参数值，选取水环境质量标准 C_s 为 0.2、0.3、0.4，用 OECD 模型即式（2-9）、式（2-10）模拟计算得 2008—2015 年的总磷浓度值，计算结果见表 2 - 12。

表 2-12　　　　　　　OECD 模型在不同水质标准下的总磷环境容量　　　　单位：g/(m² · a)

C_s	2008 年	2009 年	2010 年	2011 年	2012 年	2013 年	2014 年	2015 年
0.2	2.173	2.249	3.015	3.137	2.677	4.136	2.382	2.786
0.3	3.319	3.435	4.605	4.791	4.088	6.316	2.875	3.977
0.4	4.382	4.535	6.079	6.325	5.398	8.339	3.795	5.396

从表 2-12 可以看出，OECD 模型对 2008—2015 年的总磷水环境容量在 III 类、IV 类、V 类水质标准下的计算结果分别为 2.173～4.136g/(m² · a)、3.319～6.316g/(m² · a) 和 4.382～8.339g/(m² · a)；从图 2-22 可以看出，OECD 模型计算得出的总磷水环境容量最高的是 2013 年，最低的是 2014 年，水环境容量值对不同水质标准参数的响应度较高。

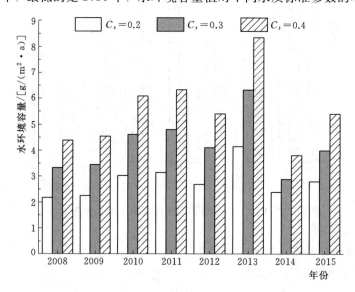

图 2-22　OECD 模型在不同水质标准下的总磷环境容量

利用表 2-9 中 2008—2015 年水环境容量计算参数值，选取水环境质量标准 C_s 为 1.0、1.5、2.0，用 OECD 模型即式（2-9）、式（2-10）模拟计算得 2008—2015 年的总氮浓度值，计算结果见表 2-13。

表 2-13　　　　　　　OECD 模型不同水质标准下的总氮环境容量　　　　单位：g/(m² · a)

C_s	2008 年	2009 年	2010 年	2011 年	2012 年	2013 年	2014 年	2015 年
1.0	8.980	13.470	17.960	8.980	13.470	17.960	8.980	13.470
1.5	9.293	13.940	18.586	9.293	13.940	18.586	9.293	13.940
2.0	12.459	18.688	24.918	12.459	18.688	24.918	12.459	18.688

从表 2-13 可以看出，OECD 模型对 2008—2015 年的总氮水环境容量在 III 类、IV 类、V 类水质标准下的计算结果分别为 7.778～17.090g/(m² · a)、11.667～25.634g/(m² · a) 和 15.556～34.129g/(m² · a)；从图 2-23 可以看出，OECD 模型计算得出的总氮水环境容量最高的是 2013 年，最低的是 2014 年，水环境容量值对不同水质标准参数的响应度较高。

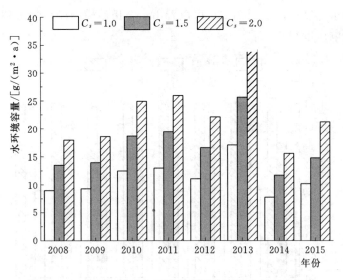

图 2-23　OECD 模型在不同水质标准下的总氮环境容量

3. 合田健模型计算南海湖水环境容量

（1）合田健模型计算公式为

$$C=\frac{L}{\overline{Z}(Q_{出}/V+10/\overline{Z})} \tag{2-11}$$

$$L=C_s \cdot \overline{Z}(Q_{出}/V+10/\overline{Z}) \tag{2-12}$$

式中　L——总磷、总氮单位允许负荷量，g/(m²·a)；

C_s——总磷、总氮的水环境质量标准，mg/L；

C_i——流入库水按流量加权的年平均总氮、总磷浓度，mg/L；

C——库水中平均总氮、总磷浓度，mg/L；

$\overline{Z}$——平均水深，m；

R——氮、磷的滞留系数，1/a。

（2）水环境容量计算结果。利用表 2-9 中 2008—2015 年水环境容量计算参数值，选取水环境质量标准 C_s 为 0.2、0.3、0.4，用合田健模型即式（2-11）、式（2-12）模拟计算得 2008—2015 年总磷的浓度值，计算结果见表 2-14。

表 2-14　　　　合田健模型在不同水质标准下的总磷环境容量　　　　单位：g/(m²·a)

C_s	2008 年	2009 年	2010 年	2011 年	2012 年	2013 年	2014 年	2015 年
0.2	2.061	2.015	1.994	1.984	1.994	1.964	2.008	2.001
0.3	3.092	3.023	2.991	2.977	2.991	2.947	3.012	2.994
0.4	4.122	4.030	3.988	3.969	3.989	3.929	4.016	3.983

从表 2-14 可以看出，合田健模型对 2008—2015 年的总磷水环境容量在Ⅲ类、Ⅳ类、Ⅴ类水质标准下的计算结果分别为 1.964~2.061g/(m²·a)、2.947~3.092g/(m²·a) 和 3.929~4.122g/(m²·a)，合田健模型计算得出的总磷水环境容量相差不大，说明合田

健模型对参数的敏感度小。从图 2-24 可以看出，合田健模型所得的水环境容量值对不同水质标准参数的响应度很高。

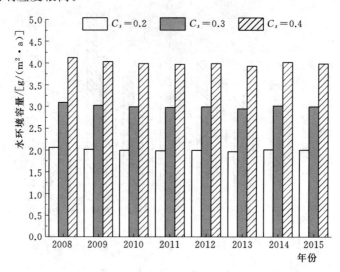

图 2-24　合田健模型在不同水质标准下的总磷环境容量

利用表 2-9 中 2008—2015 年水环境容量计算参数值，选取水环境质量标准 C_s 为 1.0、1.5、2.0，用合田健模型即式（2-11）、式（2-12）模拟计算得 2008—2015 年总氮浓度值，计算结果见表 2-15。

表 2-15　　　　　　合田健模型不同水质标准下的总氮环境容量　　　　单位：g/(m² · a)

C_s	2008 年	2009 年	2010 年	2011 年	2012 年	2013 年	2014 年	2015 年
1.0	9.560	9.347	9.248	9.204	9.250	9.111	9.314	9.241
1.5	14.340	14.020	13.872	13.806	13.875	13.667	13.972	13.924
2.0	19.120	18.693	18.496	18.408	18.500	18.223	18.629	18.663

从表 2-15 可以看出，合田健模型对 2008—2015 年的总氮水环境容量在Ⅲ类、Ⅳ类、Ⅴ类水质标准下的计算结果分别为 9.111~9.560g/(m² · a)、13.667~14.340g/(m² · a) 和 18.223~19.120g/(m² · a)，合田健模型计算得出的总氮水环境容量相差不大，说明合田健模型对参数的敏感度小；从图 2-25 可以看出，合田健模型所得的水环境容量值对不同水质标准参数的响应度很高。

2.3.4　三种模型计算结果比较

对南海湖 2008—2015 年同一水质标准下的三种模型总磷水环境容量计算结果分别进行对比，如图 2-26~图 2-28 所示。

由图 2-26~图 2-28 可知，OECD 模型对总磷水环境容量的计算结果最大，Dillon 模型的计算结果最小，虽然 OECD 模型与 Dillon 模型的计算结果变化趋势相似，但是合田健模型与 OECD 模型的计算结果比较接近；合田健模型的计算结果显示，在 2008—2015 年中不同的参数所得结果相差不大，说明合田健模型对计算参数的敏感性不高。通过综合分析考虑，由于三种模型均有各自的缺陷，且文献没有相关记载，本文将 OECD

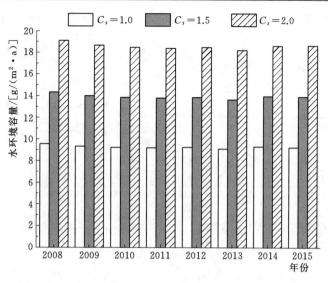

图 2-25 合田健模型在不同水质标准下的总氮环境容量

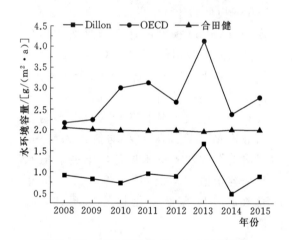

图 2-26 三种模型在 $C_s=0.2$ 下总磷的
环境容量对比

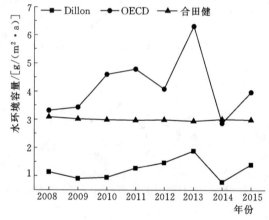

图 2-27 三种模型在 $C_s=0.3$ 下总磷的
环境容量对比

模型与合田健模型计算结果的平均值作为参考，得出南海湖在不同水质标准下的总磷水环境容量值（表 2-16），2008—2015 年总磷水环境容量变化趋势如图 2-29 所示。

表 2-16　　　　　　　　南海湖不同水质标准下的总磷水环境容量　　　　　单位：g/(m²·a)

C_s	2008 年	2009 年	2010 年	2011 年	2012 年	2013 年	2014 年	2015 年
0.2	2.117	2.132	2.504	2.561	2.336	3.050	2.195	2.393
0.3	3.205	3.229	3.798	3.884	3.540	4.631	2.943	3.486
0.4	4.252	4.283	5.034	5.147	4.693	6.134	3.906	4.690

对南海湖 2008—2015 年同一水质标准下的三种模型总氮水环境容量计算结果分别进行对比，如图 2-30～图 2-32 所示。

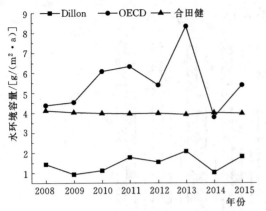

图 2-28　三种模型在 $C_s=0.4$ 下总磷的
环境容量对比

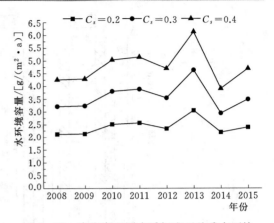

图 2-29　南海湖不同水质标准下总磷水环境
容量变化趋势

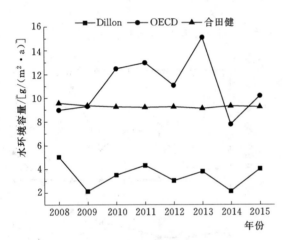

图 2-30　三种模型在 $C_s=1.0$ 下总氮的环境容量对比

由图 2-30～图 2-32 可知，OECD 模型对总氮水环境容量的计算结果最大，Dillon 模型的计算结果最小，虽然 OECD 模型与 Dillon 模型的计算结果变化趋势相似，但是合田健模型与 OECD 模型的计算结果比较接近。通过综合分析考虑，由于三种模型均有各自的缺陷，且文献没有相关记载，本书将 OECD 模型与合田健模型计算结果的平均值作为参考，得出南海湖在不同水质标准下的总氮水环境容量值（表 2-17），2008—2015 年总氮水环境容量变化趋势如图 2-33 所示。

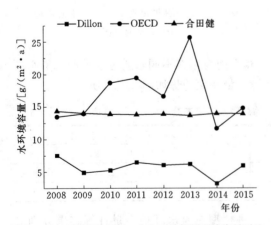

图 2-31　三种模型在 $C_s=1.5$ 下总氮的环境容量对比

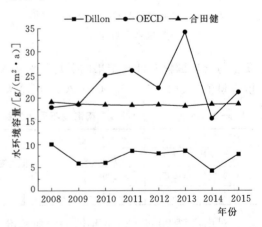

图 2-32　三种模型在 $C_s=2.0$ 下总氮的环境容量对比

表 2 - 17　　　　　　　　　南海湖不同水质标准下的总氮环境容量　　　　　　单位：g/(m² · a)

C_s	2008 年	2009 年	2010 年	2011 年	2012 年	2013 年	2014 年	2015 年
1.0	9.270	9.320	10.853	11.084	10.156	12.100	8.546	9.705
1.5	13.905	13.980	16.280	16.625	15.233	19.651	12.819	14.350
2.0	18.540	18.640	21.707	22.167	20.311	26.201	17.092	19.938

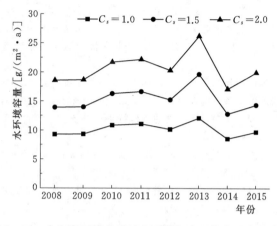

图 2 - 33　南海湖不同水质标准下总氮水环境容量变化趋势

参 考 文 献

[1] 刘建龙. 包头黄河湿地水质评价与需水量研究 [D]. 包头：内蒙古科技大学，2015.

[2] 于玲红，王晓云，李卫平，高静湉，鲍交琦，王佳宁. 包头市南海湖湿地水质现状分析与评价 [J]. 环境化学，2017，36（2）：390-396.

[3] 徐敏. 基于复杂性理论的河湖环境系统模型研究 [D]. 长沙：湖南大学，2007

[4] 崔保山，杨志峰. 湿地生态系统健康研究进展 [J]. 生态学杂志，2001（3）：31-36.

[5] 蒋卫国，李京，李加洪，谢志仁，王文杰. 辽河三角洲湿地生态系统健康评价 [J]. 生态学报，2005（3）：408-414.

[6] 尹发能. 长江中游湿地保护与利用研究 [J]. 国土与自然资源研究，2010（5）：59-60.

[7] 崔保山，杨志峰. 湿地生态系统健康研究进展 [J]. 生态学杂志，2001（3）：31-36.

[8] 曹欢，苏维词. 基于模糊数学综合评价法的喀斯特生态系统健康评价 [J]. 水土保持研究，2009，16（3）：148-154.

[9] 王树功，郑耀辉，彭逸生，陈桂珠. 珠江口淇澳岛红树林湿地生态系统健康评价 [J]. 应用生态学报，2010，21（2）：391-398.

[10] 王秀明，李洪远，孟伟庆. 基于模糊综合评价模型的天津滨海新区湿地生态系统健康评价 [J]. 湿地科学与管理，2010，6（3）：19-23.

[11] 毛旭锋，崔丽娟，张曼胤. 基于 PSR 模型的乌梁素海生态系统健康分区评价 [J]. 湖泊科学，2013（6）：178-186.

[12] 蒋卫国，李京，李加洪，谢志仁，王文杰. 辽河三角洲湿地生态系统健康评价 [J]. 生态学报，2005（3）：408-414.

[13] 高静湉，王晓云，李卫平，于玲红，苗春琳，樊爱萍. 包头南海湖湿地生态系统健康评价 [J]. 湿地科学，2017，15（2）：207-213.

[14] 王文圣，金菊良，丁晶，李跃清. 水资源系统评价新方法——集对评价法 [J]. 中国科学（E辑：技术科学），2009，39（9）：1529-1534.

[15] 朱卫红，郭艳丽，孙鹏，苗承玉，曹光兰. 图们江下游湿地生态系统健康评价 [J]. 生态学报，2012，32（21）：6609-6618.

第 3 章

包头南海湖湿地浮游植物分布

3.1 浮游植物研究背景及进展

3.1.1 定义

在生态学中，浮游植物通常就指浮游藻类，包括所有以浮游方式生活于水中的微小植物。它同花草树木一样具有叶绿素，但没有真正意义上的根、茎、叶，而整个藻体都有吸收营养、进行光合作用的功能，可将无机物转变为有机物以供其他次级消费者利用。例如，可以将水和二氧化碳等无机物转化成碳水化合物。

浮游植物不仅是水生态系统的初级生产者，也能够迅速响应水体的营养状态变化。浮游植物作为水生态系统中食物链的开端，为浮游动物及鱼类提供食物基础，其种群结构和细胞数量的变化，直接或间接地影响着水生态系统的稳定，因此在水生态系统的物质循环和能量流动中扮演着重要的角色。

浮游植物细胞大小一般在 $2\sim200\mu m$ 之间，小到甚至不足 2mm，大到几厘米，生命周期短于大型水生动植物，对环境变化敏感。在环境监测中，有些浮游植物可直接作为指示生物，与传统的理化条件相比，其生物量、密度、种类组成和多样性能够更加准确地反映出水体的营养水平。浮游植物可以作为一种生物监测指标，目前已有大部分学者通过对浮游植物的长期监测来评价水体富营养化水平及水质污染状况。浮游植物对环境的适应能力较强，在全球分布较为广泛，无论是在贫营养的水中、较低气温的环境中还是光照微弱的条件下，均能成为它们的生存场所，从广阔的江河湖泊到小型的沟渠池塘均遍布它们的足迹。

3.1.2 分类

浮游植物属于生态学概念，根据其体内所含有的叶绿素及植物体形态构造，将浮游植物主要分为绿藻门、蓝藻门、硅藻门、裸藻门、金藻门、隐藻门、黄藻门、甲藻门、褐藻门、红藻门及轮藻门共 11 个门类，下文主要介绍常见的 7 个门类。

1. 绿藻门

绿藻为单细胞或多细胞的群体，种类丰富，形态多样。大部分绿藻呈绿色，体内含有叶绿素、胡萝卜素、叶黄素等色素。单细胞个体多为球形、椭球形、月牙形、三角形等，多细胞的群体呈球形、丝状形、片状形、放射形。部分绿藻长有 2 条或 4 条等长的顶生鞭毛，是绿藻在水中的运动器官，繁殖方式主要为有性生殖、无性生殖和营养繁殖。绿藻是藻类植物中种类最多的一门，分布范围广泛，多数绿藻分布在淡水中，少数分布在海水中，从江河湖海到沟渠池塘，甚至是潮湿的土壤中，树干中，积雪上均有它们的存在。绿藻为富营养化水体的典型代表之一，可以指示水体富营养化程度，对保护水环境和净化水质等方面有着重要的意义。

2. 硅藻门

硅藻植物体为单细胞，可以彼此连接成丝状、链状或其他形式的群体，在水中悬浮或附着在其他生物上生存。细胞壁由大量的果胶质和硅质构成，形成上下两个坚硬且带有各种形状花纹的壳面。硅藻的生殖方式是靠细胞分裂来繁殖，属于营养繁殖。硅藻种类较多，分布非常广泛，主要分布在淡水、海水、半咸水中，陆地上也有分布，在潮湿的土壤、岩石、树干及苔藓植物上均能生长繁殖。春、秋两季气温较高，硅藻生长最为旺盛，常常作为鱼类、贝壳类、虾类的主要饲料之一，构成水生态系统初级生产力的一部分。

3. 蓝藻门

蓝藻植物体为单细胞，群体呈丝状、空球状、方板状等形态。蓝藻有细胞核，细胞壁外围有胶被包裹，为能进行光合作用释放氧气的原核生物。大多数蓝藻的繁殖方法为细胞分裂生殖，少数为无性繁殖，具有很强的环境适应能力，分布范围很广泛，在各种水体和土壤中均有分布，甚至是石缝中也能生长。蓝藻在营养物质中含量丰富，氮磷含量较高的水体中会过度生长繁殖，形成水华，给生态系统带来很大的负面影响。部分蓝藻会产生藻毒素，如微囊藻、鱼腥藻等，使得鱼、虾大量死亡，造成生态系统稳定性失衡，严重威胁人类的健康。

4. 裸藻门

裸藻植物体多为单细胞的运动体，一般具有一条鞭毛，细胞体形状有纺锤形、椭圆形及带状等形状。藻体一般呈绿色，无细胞壁。裸藻主要分布在淡水中，小部分在海水或潮湿的土壤中生长。裸藻喜好在有机质含量丰富的小型静水体中生长，在光照充足气温较高的季节生长旺盛。

5. 金藻门

金藻植物体多以单细胞或多细胞群体占优势，具有鞭毛，能够在水中自由运动。藻体呈金黄色，体内主要含有叶绿素、胡萝卜素和叶黄素等色素。金藻在淡水、海水、半咸水中均有分布，喜欢在水温较低、营养物质含量较少、透明度较大的清水中生长，常被作为贫营养型水体的指示物种。金藻对水温变化较为敏感，一般在秋冬和早春季节大量生长繁殖。

6. 黄藻门

黄藻植物体大多为不能运动的单细胞群体，少部分种类可以运动。藻体细胞形状呈丝状或管状，一般为黄绿色，体内含有叶绿素、胡萝卜素和叶黄素三种色素。细胞壁由大量的果胶质和硅质组成，通过分裂的方式进行无性繁殖。黄藻主要分布在淡水中，常常在较清洁、水温较低的半流动水体中大量生长繁殖，特别像湖泊、池塘等地方生存，在海水和

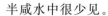

半咸水中很少见。

7. 隐藻门

隐藻植物体为单细胞，一般具有两条鞭毛，可以在水中自由运动。隐藻体颜色多样，多数呈黄绿色、黄褐色，少数呈蓝绿色、红色或无色。体内含有叶绿素、胡萝卜素和藻胆素等色素。隐藻的生殖方式多是靠细胞分裂繁殖，分布广泛，在淡水和海水中均有分布，对光照适应能力强，一年四季都能生长繁殖。

浮游植物按其营浮游性生活方式的性质或程度又可分为真性浮游植物、假性浮游植物和阶段性浮游植物。真性浮游植物又称终生浮游植物，它们的整个生活史都是在水中以悬浮方式完成的。阶段性浮游植物，又称兼性浮游藻类，它们在生活史的某个阶段不是营浮游生活方式的，如某些藻类在某个季节在水底部休眠或者有性生殖形成的合子沉在水底。假性浮游植物，或称偶然性浮游植物，它们不是真正的浮游植物，而是着生、底生甚至是陆生的藻类，因水、风或者其他因素被吹冲脱落到水层中，而混杂在浮游植物中被采集到。

浮游植物虽然体形都很小，但是还是有一定范围的差别，因此按照浮游植物大小来划分为不同等级，划分等级的标准和名称不尽相同，最初只分为两级：微型浮游藻类和网采浮游藻类。以后等级分得更细，提出超微型浮游藻类、小型浮游藻类、中型浮游藻类、大型浮游藻类和巨型浮游藻类。此外，还可以根据浮游植物的生活水体划分为湖泊浮游藻类、池塘浮游藻类和河流浮游藻类。

3.1.3 功能

在水生态系统中，浮游藻类是食物链的开端，也是初级生产者，还是无机环境和有机环境的承接者，在能量转化和物质循环等方面扮演着重要角色。

1. 提供饵料

藻类是鱼类和浮游动物等生物的直接饵料。藻类中含有丰富的维生素、蛋白质等多种营养物质，可以作为蛋白源、维生素源等直接添加进食品中，如众所周知的螺旋藻片。

2. 供氧

藻体中的叶绿素会进行光合作用，一方面向水体释放氧气，是水体中氧气的主要来源之一；另一方面，可将大气中的二氧化碳转化为有机碳，促进整个生物圈的碳循环。

3. 物质转化

藻类是自养型微生物，在水体中以新陈代谢的方式吸收无机营养物，同时将其转化为自身物质。有些藻类能够吸收利用水体中的小分子有机物，另有一些藻类会分泌某些特定的物质（如酶类），以此促进有机物的消耗或分解。浮游藻类不仅可以促进水体中的物质循环和能量转化，同时对水体污染和净化也具有指示作用，因此研究其在水生态系统中的作用有着重要的意义。

3.1.4 环境因子对浮游植物群落结构的影响

浮游植物是悬浮生活在水中的一类生物，其生存的水环境具有高度的异质性。浮游植物对水环境变化较为敏感，其群落结构的变化与水环境的变化密切相关，对水环境的变化具有指示作用。浮游植物的生长主要受到环境因素的制约，包括温度、光照、溶解氧、pH、营养盐、重金属等非生物因素以及食植动物和水生植物等生物因素，共同影响着浮游植物的种类、密度、生物量及群落结构的变化。

1. 温度

温度对浮游植物的生长、发育、生殖过程有着相当重要的影响，一般来说，不同种类的浮游植物对温度都有不同的耐受阈值。一些擅长运动的具鞭毛藻类和体型较小的藻类能够在冬季的冰层下水体中生长分布，像硅藻和金藻等浮游植物种群一般在春季和秋季出现，而一些蓝藻和绿藻等则常常在夏季大量生长。因此，温度的变化，对浮游植物群落结构的变化有着相当重要的影响。

浮游植物的生命活动与温度密切相关，温度可以通过控制藻类的光合作用和呼吸作用的强度直接影响着藻类新陈代谢中酶的活性，从而影响着藻类的生长繁殖；还可以通过影响水中营养物质的溶解度和分解率来间接影响着藻类的生长。温度不仅影响着藻类的种类和生物量，同时也是影响藻类群落结构的重要因素之一。不同藻类对温度的需求不同，当温度过高，超过了藻类生长的最适温度时，便会不利于藻类生长，一般大部分藻类适宜的生存温度在 18～30℃ 之间，并且不同种类的浮游植物所能承受的水温变化范围也不同。金藻、硅藻一般适宜在较低水温中生长，绿藻适宜在中等水温中生长，蓝藻的耐高温机制，使其能够在较高的水温中生长繁殖。

2. 光照

光照是浮游植物进行光合作用积攒能量的必要条件，因此也常作为浮游植物生长繁殖的限制性因素之一。浮游植物通过光照来进行光合作用，光照强度的强弱和光照时间的长短直接影响着藻类光合作用的强弱，从而影响着浮游植物初级生产力的大小。不同的藻类对光照度的需求不同，硅藻的最适光强为 5000～8000lx，蓝藻为 10000～15000lx，光饱和光强一般为 10000～23000lx，光抑制光强大于 23000lx。另外，蓝藻具有较好的耐强光能力，对光照的耐受幅度较大，这是由于蓝藻具有伪空胞，可以通过自身的伪装泡感受到光照强度，从而调节蓝藻的浮力，使其在光照较强时，伪空胞会调节蓝藻移动到底层，相反在光照较弱时，移动到水体表层，进一步调控蓝藻的浮力使其适应光照强度的变化。Harding 等研究了在含有较高浓度的营养物质和悬浮颗粒物的水体中，浮游植物的初级生产力却较低，主要是因为，过多的悬浮颗粒物造成了水体透明度降低，光照强度减弱，从而减弱了浮游植物的生长，得出了浮游植物初级生产力与光照强度呈正相关的结论。另外，浮游植物通过一系列的调节机制来适应光强变化对自身带来的影响，比如，调节胞内色素含量以及不同种类光合作用酶含量等以适应光强变化，满足自身的生长、发育、生殖的需要。这也解释了透明度较低的浑浊水体中，一些种类的浮游植物只能接收到微弱光照的依然能够正常生长的原因。如大多数分布在海洋中的硅藻门，该种群的光照补偿点很低，即使在光线非常弱的深海水体中，也能够正常生长、分布。由于不同种类的浮游植物具有不同的高光抑制点和最适光照范围，因此光照也是驱动浮游植物群落随着季节变化而发生变化的主要因素之一。

3. 溶解氧

溶解氧是浮游植物生长繁殖不可或缺的条件之一，藻类的整个生命活动中既消耗着溶解氧同时又生成着溶解氧。水中溶解氧的来源主要通过大气中氧气的融入及浮游植物和水生植物光和作用产生的氧气，其含量与水温、水质、大气压力、水生生物等物理化学及生物因素有关。浮游植物大量生长繁殖时，水中溶解氧含量会明显增加甚至是处于过度饱和状态，但当水中有机污染物含量增加时，藻类光合作用受到抑制，溶解氧含量降低，水中的厌氧细菌繁殖旺盛，使水质恶化。有关研究表明，在藻类大量繁殖时，其光合作用使表层水中溶解氧过饱和，深层水中由于藻类的死亡耗氧而处于缺氧状态，这也是湖泊富营养化的表现。

4. pH

水中 pH 的高低影响着浮游植物的生长过程，适宜的 pH 会促进藻类的生长繁殖，通常来说水体呈弱碱性更有利于藻类的生长。在碱性水环境中大气中的二氧化碳更容易溶入水中，为浮游植物的光合作用提供有利条件，提高了浮游植物的初级生产力。不同的藻类所适宜的 pH 范围不同，由此 pH 的变化往往影响着藻类的生长速率，从而影响着浮游植物群落结构的变化。pH 对浮游植物的影响主要有两个方面：一是通过水体酸碱度的变化来影响藻类的生长状况；二是通过影响碳酸盐及无机碳分配比例来影响藻类的生长。此外，藻类自身的新陈代谢活动对水中 pH 起到一定的缓冲作用，可以改变水体中的 pH，反之，当 pH 达到一定值时便会限制藻类生长。

5. 营养盐

浮游植物以营养盐为基础进行生长繁殖，营养盐含量在一定范围内，浮游植物密度随其含量的增加而快速增长。当营养盐含量达到一个限值时，不能适应的浮游植物便会死亡，而能够适应的浮游植物会大量迅速的生长繁殖，严重时会暴发水华。不同营养盐含量的水体中有着不同的浮游植物群落结构及群落演替规律。已有大量研究结果表明浮游植物的种类、数量、群落结构等会随营养盐含量的变化而改变。浮游植物生长除碳、氮、磷等必需的营养元素外，还需要氢、氧等其他的元素共同维持。一般认为，促使藻类生长的最佳碳、氮、磷三种元素的比值为 106∶16∶1。不同藻类生长过程中所需求的营养物质最适比例不同，研究表明，绿藻、硅藻更适宜在较高的碳氮比环境中生长，而蓝藻在低碳环境中生长较好。

氮是浮游植物生长繁殖过程中不可缺少的元素之一，浮游植物体内的叶绿素、生物酶及核酸等通过氮元素来合成。氮含量的高低对浮游植物的生长甚至是生物量的大小有较大影响。天然水体中的氮存在多种形式，主要为氨氮、硝态氮、亚硝态氮等，浮游植物更倾向于氨氮的吸收利用，对氨氮的吸收速率最大，其次是硝态氮，亚硝态氮最低。氮浓度在一定范围内，浮游植物的新陈代谢速率加快，相关研究表明，当水体中氮浓度为3.5mg/L时，浮游植物大量繁殖，氮浓度越高越易发生藻类水华。已有研究表明，当可溶性无机氮与可溶性无机磷的比值小于 16∶1 时，氮元素为浮游植物生长的主要限制因子。研究表明，在贫营养的沼泽里加入氮、磷营养元素会促使藻类大量生长繁殖。

磷是浮游植物赖以为生的营养物质之一，是构成整个藻类细胞以及核酸的主要成分，参与光合作用的各个环节，主要作为营养底物或调节物来参与藻类对光能的吸收、卡尔文循环、营养物质的运输以及调节某些关键酶的活性等。自然水体中磷含量远低于氮元素及其他元素，主要是因为含磷化合物在水中的溶解性和迁移转化能力较低。磷在水中的存在形态主要为有机态和无机态两种形态，通常无机态的磷首要被浮游植物吸收利用，当无机磷含量不足时，浮游植物便开始吸收利用有机磷。已有研究表明，磷作为浮游植物生长的限制性因子，其含量对浮游植物的影响远大于总氮。

一些分布在海洋中的浮游藻类，如硅藻，当硅缺乏时，导致硅藻细胞壁变薄，体内营养盐比例失调，大量合成脂类，改变了硅藻的生活过程。综上所述，各种营养盐含量的变化均对浮游植物种群及数量有着相当重要的影响。

6. 重金属

重金属排放到水体中以后，被浮游植物吸收，影响浮游植物的生长代谢、抑制光合作用、减少细胞色素，导致细胞畸变，改变天然环境中的种类组成。重金属对浮游植物的毒性强弱因浮游植物的不同而各异。重金属对浮游植物的毒性作用受各种环境因素直接或间接的影响，其中主要的环境因素有水中的酸碱度（pH）、温度、光照、磷酸盐及螯合剂等。水中的 pH 和氧化还原电位势是影响水中金属迁移转化的两个重要理化因素，温度是环境中重金属离子浓度和重金属对藻类毒性的调节因素之一。其中铁和锰是浮游植物生长所必需的微量营养元素。铁是藻类的主要营养元素，缺铁时导致色素密度减少以及相应的光合叶绿素的减少，从而降低光合作用速率，铁对藻类的光合作用和呼吸作用都有重要影响。锰在藻类光合作用中能促进氮的同化，能活化藻类及各种微生物的酶系统，而且锰和磷在满足藻类的营养需要方面还存在显著的协力作用。研究表明，当营养元素充足时，铁和锰往往成为浮游植物的限制因子。

7. 食植动物和水生植物

浮游植物与水中的食植动物和高等水生植物紧密相关，通常作为鱼、虾和浮游动物的主要食物来源，浮游植物与食植动物间的数量既相互影响，又相互制约。食植动物对浮游植物的影响主要包括三个方面：一是浮游动物对浮游植物的捕食作用，影响着浮游植物的数量；二是食植动物在水中运动，对沉积物起到扰动的作用，促进沉积物中营养物质释放以及浮游动物新陈代谢过程中产生的排泄物和尸体的分解，均可以为浮游植物的生长提供营养物质。高等水生植物对浮游植物的影响主要表现在有水生植物生长的水面，其茎和叶会遮挡住部分阳光，减弱浮游植物的光合作用并且水生植物生长需要吸收水中的营养物质，与浮游植物竞争水中的营养盐，降低了营养盐的含量，抑制浮游植物的生长繁殖。

3.2　浮游植物生态学分析方法及监测与应用

3.2.1　浮游植物生态学分析方法

浮游植物的研究从早期的分类命名和多样性调查已逐步发展到浮游植物生活史、生理生化及数值模拟等进一步的探索阶段，其生态学研究技术手段已从传统的显微镜法逐步变得多元化：基于形态学特征的血球计数法，结合图像分析和识别的图像法，基于色素的高效液相色谱法（HPLC），基于光学特性的活体荧光分析法，基于免疫分析的免疫荧光分析法，基于核酸分析的功能基因研究、分子指纹分析等，这些方法各有优缺点，显微镜记数法虽耗时耗力，对实验人员的专业要求更高，但仍是浮游植物定量和计数最经典的方法。

生物多样性是一个描述自然界多样性程度的、内容广泛的概念，它是时间和空间的函数，因此它具有区域性。一般将生物多样性分为四个层次：基因水平、物种水平、生态系统水平和景观水平。关于浮游植物多样性的测度方法，目前国内外普遍采用《浮游植物手册》中推荐的 Shannon 指数、Simpson 指数和 Brillouin 指数，Shannon 指数应用最广。此外，Pielou 均匀度指数、Margalef 指数、季节更替率在浮游植物群落研究中也十分常见。排序和分类方法最早应用在植物群落分析，排序是将样方排列在一定空间，使排序轴能够反映一定的生态梯度，从而揭示物种分布与环境因子间的关系；分类则是将要分类的样方总体当做多维空间中的点集，坐标轴代表群落或样方的不同特性，适当的分类方法能够揭示群落间的特性。常见的排序方法有主分量分析（PCA）、典范对应分析（CCA）、冗余分析（RDA）等；常见的分类方法有组平均法、最近邻体法、最远邻体法等。这些方法逐渐也被应用到浮游植物群落研究中。

生态位理论已被广泛应用于浮游植物领域。Grinnell 于 1917 年首次将生态位定义为：恰好被一个种或亚种占据的最后分布单位，强调生态位的空间概念；Elton 则强调生态位的营养关系，认为生态位即生物有机体在群落中的功能；Hutchinson 结合数学的点集理论，从空间、资源利用各方面综合考虑，提出了 n 维超体积理论。生态位理论在研究群落结构和功能、群落内物种间关系、生物多样性、群落动态演替和种群进化等方面有着重要的作用，生态位测度是基于种群在不同资源状态下的分布数据进行生态位宽度、生态位重叠的计算。生态位宽度是指一个种群在一个群落中所利用的各种不同资源的总和，反映了该种群对资源的利用状态。当两个物种共同占有某一资源，如营养成分、空间等，就会出现生态位重叠现象。两个指标共同反映了种群对资源的利用能力和对环境的适应能力。

3.2.2 浮游植物监测的研究与应用

水环境监测是水环境保护的基础，其目的是对水体的环境变化进行定量的调查，全面及时掌握水环境质量的动态变化特征，为水资源的保护、水环境的管理以及水污染的防治提供可靠的依据。目前比较普遍的水环境监测方法主要有两大类：一是运用理化指标进行水质的评价，主要方法有模糊评价法、污染指数法、物元分析法、单因子评价法、灰色评价法等；二是生物监测，而浮游植物又是生物监测中的重要指标。与其他评价方法相比，生物监测有其独特的优点。它能够全面地反映水环境的变化，直接、全面地反映水环境的污染情况，通过汇集整个周期环境的变化情况来反映长期的水环境污染状况，能将污染物予以富集，从而及早发现环境污染情况。

20 世纪 50 年代以后，学者致力于研究生物种群的变化与水体污染的关系，并在很多海域进行了海洋生态系统和浮游植物群落结构的长期观测。在美国、日本和欧洲共同体等许多国家和地区的环境水质系统中，已把生物监测作为水质标准检测法，在水质监测中占据着越来越重要的地位。中国在这方面的工作起步较晚，自 20 世纪 50 年代起，中国才开始进行生物资源调查工作，1958—1960 年，大规模的调查都集中在海洋的综合调查上，淡水流域的局部调查最频繁的是对长江流域的调查，但所有这些调查工作的重点主要集中在浮游生物的形态分类和生态分布习性方面。经过多年的摸索实践，中国对采样方法、生物定量、定性技术的改进已基本趋于成熟，20 世纪 70 年代末起又从微型生物角度监测和评价了若干河流的水质，但大都从个体和种群层次研究。到了 20 世纪 80 年代初期，中国才开始深入对江河、湖泊浮游生物的群落结构进行相关调查。总体来讲，中国生物监测技术起步晚，但是发展速度相对较快，自 90 年代以来，随着细胞生物学和分子生物学研究领域的迅速进步，加上信息科学技术的突飞猛进，生物监测技术在中国很快从生物整体水平过渡到了细胞、基因和分子水平，中国现代生物监测技术的发展逐渐向世界先进水平靠拢。

对于水体而言，水环境中存在着大量的水生生物群落，各类水生生物之间及水生生物与其赖以生存的水环境之间存在着互相依存又互相制约的密切关系。当水体受到污染而导致水环境条件改变时，各种不同的水生生物由于对环境的要求和适应能力不同而产生不同的反应。水体清洁，水生生物种类多，每种生物数量相对少，如果水体受到一定程度的污染，会使水生生物总的种类减少，敏感性生物种类逐渐死亡消失，能够生存下来的耐污种在没有别的生物与之竞争的条件下，个体数量增多，污染严重时，耐污种类也逐渐消失。据此了解污染对水生生物的直接危害，判断水体污染的类型和程度。

水生生物是水环境重要组成之一，是水环境监测的一个重要部分。生物监测的主要目的是通过监测调查，掌握因水环境中理化因素变化导致生物个体行为、生理功能、形态、遗传特性等的改变或生物种群、群落和生态系统等结构和功能的改变，进而评价污染对水环境质量的影响、危害程度和变化趋势，以及对人体健康的潜在影响。生物个体、种群、群落、生态系统等生长、形成、发展都要从水环境吸取物质和能量，同时也向水环境排放代谢废物和能量。生物与环境之间的物质和能量流动处于动态平衡之中，环境状况好坏可影响到生物状况，生物状况好坏也可以反映出水环境的质量状况，因此通过水生生物监测，可以判明水环境质量。

生物与环境是相互影响、相互作用的统一体，水体环境中各种理化条件的改变会直接影响到生活在该环境中的生物。因此，水中生物的组成和种类变化可以用来监测水体健康状况。水体中的浮游植物对污染毒物非常敏感，而且种类繁多，可以生存在不同类型的水体以及水体的不同生境之中，所以其可作为监测水质变化的测试生物。浮游植物用于水环境质量的监测始于 Kolkwitz 和 Marrson，他们首先提出指示河流有机污染的污水生物系统，为不同污染带指出了不同的"指示生物"，其中包括了浮游植物。利用水生浮游植物评价水体污染的方法便是水污染的浮游植物监测。浮游植物与其水体环境的统一性和协同进化是浮游植物监测的生物学基础，而浮游植物适应的相对性及其对污染物质或毒物的各种反应则是浮游植物监测的基本原理。与水质理化监测相比，浮游植物监测具有以下一些特点。

1. 综合性

浮游植物监测能够综合反映城市水体污染对水生生态系统的影响，理化方法是无法直接测出来的，因为环境污染物成分复杂，各种分子和各种离子之间既有协同作用，又有拮抗作用，以及相加作用等。而浮游植物接受的是综合影响，不只是个别离子的单一作用，因而浮游植物生物监测反映了整个环境中各种因素综合作用的结果。

2. 富集性

生物监测的一个重要特点是它能够通过各种方式从环境中富集某些元素。用常规理化监测方法来分析是不能得出结果的，只有通过生物监测手段才能得出结果。浮游植物监测还能早期发现环境污染，可直接观察污染物对生命系统的危害。此外，浮游植物监测能监测污染物对环境长时期的影响。

3. 灵敏性

有些浮游植物种类对污染物很敏感，在某些情况下甚至精密仪器都不能测出的某些微量元素的浓度，却能通过"生物放大"作用在生物体内积累，利用低等植物监测就可能清楚地反映出来。

4. 可行性

生物监测价格低廉且不需要购置昂贵仪器，利用生物监测比较方便，可能克服理化监测的局限性和连续取样的繁琐性。

3.2.3 浮游植物在水质监测及评价方面的应用意义

浮游植物存在于自然界的各种水体之中，由于个体小、生活周期短、繁殖速度快，易受环境中各种因素的影响而在较短周期内发生改变。在水体中，浮游植物和所处环境相统一，它的物种组成、数量特征及多样性等会随着水环境的变化而改变，通过检测浮游植物的群落特征可全面、及时掌握水环境质量的动态变化特征，而且以浮游植物作为指示生物来监测水质，不但不会造成二次污染，而且方便、快捷、可信度高，具有综合性、富集性、灵敏性、可行性和长期性等优点。当前，利用浮游植物评价各种水体水质状况与营养水平的研究已相当普遍。

浮游植物是水体的初级生产者，进入水体的污染物质一旦被浮游植物吸收，将引起浮游植物生长代谢与生理功能紊乱、抑制光合作用、减少细胞色素、导致细胞畸变、组织坏死，甚至使浮游植物中毒死亡，导致天然环境中藻类种类组成的改变。浮游植物生长代谢过程中对营养盐的需求和反应是不同的，因而可以通过监测水体中浮游植物的种类、丰度或化学组成判断水体的综合水质状况。不同浮游植物对生态因子的耐受性不同，耐酸性指示藻类有短缝藻、羽纹藻等；富营养化指示藻类有蓝藻、来丝藻等。而系统及群落对水质变化的生态效应主要表现在以下方面：某些指示种的出现或消失（主要是对某种污染物敏感或耐受的种类）；浮游植物群落种类或类群数量的增减及结构的改变；个别种群内部数量与结构的变化等。

浮游植物种类组成的变化是水质污染的直接后果之一。水环境中物质的转化依赖于水生生物的代谢活动。其结果既决定了水质的感观性状及内在理化状况，而且在很大程度上决定了水生生物本身群落结构的特点，包括种类的组成及各小环境中的分布、种类更替的时间频度、各种类的现存量等。湖泊富营养化过程实际是水体中营养负荷增加，水生生物特别是浮游植物大量增殖，并在水中建立优势，形成藻型湖泊的过程。从水质控制的角度看，藻型富营养化的危害要远远大于草型富营养化，故而，评价湖泊富营养化的表征一般都指浮游植物的过量增长。此外，当水体营养状态恶化时，耐污的种类个体数量猛增，敏感种类数量减少甚至消失，不同营养状态出现不同的水生浮游植物群落结构，因而本身群落结构的特点，包括种类的组成及各小环境中的分布、种类更替的时间频度、各种类的现存量等生态特征可以指示湖泊营养特征的性质变化和程度，成为湖泊营养特征分析的有效方法。

1. 富营养化评估

浮游植物是水生态系统的重要成员，是水生动物天然饵料的重要组成部分，作为水生生态系统食物链第一环节的重要组成部分，尤其是在水生植被退化严重的富营养化藻型湖泊中，其接受的是水环境的综合影响，能对水体营养状态的变化迅速作出反应，其群落组成、优势种、多样性和现存量（生物量和密度）是水质污染状况和营养水平的重要标志，可作为水质生物监测指标用于水质评定。浮游植物监测可以测出污染物的毒性程度，并且能够对一定时期的水质情况进行判定，其监测结果反映了整个环境中各种因素的综合作用，具有长期性综合性优势。

湖泊富营养化现象分布趋于广泛，中国几大湖泊如滇池、巢湖等富营养化程度严重，蓝藻水华暴发时有发生，浮游植物监测任务显得越来越重要，特别是长期性的浮游植物监测和群落演替分析，可以为预测水华暴发提供基础资料。随着新技术应用于富营养湖泊浮游植物动态监测和水华预警的研究工作，将浮游植物监测评价与水华暴发预警相结合，不断改进藻类监测方法和技术，为实际工作提供科学基础和有效方法。重视和深入开展浮游植物监测方法研究，将对湖泊富营养化评价和治理工作起到重要作用。

2. 水环境评价

对于水体环境的总体评价，浮游植物监测具有理化方法不可比拟的优越性。它可以通过浮游植物群落及种类的变化，显示水体总体质量长、短期的变化，继而准确反映天然湖泊、水库等缓流型、封闭型水体的营养状态，且能进行长期监测，反映水质的长期演变趋势，用于预测水体水质的未来发展，是一种具有长期性、科学性和综合性优势的湖泊营养监测分析方式。

3. 水域宏观规划

通过水生指示生物对所在环境的反应，可以掌握水体质量和类型，有针对性地利用水面。这对于水产养殖业非常重要，如水体中藻类生长旺盛，就可以多放养以藻类为主要饵料的鲢鱼、罗非鱼等鱼种。不仅能增加鱼的产量，还会使水体的富营养化程度逐步减轻，同时减少饵料投入量。

通过观察和监测水体中水生生物的群落结构和种类，了解相应水域的水体类别和性质，可以对水域进行宏观规划，确定水体适于工业、农业、生活、渔业、景观等相应功能，进行合理的水域功能区划。

4. 水环境灾害预报

利用生物（浮游植物）监测技术建立水环境安全预报是群落监测的一个重要应用，也是目前国内外环境科学的一个研究热点。当水体污染后，水生生物的个体和群落结构发生变化，敏感生物消亡，抗性生物旺盛生长，群落结构单一，通过监测生物群落变化即可反映污染状况。滇池多年来水葫芦的大量繁殖，太湖蓝藻的暴发，直接影响了沿湖的生产和生活，造成巨大的经济损失。这些信息说明了湖泊水质的恶化。浮游植物种类的表现给人类带来直观的环境污染信息，为环境灾害的预防提供了重要的信息。

3.3　浮游植物评价水体营养水平的常用方法

利用浮游植物来监测研究水体污染状况的方法较多，如利用指示生物在水体中的出现或消失，数量的多少来监测水质。如利用污水生物系统可以对某个河段受污染程度和自净程度作出初步判断。利用浮游植物群落结构的变化来监测水质，生物指数和生物多样性指数便属于这种方法。水污染的生物测试，即利用浮游植物受到污染物质的毒害所产生的生理机能的变化，测试水质污染状况。浮游植物监测断面和采样点的布设，也应在对监测区域的自然环境和社会环境进行调查研究的基础上，遵循断面要有代表性，尽可能与化学监测断面相一致，并考虑水环境的整体性、监测工作的连续性和经济性等原则。对于河流，应根据其流经区域的长度，至少设上对照、中污染、下游观察三个断面采样点数，视水面宽、水深、生物分布特点等确定。对于湖泊、水库，一般应在入湖库区、中心区、出口区、最深区、清洁区等处设监测断面。

湖泊营养水平和浮游植物生长繁殖有一定的相关性，在不同营养类型或不同污染程度的水体中，藻类的数量、种群组成及优势种类都会发生相应的变化。浮游植物的种类组成最能反映水体的污染状态，同时也作为湖泊营养特性的指标和判断营养状况的有效方法。

3.3.1 指示生物法

当前世界各国广泛采用的水体富营养状况评价方法中，生物指示评价法简单、方便，可以直观地评价水体的富营养化状况。指示生物法是指根据对环境中有机污染或某种特定污染物质敏感或有较高耐受性的生物种类的存在或缺失，来指示其所在水体或河段污染状况的方法。由于选作指示种的生物需要在较长时期内反映其所在环境的综合影响，因此必须是生命期较长且比较固定生活于某处的生物。浮游植物种类众多，从寡营养到富营养条件下均可生长，且同属的不同种类可以在不同营养条件下生长，成为不同营养水平的指示种，因此被广泛用作水体营养状态评价的指示生物。例如，鼓藻通常存在于寡营养型水体中，它们对水体环境条件改变的敏感性极高，因而可以作为水质监测的指示生物。指示生物法即是对水域藻类进行系统的调查、鉴定，根据指示藻类的有无来评价水质的优劣。常用的方法具体包括污水生物系统法和优势种群法。

其中污水生物系统法在 1909 年提出。德国藻类学者 Kolkwitz 和 Marsson 按生物对不同污染程度的耐受量进行分类，将水体的污染程度分为多污带、α-中污带、β-中污带、α-寡污带和 β-寡污带，称为污水生物系统（saprobic system）。污水生物系统法可以直观地根据污染指示种及其数量分布划分所评价水体的水质，在监测、评价河流污染、自净程度方面起着积极的作用。但这种评价方法也存在着一定的局限性。由于研究者对指示藻类认识的差异，同一种藻类有人确定属于寡污带藻类，而他人可能发现于中污带或多污带。这主要是由于各类型水体的指示种类中，均有营养过渡性藻类，例如，腔球藻等微型单细胞藻类，对生长环境的适应性很强，可在多种类型的水体中采集到，因而在利用藻类污染指示种评价水体污染状况和湖泊营养型时，必须结合其他评价参数。

藻类的种群结构和污染指示种是水质生物学评价中的首要参数，尤其是那些在特定环境条件下能大量生存的藻类，它们的种类和数量在一定程度上可直接反映出环境条件的改变和水质污染的程度。优势种群法就是用藻类群落组成和优势种的变化来评价水体污染状况的方法，也是目前应用较为广泛的一种水质评价方法。不同营养状态的水体中常见的优势种类不同，不同时期的水体中常见的优势种类也不同。一般认为，金藻、黄藻为贫营养型水体的优势种，甲藻、隐藻和硅藻为中营养型水体的优势种，而绿藻、蓝藻为富营养型水体的优势种。

此后，一些学者引进了定量的概念，即以群落中优势种为重点，对群落结构进行研究，并根据水生生物种类的数量设计出许多公式，计算出生物指数，发展出生物指数法，如培克法和津田松苗法。我国学者根据不同营养状态湖泊、水库中常见的浮游植物优势种类和浮游植物数量将水体营养状况分为贫营养型、中营养型、富营养型和重富营养型4个营养级别对水体营养状况进行评价。此外，水生态的变化往往影响浮游植物群落特征，且能够反映所在水体水环境的长期、综合变化。优势种群法是用水生生物群落组成和优势种的变化来评价水体污染状况的方法。20世纪40年代末，生物学工作者已发现在自然的、未受污染的河流中，藻类植物的种为大量的，主要种类是硅藻，少数为绿藻和蓝藻。河流被污染后，种的数目减少，其中一些变得非常罕见。同时藻类群落的种类，从以硅藻占优势改变成以各种丝状绿藻占优势。在少数情况下，以单细胞绿藻、蓝藻占优势，硅藻种类也发生改变，从忍耐力较狭窄的种变成忍耐力宽广的种石改变的类型取决于各种污染物的影响。藻类的种群结构和污染指示种是水质生物学评价中的首要参数，尤其是那些在某种特定的环境营养条件下能大量生存的藻类，即污染指示藻类的种类和数量在一定程度上可直接反映出环境条件的改变和水质污染的程度（表3-1）。

表3-1　　　　　　　　　　　　水环境的指示藻类

指示藻类	适宜水体	指示藻类	适宜水体
两栖颤藻	高盐污水	小毛枝藻	含铜、铬、酚污废水
镰头颤藻	有毒性工厂废水	团集刚毛藻	含硫泉水
可疑席藻	含氯废水	河生水绵	清洁水
梭形裸藻	含铬污废水	孤枝根枝藻	富氧清静水
易变裸藻	强酸性水体	项圈新月藻	泥炭沼泽、高山湖泊
厚壁微孢藻	湿草地污水	锐新月藻	含高浓度铬污废水

由于生物分布的地理性差异，特别是在许多生物的生态位不很清楚时，简单地根据某一生物的存在与否来论述水质状况是不妥当的。因此，种类指示以后证明在气候或是地质不同的区域是不能通用的，一个地区的污染指示种在另一个地区的同样污染区有时并不出现，如果照搬别人的指标往往会提供错误信息。同时，由于生态系统中各成员的生态特征千差万别，对环境变化的反应也不一致，同一生物不同生活史阶段对污染反应也不同，生态系统污染后，结构和功能的变化也不完全一致，所以建立区域性群落监测评价体系非常必要。

3.3.2　藻类生物指数

藻类生物指数是根据藻类的种类特征和数量组成情况，用简单的数字评价水域环境的有机污染。藻类生物指数的种类很多，包括藻类综合指数、浮游植物营养指数、硅藻指数、藻类种类商、种类数比值、藻类污染指数、污生指数等。相对指示生物法而言，藻类生物指数更容易操作和掌握，因此，评价水质时较多采用。在这些藻类生物指数中，国外学者大多选用硅藻指数，而国内学者在水质评价时则多选用硅藻生物指数、藻类种类商和藻类综合指数。

近年来，国外学者在应用硅藻指数进行水质评价时，注重对其适用性的研究，因此提出了 CEE（European index）、EPI（Eutrophication Pollution Index using diatoms）、

ROT（Rott saprobic index）、SPI（Specific Polluosensitivity Index）、TDI（Trophic Diatom Index）、BDI（Biological Diatom Index）、GDI（Generic Diatom Index）、ILM（Indexof Leclercq & Maquet）、SLA（Sl de ekindex）、SHE（Schiefele & Schreinerindex）等多种硅藻指数。Rott 等指出，在利用硅藻指数进行水质评价时，应考虑评价指数的适用性，根据水体污染状况来选择评价指数。根据硅藻对有机污染物的不同反应，计算硅藻指数来测定河流被污染的程度，公式为 $I = (2A + B - 2C) / (A + B - C) \times 100$。式中 A 为不耐有机污染种类数；B 为对有机污染无特殊反应种类数；C 为有机污染地区特有生存的种类数。

Palmer 根据藻类对有机污染敏感度的不同，对能耐污的 20 个属的藻类分别给予不同的污染指数值，根据水样中出现的这些藻类计算总污染指数，总污染指数大于 20，属于重污染，介于 15～19 的为中污染，而低于 15 的为轻污染。这种方式是粗放的，首先用"属"作为污染指数，每个属包括的种类有多有少，如裸藻属中国记载达 95 种变种、变型，但并非所有种都生长在有机质含量高的水体，如旋纹裸藻（*E. spiorgyar*）等。其次，某些属的大部分种类都不耐污，但可能有个别种类如衣藻属的中华拟衣藻（*Chloromonas sinica*）是一种很耐污的种类。

3.3.3 多样性指数

物种多样性是群落的主要特征，反映群落结构的稳定性。浮游植物的种类多样性指数能反映出不同环境下浮游植物个体分布丰度和水体污染程度，主要以浮游植物细胞密度和种群结构的变化为基本依据判定湖泊营养状况、富营养程度和发展趋势，分析藻类群落结构的多样性指数很多，包括 Shannon - Wiener 指数、Simpson 指数、Brillouin 数、Margalef 指数、Pielou 均匀度指数、Frontier 等级频率图、Menhinick 指数、Berger - Parker 指数、McIntosh 指数等。鉴于指数计算的复杂性和适用性，被广泛用于水质评价的多样性指数有 Pielou 均匀度指数（e）、Shannon - Wiener 多样性指数（H）及 Margalef 多样性指数（d），而其他几种指数使用较少。近年来，许多学者在应用多样性指数时，同时对其敏感性和准确性进行分析。有研究学者应用模糊综合评判的方式对浮游植物常用的多样性指数进行综合分析后发现，Pielou 指数是浮游植物群落均匀度测度中一种较好的指数，可以很好地应用于浮游植物群落多样性分析中，而 Shannon - Weaver 指数相对 Margalef 指数和 Pielou 指数来说，是对浮游植物群落物种数敏感的指数，对浮游植物群落多样性有较好的解释，因此成为目前水质评价中使用最多的多样性指数。有学者提出，单纯使用一种多样性指数来解释浮游植物群落的多样性容易造成较大的偏差。因此，在应用浮游植物多样性指数评价水质时，应至少选用两种或两种以上的多样性指数相互结合使用，以确保评价结果的可信性。

群落多样性指数法主要依据藻类细胞密度和群落结构的变化来评价水体的污染程度，用数值显示生物种和个体在群落中的关系，是种类和数量分布的一个函数。它一方面较系统地显示生物群落的结构组成；另一方面又反映了生物群落与水污染的关系。通常情况下，藻类的种类多样性指数越大，表示多样性越高，稳定性越大，生态环境状况越好，而当水体受到污染时，敏感型种类大量消失，多样性指数减少，群落结构趋于简单，稳定性变差，水质下降。对浮游植物数据进行多样性分析，其中 Margalef 丰富度指数（D）、

Shannon – Wiener 多样性指数（H）、Pielou 均匀度指数（J）的计算公式为

$$D=(S-1)/\ln N \tag{3-1}$$

$$H=-\sum_{i=1}^{s}(n_i/N)\ln(n_i/N) \tag{3-2}$$

$$J=H/\ln S \tag{3-3}$$

表 3 – 2　　　　　　　　　　　　　　多样性指数评价标准

多样性指数	重污染	中污染	轻污染或无污染
Margalef 丰富度指数	0～1	1～3	＞3
Shannon – Wiener 多样性指数	0～1	1～3	＞3
Pielou 均匀度指数	0～0.3	0.3～0.5	0.5～0.8

3.3.4　生物量和生物密度

从浮游植物丰度指标来看，小于 30×10^4 cells/L 时，水体为贫营养型；在 $30\times10^4\sim$ 100×10^4 cells/L 之间时，水体为中营养型；大于 100×10^4 cells/L 时，水体为富营养型。从浮游植物生物量指标来看，小于 1mg/L 时，水体为贫营养型；在 1～5mg/L 之间时，水体为中营养型；在 5～10mg/L 之间时，水体为富营养型。

3.4　包头南海湖湿地浮游植物

本研究以南海湖为代表性区域，分析包头南海湖湿地浮游植物特征。参照《湖泊富营养化调查规范》，根据南海湖面积、水生植物分布及功能分区等特征，在南海湖共设置 12 个采样点。采样点分布如图 3 – 1 所示，其中在进水口、排污口、芦苇生长区等具有代表性的区域均设有点位，其中 1 号采样点位于进水口处，6 号、8 号采样点位于湖心区、5 号采样点位于排污口处，12 号采样点位于芦苇生长区，其他点位按水域面积设定，采样点位置坐标见表 3 – 3。

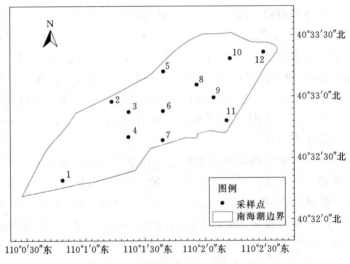

图 3 – 1　南海湖采样点布置图

表 3-3   南海湖采样点坐标及说明

样点	地 理 坐 标		说明
1	E110°0′50.32″	N40°32′16.09″	进水口
2	E110°1′53.96″	N40°33′7.43″	—
3	E110°1′25.86″	N40°33′5.97″	—
4	E110°1′13.39″	N40°32′57.96″	—
5	E110°2′14.23″	N40°33′28.85″	排污口
6	E110°2′1.51″	N40°32′43.64″	湖心区
7	E110°1′39.76″	N40°32′59.98″	
8	E110°2′35.54″	N40°33′21.86″	湖心区
9	E110°1′19.32″	N40°32′37.68″	
10	E110°2′10.85″	N40°33′0.66″	
11	E110°2′16.18″	N40°33′29.06″	
12	E110°1′39.76″	N40°33′10.12″	芦苇区

浮游植物定性分析的样品采用 25 号浮游生物网，在水面下 0.5m 深处缓慢捞取水样，现场按照 4% 的体积比加入甲醛溶液固定，用于镜检分类。定量样品使用聚乙烯瓶采集 1L 的水样，加入鲁哥试剂固定，带回实验室静置沉淀 48h，移除上清液，将样品浓缩至 30mL，再取上清液定容至 50mL，摇匀后用移液枪吸取 0.1mL 浓缩液于藻类计数框上，缓慢盖上盖玻片，让浓缩液均匀分布在计数框内并且无气泡生成，将藻类计数框置于 10×40 倍显微镜下观察并计数，每个样品重复计数两次取其平均值。浮游植物种类鉴定参照《环境微生物图谱》《淡水型微生物图册》《中国淡水藻类——系统、分类及生态》等。浮游植物密度是将计数得出的结果按照式（3-4）计算出每升水中浮游植物的细胞个数，即

$$N = \frac{A}{A_c} \times \frac{V_w}{V} \times n \tag{3-4}$$

式中　　N——1L 水中浮游植物个体数，cells/L；

　　　　A——计数框面积，mm^2；

　　　　A_c——计数面积，mm^2；

　　　　V_w——1 升水样沉淀后浓缩液的体积，mL；

　　　　V——计数框体积，mL；

　　　　n——计数所得浮游植物细胞个数。

水质指标的测定取水面下 0.5m 深处的水样，装入 1L 的聚乙烯瓶中，使用便携式水质分析仪现场测定水温、溶解氧、pH；实验室进行总氮、氨氮、总磷、叶绿素 a、化学需氧量的测定，测定方法参照《水和废水监测方法》（第四版）。

实验数据采用 ArcGis10.2 和 Origin8.5 软件进行绘图；采用 EXCEL 软件进行数据的统计分析；采用 SPSS21.0 软件对水质因子数据进行 One-way ANOVA 分析；采用 CANOCO4.5 软件进行浮游植物数据与水质因子数据的相关性分析。

3.4.1 群落结构时空变化

包头南海湖湿地由黄河改道形成，属冲积型下湿平原，湿地内以河流湿地、沼泽湿地为主。浮游植物的群落结构和数量特征不仅取决于其本身的生态特征，同时也与该地的水文、地理、气候等诸多因素密切相关。包头南海湖湿地位于内蒙古高原半干旱地区，既有高原地区光照充足，又有半干旱地区降水少、蒸发剧烈的一贯特征。由于高纬度地区的气候因素，呈现出夏季短促且炎热，冬季严寒并漫长的总体气候特征，故浮游植物群落结构特征随时间变化而呈现相应的变化。南海湖湿地水温差异较为明显。藻类的生命活动受水温的影响较大，一方面，藻类的光合及呼吸作用的强度受水温的控制，这直接影响其自身的生长繁殖；另一方面，水体中的一些理化过程，如营养物质在水体中的溶解度等也受到水温的控制，这些过程间接影响着藻类的生长。

调查期间共鉴定出浮游植物7门77属146种（含变种）。从图3-2及表3-4中可以看出，浮游植物种类数中绿藻、硅藻和蓝藻在南海湖湿地水体中占优势，三门藻类种数相加占总种数的86.98%，其中：绿藻门33属59种，占总数的40.41%；硅藻门13属37种，占总数的25.34%；蓝藻门16属31种，占总数的21.23%；裸藻门6属9种，占总数的6.16%；金藻门4属5种，占总数的3.43%；黄藻门2属3种，占总数的2.06%；隐藻门2属2种，占总数的1.37%。绿藻门种类数变化较大，其浮游植物种类数的变化对整个湖泊浮游植物种类数的变化有着决定作用。浮游植物的种类结构特征与该地的水文、营养盐、气候、温度和降雨都有密切的关系，不同研究时期，南海湖湿地水质、水文和气象条件等会发生一定变化，这些变化都会影响浮游植物丰度、群落结构及其分布。

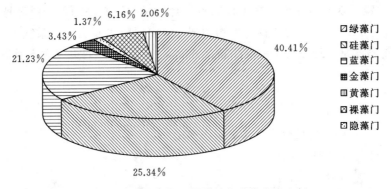

图3-2 南海湖湿地浮游植物种类组成比例

表3-4 南海湖湿地浮游植物名录

门	属	种 类
蓝藻门 *Cyanophyta*	颤藻属 *Oscillatoria*	简单颤藻 *O. simplicissima*，四点颤藻 *O. guadripunctulata*，巨颤藻，*O. princeps*
	鱼腥藻属 *Anabeana*	类颤鱼腥藻 *A. oscillarioides*，水华鱼腥藻 *A. flosaguage*
	微囊藻属 *Microcystis*	不定微囊藻 *M. marginata*，具缘微囊藻，*M. marginata*
	平裂藻属 *Merismopedia*	微小平裂藻 *O. tenuissima*，银灰平裂藻 *O. glauca*，大平裂藻 *O. major* 优美平裂藻，*O. elegans*

续表

门	属	种 类
蓝藻门 Cyanophyta	席藻属 *Phormidium*	纤细席藻 *P. tenue* 窝形席藻 *P. foveolarum*
	色球藻属 *Chroococcus*	小形色球藻 *C. tenax*，微小色球藻 *C. limneticus*，湖沼色球藻 *C. limneticus*
	腔球藻属 *Coelosphaerium*	居式腔球藻 *C. kuetzingiaaum*
	蓝纤维藻属 *Dactylococcopsis*	不整齐蓝纤维藻 *D. irregularis*，针状蓝纤维藻 *D. acicularis*
	念珠藻属 *Nostoc*	球形念珠藻 *N. shpaericum*
	束球藻属 *Gomphosphaeria*	湖生束球藻 *G. lacustris*
	螺旋藻属 *Spirulina*	为首螺旋藻 *S. princeps*，大螺旋藻 *S. major*，极大螺旋藻 *S. maxima*
	立方藻属 *Eucapsis*	高山立方藻 *E. alpina*
	项圈藻属 *Anabaenopsis*	阿式项圈藻 *A. arnoldii*
	尖头藻属 *Raphidiopsis*	中华尖头藻 *R. sinensia*，弯形尖头藻，*R. curvata*
	鞘丝藻属 *Lyngbya*	大型鞘丝藻 *L. major*
	柱孢藻属 *Cylindrospermum*	净水柱孢藻 *C. stagnale*
	束丝藻属 *Aphanizomenon*	水华束丝藻 *A. flosaquae*
硅藻门 Bacillariophyta	舟形藻属 *Navicula*	隐头舟形藻 *N. cryptocephala*，扁圆舟形藻 *N. placentula*，微绿舟形藻 *N. viridula*，简单舟形藻 *N. simplex*，放射舟形藻 *N. radiosa*，喙头舟形藻 *N. rhychocephala*
	直链藻属 *Melosira*	变异直链藻 *M. varians*，颗粒直链藻 *M. granulata*，瑞士岛直链藻 *M. islandica*
	小环藻属 *Cyclotella*	梅尼小环藻 *C. meneghiniana*，广缘小环藻 *C. bodanica*，扭曲小环藻 *C. comta*，条纹小环藻 *C. striata*
	等片藻属 *Diatoma*	普通等片藻 *D. vulgare*
	杆藻属 *Synedra*	近缘针杆藻 *S. affinis*，尖针杆藻 *S. acus*，双头针杆藻 *S. amphicephala*，偏突针杆藻小头变种 *S. vaucheriae var. danica*
	脆杆藻属 *Fragilaria*	短线脆杆藻 *F. brevistriata*，克洛脆杆藻 *F. crotomensis*，羽纹脆杆藻 *F. pinnata*
	菱形藻属 *Nitzschia*	助缝菱形藻 *N. frustulum*，线形菱形藻 *N. linearis*
	辐节藻属 *Stauroneis*	尖辐节藻 *S. acuta*
	羽纹藻属 *Pinnularia*	短助羽纹藻 *P. brevicostata*，近小头羽纹藻 *P. subcapitata*，同族羽纹藻 *P. gentilis*
	异级藻属 *Gomphonema*	窄异极藻 *G. angustatum*，缢缩异极藻头状变种 *G. constrictum var. capitata*
	卵形藻属 *Cocconeis*	扁圆卵形藻 *C. placentula*，何氏卵形藻 *C. hustdtii*
	曲壳藻属 *Achnanthes*	短小曲壳藻 *A. exigua*，披针曲壳藻 *A. lanceolata*
	桥弯藻属 *Cymbella*	膨胀桥弯藻 *C. tumida*，偏肿桥弯藻 *C. ventricosa*，
		箱形桥弯藻 *C. cistula*，细小桥弯藻 *C. pusilla*

续表

门	属	种　类
绿藻门 *Chlorphyta*	衣藻属 *Chamydomonas*	小球衣藻 *C. microsphaera*，鼻突衣藻 *C. proboscigera*，不对称衣藻 *C. asymmetrica*，球衣藻 *C. globosa*
	四鞭藻属 *Cateria*	克莱四鞭藻 *C. klebsii*
	多芒藻属 *Golenkinia*	多芒藻 *G. radiata*
	绿梭藻属 *Chlorogonium*	华美绿梭藻 *C. elegans*
	弓形藻属 *Schroederia*	螺旋弓形藻 *S. spiralis*，硬弓形藻 *S. robusta*
	顶棘藻属 *Chodatella*	极毛顶棘藻 *C. cilliata*，盐生顶棘藻 *C. subsalsa*，四刺顶棘藻 *C. quadriseta*
	小球藻属 *Chlorella*	小球藻 *C. vulgaris*、蛋白核小球藻 *C. pyrenoidsa*
	螺旋纤维藻 *Ankistrodesmus*	螺旋纤维藻 *A. spiralis*
	月牙藻属 *Selenastrum*	纤细月牙藻 *S. gracile*
	拟球藻属 *Sphaerellopsis*	长拟球藻 *S. elongata*
	栅藻属 *Scenedesmus*	斜生栅藻 *S. oblipuus*，尖细栅藻 *S. acuminatus*，四尾栅藻 *S. quadricauda*，龙骨栅藻 *S. cavinatus*，被甲栅藻 *S. armatus*，裂孔栅藻 *S. perforatas*，二形栅藻 *S. dimotphus*
	空星藻属 *Coelastrum*	小空星藻 *C. microporum*
	集星藻属 *Actinastrum*	集星藻 *A. hantzschii*
	盘星藻属 *Pediastrum*	二角盘星藻 *P. duplex*，短棘盘星藻 *P. boryanum*，单脚盘星藻 *P. simplex*，整齐盘星藻 *P. integrum*，四角盘星藻四齿变种 *P. tetras var. tetraodon*，双射盘星藻 *P. biradiatum*
	卵囊藻属 *Oocystis*	椭圆卵囊藻 *O. elliptica*，湖生卵囊藻 *O. lacustris*，单生卵囊藻 *O. solitaria*
	丝藻属 *Ulothrix*	多形丝藻 *U. variabilis*
	角星鼓藻属 *Staurastrum*	哈博角星鼓藻 *S. haaboeliense*
	镰形纤维藻属 *Ankistrodesmus*	镰形纤维藻 *A. falcatus*、狭形纤维藻 *A. angustus*
	鼓藻属 *Cosmarium*	扁鼓藻 *C. depressum*，厚皮鼓藻 *C. pachydermum*
	球粒藻属 *Coccomonas*	球粒藻 *C. orbicularis*
	四角藻属 *Tetraedron*	三角四角藻 *T. trigonum*，具尾四角藻 *T. caudatum*、膨胀四角藻 *T. tumidulum*
	小桩藻属 *Characium*	狭形小桩藻 *C. anggustum*
	微芒藻属 *Micractinium*	微芒藻 *M. pusillum*
	团藻属 *Volvox*	美丽团藻 *V. aurens*
	胶网藻属 *Dictyosphaerium*	胶网藻 *D. ehrenbergianum*，美丽胶网藻 *D. pulchellum*
	空球藻属 *Eudorina*	空球藻 *E. elegans*
	素衣藻属 *Polytoma*	素衣藻 *P. uvella*
	十字藻属 *Crucigbnia*	四角十字藻 *C. quadrata*、四足十字藻 *C. tetrapedia*

续表

门	属	种 类
	壳衣藻属 *Phacotus*	透镜壳衣藻 *P. lenticularis*
	新月藻属 *Closterium*	小新月藻 *C. parvulum*
	韦丝藻属 *Westella*	韦丝藻 *W. botryoides*
	蹄形藻属 *Kirchneriella*	蹄形藻 *K. lunaris*
	实球藻属 *Pandorina*	实球藻 *P. morum*
裸藻门 *Euglenophyta*	鳞孔藻属 *Lepocinclis*	椭圆鳞孔藻 *L. steinii*
	扁裸藻属 *Phacus*	宽扁裸藻 *E. pleuronestes*，长尾扁裸藻 *E. longicagua*
	裸藻属 *Euglena*	静裸藻 *E. deses*，衣裸藻 *E. chlamydophora*，多形裸藻 *E. polymorpha*
	壶藻属 *Urceolus*	圆口壶藻 *U. cyclostomus*
	异鞭藻属 *Anisonema*	右旋异鞭藻 *A. dexiotaxum*
	瓣胞藻属 *Petalomonas*	微小瓣胞藻 *P. pusilla*
金藻门 *Chrysophyta*	黄群藻属 *Synura*	黄群藻 *S. urella*、阿氏黄群藻 *S. adamsii*
	单鞭金藻属 *Chromulina*	华美单边金藻 *C. elegans*
	室胞藻属 *Oikomonas*	气球屋滴虫 *O. termo*
	鱼鳞藻属 *Mallomonas*	延长鱼鳞藻 *M. elongata*
隐藻门 *Cryptophyta*	隐藻属 *Cryptomonas*	卵形隐藻 *C. ovata*
	缘胞藻属 *Chilomonas*	湖生红胞藻 *C. lacustris*
黄藻门 *Xanthophyta*	黄丝藻属 *Tribonema*	小黄丝藻 *T. minus*，普通黄丝藻 *T. vulgare*
	黄管藻属 *Ophiocytium*	小型黄管藻 *O. parvulum*

3.4.2 种类组成季节变化

南海湖湿地浮游植物种类的不同月份分布见表3-5。浮游植物种类数随时间变化较为明显，其中7月浮游植物种类最丰富为102种，6月、8月次之，分别为95种、92种；1月、2月种类数较少，2月最少为30种，两者间相差高达72种。可见阶段浮游植物种类数季节更替明显，这主要与水温有关，冬季水温较低，不适宜大部分浮游植物存活。绿藻与蓝藻种类数随时间变化较明显，硅藻除5月外，其他各月种类数相差不大，其他门类种类数较少，月份间变化小。5—10月，各月均以绿藻种类最多，分别占每月总种数的38.09%、42.10%、38.23%、39.13%、29.23%、33.33%、35.08%。11月至次年2月，以硅藻种类最多，分别占每月总种数的35.41%、35.56%、40%、43.33%。蓝藻在7月种类数达到最高值，共31种，占总种数的30.39%，2月最低，仅有5种，各个月份之间蓝藻的种类数有一定的差异，这可能与蓝藻喜好高温的习性以及营养盐浓度比较适合蓝藻生长有关。其他藻门浮游植物的种数从季节上看波动较小，均只有10种以下。

绿藻门浮游植物种类数居首位，对整体变化的影响最大，其次为硅藻门和蓝藻门，3种门类的种类数与浮游植物总种数随月份的变化呈现出较为一致的趋势，具体表现为：绿藻门和蓝藻门在6月至7月升高达到最高值后，随着温度的降低呈下降趋势至最低值。其他门类种数较小，年变化不明显。调查期间，南海湖湿地浮游植物种类总种数的季节变化趋势表现为夏季最多，其次为春季与秋季，两季节相当，冬季最少。

从各门藻类种类组成来看，南海湖湿地浮游植物的季节变化非常明显，四季种类组成有所差异，推断可能与不同季节水温的变化有关。其中，绿藻门种类数四季变化明显，夏季最多，秋季和春季相当，冬季最少；硅藻门种类数四季变化较为平稳，差异不明显；蓝藻门种类数夏秋季高。虽然浮游植物种类数在春季和秋季十分接近，但其种类组成却因两个季度温度上的差异而仍有不同。夏季时水中有机质分解旺盛，又因蓝藻色素耐高温且适宜生活在有机质丰富的水体中的特性，使其大量繁殖。冬季水温是全年最低，喜高温的蓝藻和绿藻在此季节的生长受到抵制，种类数大幅减少，而喜冷性的硅藻仍保持与另外三个季节同一水平，因此所占比例增大。南海湖湿地浮游植物各个季节总种类平均数呈现出夏季＞春季＞秋季＞冬季的规律，温度和光照是影响浮游植物生长的重要环境因子。包头属于典型的大陆性季风气候，冬季在蒙古冷高压的作用下气温较低，加上湖面有大约4个月的结冰期从11月下旬到次年3月上旬，此时水体的有效光照会大量减少，严重影响浮游植物的生长发育。因此，南海湖湿地冬季的浮游植物种类数较少。随着春季气温的逐渐回升，浮游植物的种类数也开始缓慢上升。但此时一些大型沉水植物也逐渐开始生长，与水体中的浮游植物在一些生态位以及营养盐等有着一定的竞争作用。沉水植物生长过程中需要消耗大量的营养盐，产生的营养竞争对浮游植物生长有着显著的抑制作用。另外，沉水植物的叶片漂浮在水体中或水面上产生的遮光效应也会影响浮游植物群落的分布。总的来说，造成浮游植物种类数季节性变化的主要原因是由于各种外界环境因子的影响和不同种类浮游植物特有的生活习性共同作用形成的。大多数浮游植物种群在温度较低的情况下，生长、发育、生殖等正常的生理、生态行为都会减弱，从而导致这一时期的浮游植物种数有所下降。随着温度的回升，浮游植物种类数也呈现出上升的趋势。

表3-5　　　　　　　　南海湖湿地浮游植物不同月份种类组成

月份	绿藻门	硅藻门	蓝藻门	裸藻门	金藻门	隐藻门	黄藻门	总计
5	32	26	17	4	2	2	1	84
6	40	19	26	5	1	1	3	95
7	39	20	31	8	1	1	2	102
8	36	17	29	6	1	2	1	92
9	23	16	21	3	3	1	2	69
10	20	18	12	2	2	2	1	57
11	16	17	9	3	2	0	1	48
12	14	16	8	2	1	1	0	42
1	11	14	6	2	1	1	0	35
2	8	13	5	2	1	0	1	30

3.4.3　种类组成空间变化

浮游植物种类数空间分布见表3-6，位于芦苇区的12号采样点浮游植物种类最多为95种，其中蓝藻门、绿藻门、硅藻门、裸藻门和金藻门的种类数均是最多的。其次为湖心区的6号采样点为84种，8号采样点为78种，5号采样点种类最少为54种。一般认为水质越好，浮游植物种类越丰富，反之浮游植物种类比较单一。7 号采样点和 11 号采样点浮游植物种类数相差不大，分别为 74 和 76 种，进水口 1 号采样点种类也较为丰富为 75 种。从各门浮游植物分布上来看，绿藻门种类最多，其次是硅藻，蓝藻位居第三。黄藻门和金藻门种类较少。各浮游植物门类在不同的样点分布有差异，说明不同门类的浮游植物具有不同的生长特性和分布特点，这对于进一步研究南海湖湿地浮游植物种类的数量及分布有着重要的意义。

南海湖湿地浮游植物种类组成的空间差异与各个点的异质性存在直接关系，这主要与每个采样点的水环境质量、营养丰富度等方面的因素有关。在营养丰富的站位，浮游植物由于得到大量的营养物质而迅速增长，过早地完成竞争排斥过程，使得种类变少。而浮游植物种类数总体分布特征为东部大于西部，12 号采样点的种类数是最高的。各浮游植物种群在温度、光照、沉水植物等的相互作用下，形成了时间、空间上分布的差异性。

表 3-6　　　　　　　　　　浮游植物种类组成空间变化

序号	绿藻门	硅藻门	蓝藻门	裸藻门	金藻门	隐藻门	黄藻门	总计
1	28	17	20	4	2	2	2	75
2	25	14	18	2	0	0	1	60
3	27	16	21	3	1	1	1	70
4	26	17	19	3	0	0	1	66
5	22	13	17	1	0	1	0	54
6	31	19	23	5	3	2	1	84
7	28	18	21	4	1	0	2	74
8	29	18	22	4	2	2	1	78
9	27	16	20	3	1	1	1	69
10	26	15	19	2	0	0	1	63
11	30	17	20	4	2	2	1	76
12	33	21	25	8	4	2	2	95

3.4.4　优势种时空特征

浮游植物群落的结构及种群特征与外界环境因子有着重要的联系，当水体的营养等级以及水文状况发生重大的变化时，水生生态系统中的浮游植物群落也会受到影响，优势种也会相应地发生变化。总的来说，当水体中营养盐含量较小，营养等级较低时，各门类的浮游植物群落不能通过大量生长繁殖，扩大种群分布范围来取得竞争优势。这时水生生态系统中的浮游植物群落结构往往比较复杂，具有很好的物种多样性，优势种的种类和数目均不高。而当水体长期大量受纳外源性营养盐导致水体营养等级升高后，一些门类的浮游植物，如蓝藻、绿藻等在适当的条件下通过大量生长占据竞争优势，严重时甚至会爆发水华。与此同时，其他门类的浮游植物也会受到抑制，使水生生态系统中的浮游植物群落构成丰富度较低，一些浮游植物种类取得明显的竞争优势，成为优势种。

优势种种类数越多，优势度越小，群落结构越稳定。南海湖湿地优势度大于 0.02 的优势种共有 15 种（表 3-7），其中蓝藻 6 种、绿藻 5 种、硅藻 3 种、裸藻 1 种，分别为四尾栅藻、螺旋弓形藻、球衣藻、镰形纤维藻、纤细月牙藻、微小平裂藻、为首螺旋藻、水华束丝藻、不定微囊藻、阿式项圈藻、微小色球藻、近缘针杆藻、克洛脆杆藻、普通等片藻、多形裸藻。调查显示，研究期间南海湖湿地各月份浮游藻类优势种的优势度范围为0.02~0.33，优势度大部分不高，表明南海湖湿地水体浮游植物群落结构较复杂。

表3-7   南海湖浮游植物优势种

门类	中文名	拉丁名	频率
绿藻门	四尾栅藻	*Scenedesmus quadricauda*	7/9
	螺旋弓形藻	*Schroederia spiralis*	2/3
	球衣藻	*Chamydomonas globosa*	1/3
	镰形纤维藻	*Ankistrodesmus falcatus*	5/9
	纤细月牙藻	*Selenastrum gracile*	1/9
蓝藻门	微小平裂藻	*Oscillatoria tenuissima*	2/3
	为首螺旋藻	*Spirulina princeps*	2/9
	水华束丝藻	*Aphanizomenon flosaquae*	9/9
	不定微囊藻	*Microcystis marginata*	4/9
	阿式项圈藻	*Anabaenopsis arnoldii*	1/3
	微小色球藻	*Chroococcus limneticus*	4/9
硅藻门	近缘针杆藻	*Synedra affinis*	5/9
	克洛脆杆藻	*Fragilaria crotomensis*	1/3
	普通等片藻	*Diatoma vulgare*	2/9
裸藻门	多形裸藻	*Euglena polymorpha*	5/9

浮游植物优势种在各个月份有重复出现的，也有随季节变化而发生演替的。其中出现频率最高的优势种为水华束丝藻，共出现9次，出现频率为1，其次为四尾栅藻，出现频率为7/9，微小平裂藻和螺旋弓形藻出现的频率为2/3。从优势种随时间变化来看，水华束丝藻作为优势种在各月均有出现。6月优势种种类最多为9种，5月、7月、9月种类也较多为8种，2月优势种种类最少为5种。从空间来看，各点位优势种数量变化范围在6~10之间，其中12号采样点最多为12种，5号采样最少为7种。四尾栅藻、螺旋弓形藻、水华束丝藻和近缘针杆藻在12个采样点中均为优势种。四尾栅藻和螺旋弓形藻虽然在大多数月份中都以优势种的形式出现，但在不同月份这两者的优势度大小也有着较大的差距，说明即使浮游植物成为了优势种，但依然受到种内、间以及外界环境条件的影响，这些影响有些能扩大其优势度，有些能削弱其优势度。这表明水生生态系统中浮游植物群落构成的动态变化特征。

浮游植物优势种随时间的变化规律见表3-8，优势种的变化受到季节变化影响，季节差异显著，各时期优势种主要以绿藻为主，在不同季节均形成以绿藻为优势的浮游植物群落。5月、6月主要以绿藻占优势，优势种为四尾栅藻和螺旋弓形藻；7—9月主要以蓝藻占优势，优势种为微小平裂藻和水华束丝藻；10月至次年2月主要以绿藻和硅藻占优势，优势种为四尾栅藻和近缘针杆藻。优势种在各个季节其优势度大小并不相同，可能是因为受到外界环境因子，如温度、光照以及捕食者的影响，如滤食性鱼类，浮游动物还有浮游植物种内、种间的竞争压力导致了优势度的变化。虽然某些种类的浮游植物为优势种，但并不能占据绝对优势，消除其他种类的浮游植物生长，只有当其优势度达到一定阈值时，才能大量的生长繁殖，影响其他种类浮游植物的生长。

总的来说，小型藻类是南海湖湿地各季节优势种的主要组成种类，这可能与南海湖湿地鱼类以滤食性鲤科鱼类为主有关，而一般认为滤食性鱼类能摄食较大的藻类从而促进小型藻类的大量繁殖。优势种的种类数及其数量对群落结构的稳定性有很大的影响，通常，当优势种种类数越多且优势度越小时，可表明群落结构呈现出越复杂且稳定的特征。从南海湖湿地的优势种来看，浮游植物的优势种也随季节的变化而有所不同，蓝藻门、绿藻门是湖泊中主要的优势种，其次是硅藻门。春季绿藻门占优势，从5月开始，随高温天气的增多，喜温性的蓝藻门数量逐渐增加，优势种向蓝藻门种类发生更替成为当季的优势种，代替了硅藻门的优势地位，因此夏季蓝藻门和绿藻门占优势，秋冬季硅藻门、绿藻门占优势，但整体上各季节优势种均以绿藻为主，在不同季节均形成以绿藻为优势的浮游植物群落。不同门类的浮游植物在实际的水生生态环境中具有不同的生存策略，一些种类通过快速产生大量新的植物体在浮游植物群落中通过数量来获得竞争优势，另外一些浮游植物门类虽然繁殖能力较弱，但是对环境的适应能力较强，无论是在低光照或者在高浓度营养盐胁迫下以及其他不利的外界环境条件下都能正常生长繁殖，从而取得竞争优势。绿藻门的浮游植物相较于蓝藻门、硅藻门等具有较强的适应外界环境变化的能力，所以优势种种类较多。

表3-8 南海湖湿地浮游植物优势种随时间的变化规律

时间	门类	中文名	拉丁名	优势度
2018年5月	绿藻门	四尾栅藻	*Scenedesmus quadricauda*	0.329
		螺旋弓形藻	*Schroederia spiralis*	0.186
		球衣藻	*Chamydomonas globosa*	0.109
		镰形纤维藻	*Ankistrodesmus falcatus*	0.049
	蓝藻门	微小平裂藻	*Oscillatoria tenuissima*	0.028
	硅藻门	近缘针杆藻	*Synedra affinis*	0.075
		克洛脆杆藻	*Fragilaria crotomensis*	0.053
	裸藻门	多形裸藻	*Euglena polymorpha*	0.043
2018年6月	绿藻门	四尾栅藻	*Scenedesmus quadricauda*	0.136
		螺旋弓形藻	*Schroederia spiralis*	0.235
		球衣藻	*Chamydomonas globosa*	0.085
	蓝藻门	微小平裂藻	*Oscillatoria tenuissima*	0.071
		为首螺旋藻	*Spirulina princeps*	0.032
		水华束丝藻	*Aphanizomenon flosaquae*	0.054
		不定微囊藻	*Microcystis marginata*	0.042
	硅藻门	近缘针杆藻	*Synedra affinis*	0.052
	裸藻门	多形裸藻	*Euglena polymorpha*	0.052

续表

时间	门类	中文名	拉 丁 名	优势度
2018年7月	绿藻门	四尾栅藻	*Scenedesmus quadricauda*	0.065
		螺旋弓形藻	*Schroederia spiralis*	0.104
	蓝藻门	微小平裂藻	*Oscillatoria tenuissima*	0.127
		为首螺旋藻	*Spirulina princeps*	0.029
		水华束丝藻	*Aphanizomenon flosaquae*	0.074
		不定微囊藻	*Microcystis marginata*	0.056
		阿式项圈藻	*Anabaenopsis arnoldii*	0.044
		微小色球藻	*Chroococcus limneticus*	0.062
2018年8月	绿藻门	螺旋弓形藻	*Schroederia spiralis*	0.093
	蓝藻门	微小平裂藻	*Oscillatoria tenuissima*	0.132
		水华束丝藻	*Aphanizomenon flosaquae*	0.082
		不定微囊藻	*Microcystis marginata*	0.045
		阿式项圈藻	*Anabaenopsis arnoldii*	0.051
		微小色球藻	*Chroococcus limneticus*	0.047
2018年9月	绿藻门	螺旋弓形藻	*Schroederia spiralis*	0.059
	蓝藻门	微小平裂藻	*Oscillatoria tenuissima*	0.083
		水华束丝藻	*Aphanizomenon flosaquae*	0.068
		不定微囊藻	*Microcystis marginata*	0.034
		阿式项圈藻	*Anabaenopsis arnoldii*	0.030
		微小色球藻	*Chroococcus limneticus*	0.055
	硅藻门	近缘针杆藻	*Synedra affinis*	0.048
		克洛脆杆藻	*Fragilaria crotomensis*	0.023
2018年10月	绿藻门	四尾栅藻	*Scenedesmus quadricauda*	0.284
		球衣藻	*Chamydomonas globosa*	0.078
		镰形纤维藻	*Ankistrodesmus falcatus*	0.026
	蓝藻门	微小平裂藻	*Oscillatoria tenuissima*	0.046
		水华束丝藻	*Aphanizomenon flosaquae*	0.024
	硅藻门	近缘针杆藻	*Synedra affinis*	0.153
		克洛脆杆藻	*Fragilaria crotomensis*	0.067
2018年12月	绿藻门	四尾栅藻	*Scenedesmus quadricauda*	0.217
		镰形纤维藻	*Ankistrodesmus falcatus*	0.169
		纤细月牙藻	*Selenastrum gracile*	0.072
	蓝藻门	水华束丝藻	*Aphanizomenon flosaquae*	0.095
		微小色球藻	*Chroococcus limneticus*	0.086
	硅藻门	近缘针杆藻	*Synedra affinis*	0.158
	裸藻门	多形裸藻	*Euglena polymorpha*	0.053

续表

时间	门类	中文名	拉 丁 名	优势度
2019 年 1 月	绿藻门	四尾栅藻	*Scenedesmus quadricauda*	0.186
		螺旋弓形藻	*Schroederia spiralis*	0.095
		镰形纤维藻	*Ankistrodesmus falcatus*	0.226
	蓝藻门	水华束丝藻	*Aphanizomenon flosaquae*	0.104
		普通等片藻	*Diatoma vulgare*	0.068
	裸藻门	多形裸藻	*Euglena polymorpha*	0.045
2019 年 2 月	绿藻门	四尾栅藻	*Scenedesmus quadricauda*	0.145
		镰形纤维藻	*Ankistrodesmus falcatus*	0.133
	蓝藻门	水华束丝藻	*Aphanizomenon flosaquae*	0.069
	硅藻门	普通等片藻	*Euglena polymorpha*	0.036
	裸藻门	多形裸藻	*Euglena polymorpha*	0.027

3.4.5 数量分布时间变化

南海湖湿地浮游植物平均密度为 46.91×10^6 cells/L，密度变化范围在 $3.75 \times 10^6 \sim 115.59 \times 10^6$ cells/L 之间。绿藻门、蓝藻门、硅藻门、裸藻门、黄藻门、金藻门、隐藻门密度分别占总密度的 36.77%、40.67%、17.85%、2.22%、0.78%、0.82%、0.88%。绿藻门、硅藻门、蓝藻门在南海湖湿地的浮游植物群落中占据最大的比例，其他门类密度所占比例较小。7 月的 10 号采样点处密度达到最高值 115.59×10^6 cells/L，10 月的 5 号采样点处密度最低为 23.35×10^6 cells/L。

南海湖湿地浮游植物密度随时间变化有着较大的波动，呈现出单峰型（图 3-3），5—7 月密度逐渐增加，7 月密度最高，而后开始下降，2 月密度降到最低。各月平均密度分别为 46×10^6 cells/L、84.16×10^6 cells/L、96.11×10^6 cells/L、73.03×10^6 cells/L、62.14×10^6 cells/L、39.24×10^6 cells/L、10.28×10^6 cells/L、6.86×10^6 cells/L 和 $4.38 \times$

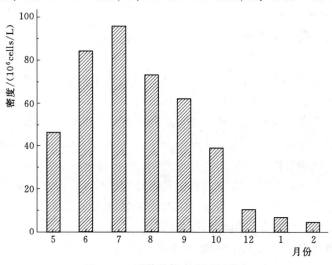

图 3-3　浮游植物密度时间分布

$10^6\,\mathrm{cells/L}$。总体表现为夏季＞春季＞秋季＞冬季。5 月水温开始上升，加上营养物质的输入，水中营养盐的含量增加，导致浮游植物大量繁殖，细胞密度逐渐增加。从 7 月到次年 2 月，南海湖湿地中的浮游植物密度呈现出缓慢下降的趋势，这一时期，蓝藻门浮游植物密度在持续下降，绿藻门在 9 月到 12 月间持续增长，到 1 月略有下降。在冬季，水温最低，营养盐循环速率下降，浮游植物繁殖速率也随之下降，细胞密度因此维持在较低的水平上。浮游植物只有在合适的外界环境条件下才能正常的生长、发育，南海湖湿地绿藻门浮游植物密度的数量变化表明，9 月后当地的气候条件有利于绿藻门类浮游植物的生长。

各门类浮游植物密度百分比随时间变化明显（图 3-4），其中蓝藻门密度所占比例最大，其次是绿藻门和硅藻门，其他门类占比较小，不足总密度的 5%。

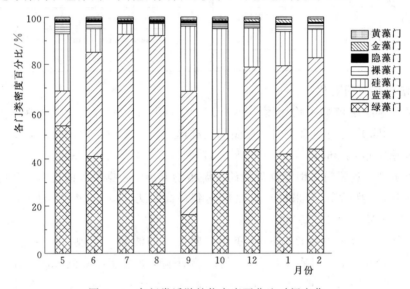

图 3-4　各门类浮游植物密度百分比时间变化

3.4.6　数量分布空间变化

浮游植物密度空间存在差异（图 3-5），位于湖心区的 6 号、8 号采样点浮游植物密度较高，排污口的 5 号采样点和芦苇区的 12 号采样点密度较低。全湖密度呈现出沿进水口向湖心区逐渐递增的趋势。湖东北部区域密度明显高于西南部，湖心区整体密度较高，而排污口、芦苇区密度相对较低，其他采样点密度空间差异不大。分析其原因是湖心区点位水温在每个季节都高出其他点之外，营养盐含量更是比其他各点都高出许多倍，这种理化优势为浮游植物个体的生长提供了良好的条件，以至于这两点的丰度都达到峰值。

从各门类浮游植物密度空间变化来看（图 3-6），蓝藻在各采样点中密度最大，其次为绿藻，硅藻位居第三，裸藻、黄藻、金藻和隐藻密度较小，其中隐藻密度最小。

南海湖湿地季节变化显著，季节变化对南海湖湿地水体温度有着较大影响，不同月份光强和水温差别较大，导致浮游植物的群落结构、数量分布产生季节性差异，造成这种分布格局的主要原因是冬季气温较低，湖面结冰，到达水体的有效光照减少，水流速度较缓，透明度较低。这些因素共同导致了冬季较低的浮游植物密度。随着春季水体温度的逐

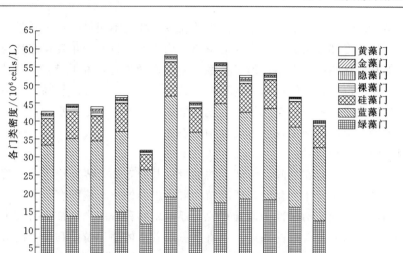

图 3-5　浮游植物密度空间变化

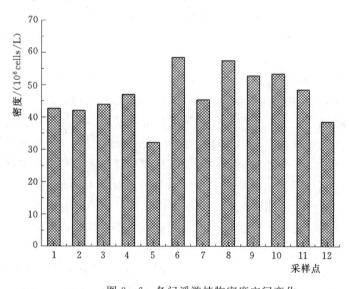

图 3-6　各门浮游植物密度空间变化

渐回升，浮游植物的数目有显著的提高；夏季水体中营养盐丰富，温度较高，水体中滤食性鱼类数量较少，且南海湖湿地各样点状况不一致，也为不同生活习性的浮游植物提供了不同的生活场所，避免了不同种类浮游植物的种间竞争，因此该季节浮游植物密度达到了全年的峰值。秋季的温度与春季接近，相比于春季，湖泊水交换较快且水量较多，相对而言不利于浮游植物的稳定生长。伴随着湖泊中营养盐浓度的下降以及水温的下降，浮游植物密度在夏季达到峰值后在秋季出现了下降，但因这一季节浮游植物蓝藻门和绿藻门所占比例较大，因此细胞数量较高。

南海湖湿地湖区样点均呈现出不同程度的富营养化状态。不同季节和样点呈现出了不同程度的污染状况。其中浮游植物多样性指数在春季变化不明显，夏季浮游植物种类和细胞数量有所增加，多样性指数均高于其他季节。均匀度指数的周年变化趋势与多样性指数基本一致，但其变化幅度非常小，趋于平稳。南海湖湿地浮游植物多样性和均匀度较好，一定程度上反映出群落种类组成的稳定程度及其数量分布均匀程度较高。总体而言，夏季水体的污染程度最高，各个样点均处于重度污染状态。秋季和冬季水质富营养化状况有所减轻，但进入春季以后，又呈现出污染加剧的态势。

3.4.7　多样性指数时空特征

一般来说，浮游植物在时间、空间上的数量以及分布和外界环境因子有着较为密切的联系，当外界环境因子发生变化时，浮游植物群落也会做出相应的变化。不同种类的浮游植物具有不同或相似的生活习性。通常来说，浮游植物种群的生长都具有其最适应的外界环境条件。水体中营养盐含量的高低，也直接影响着水体中浮游植物种类的分布。浮游植物多样性指数常作为群落结构特征的重要参数，是衡量群落结构稳定性的重要指标。同时，浮游植物的多样性指数与水体中藻类结构有着密切的联系，能够反映出水质状况，可以作为评价水质污染状况的指标。多样性指数高的湖泊，水体中藻类种类较多且密度适中，有利于维持水生生态系统的平衡，水质状况也较好。因此，可以利用水生生态系统中浮游植物的群落特征来评价水体的富营养化状态。本文采用 Margalef 丰富度指数、Shannon 多样性指数与 Pielou 均匀度指数对牧野湖湖泊富营养化等级进行分级，分级方法参照表 3-2，并为科学、合理评价南海湖湿地水体水质提供理论指导。

通过对南海湖湿地浮游植物群落进行调查，分析了浮游植物 Margalef 丰富度指数（D）、Shannon-Wiener 多样性指数（H）及 Pielou 均匀度指数（J）。Margalef 指数对物种数的依赖程度较强，它能充分反映物种种类的分布情况。它通常是指群落中物种数量的多少，指数值越大，物种越丰富，多样性越高；Shannon-Wiener 指数通常用于反映群落结构的复杂程度，群落结构越复杂，对环境的反馈功能越强，从而使群落结构得到较大的缓冲，趋于稳定。它可以表示浮游植物个体出现的紊乱性和不确定性，指数值越高，表明物种多样性越高；Pielou 指数反映了各物种个体数目分配的均匀程度。一般反映物种的分布情况，指数值越大，物种多样性越高。通过这三个多样性指数综合分析南海湖浮游植物群落结构的变化以及水质的污染状况。

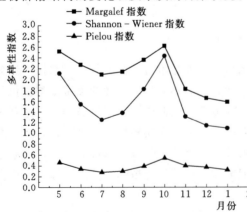

图 3-7　南海湖湿地浮游植物多样性指数时间变化

调查期间，南海湖浮游植物 Margalef 丰富度指数、Shannon-Wiener 多样性指数及 Pielou 均匀度指数的平均值分别为 2.12、1.56 和 0.38。从图 3-7 中可以看出，浮游植物各指数随时间变化的趋势较为一致。

Margalef 丰富度指数各月平均值分别为 2.52、2.27、2.09、2.14、2.36、2.62、1.82 和 1.58，均在 1～3 之间，根据 Margalef 丰富度指数评价标准，水质为中污染。Shannon-Wiener 多样性指数各月平均值分别为 2.11、1.54、1.25、1.38、

1.82、2.43，1.31、1.14 和 1.09，均在 1～3 之间，根据 Shannon－Wiener 多样性指数评价标准，水质为中污染。Pielou 均匀度指数各月平均值分别为 0.46、0.34、0.28、0.30、0.39、0.54、0.40、0.37 和 0.32。根据 Pielou 均匀度指数评价标准，除 7 月外水质为中污染，7 月水质为重污染。

调查期间，从图 3－8 中可以看出，多样性指数空间变化趋势较为一致，Margalef 丰富度指数和 Shannon－Wiener 多样性指数在各采样点中变化较为明显，Pielou 均匀度指数空间差异不大。南海湖湿地 12 个采样点 Margalef 丰富度指数、Shannon－Wiener 多样性指数、Pielou 均匀度指数的平均值分别为 2.12、1.56 和 0.38，位于芦苇区的 12 号采样点的 Margalef 丰富度指数、Shannon － Wiener 多样性指数和 Pielou 均匀度指数值最高，分别为 2.34、2.05 和 0.43，生物多样性最好；排污口处的 5 号采样点各指数值最低，分别为 1.81、1.19 和 0.31，生物多样性较差。由于水生生态系统的自净能力较差，甚至在长期高

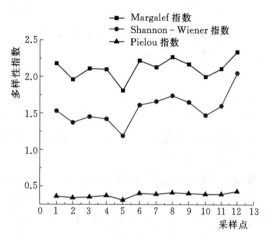

图 3－8 南海湖湿地浮游植物多样性指数空间变化

浓度外源性营养盐的胁迫下丧失了部分功能，因而这个采样点水质较差。

南海湖湿地各采样点的 Margalef 丰富度指数值分别为 2.18、1.96、2.11、2.10、1.81、2.22、2.13、2.27、2.17、2.00、2.11 和 2.34，均在 1～3 之间，根据其评价标准，各采样点水质为中污染。各采样点的 Shannon－Wiener 多样性指数值分别为 1.53、1.37、1.45、1.42、1.19、1.61、1.66、1.74、1.65、1.47、1.60 和 2.05，均在 1～3 之间，根据 Shannon－Wiener 多样性指数评价标准，水质为中污染。Pielou 均匀度指数值在各个采样点的平均值分别为 0.36、0.34、0.35、0.37、0.31、0.40、0.39、0.41、0.40、0.39、0.39 和 0.43，各采样点指数值均在 0.3～0.5 之间。根据 Pielou 均匀度指数评价标准，各采样点水质均为中污染。

3.5 包头南海湖湿地浮游植物评价结果

3.5.1 生物密度评价结果

浮游植物密度在 $3.75 \times 10^6 \sim 115.59 \times 10^6$ cells/L 之间，平均密度为 46.91×10^6 cells/L，密度组成上以蓝藻、绿藻、硅藻为主，蓝藻平均密度在调查期间占绝对优势。浮游植物密度随时间变化呈单峰型，7 月浮游植物密度达到最大值为 115.59×10^6 cells/L，2 月密度达到最低值为 23.35×10^6 cells/L。浮游植物密度空间变化有着沿进水口向湖心区逐渐递增的趋势，湖心区整体密度较高，湖东北部区域密度明显高于西南部，湖心区整体密度较高，而排污口、芦苇区密度相对较低。结合浮游植物密度大于 100×10^4 cells/L 时，水体呈富营养化状态，南海湖湿地浮游植物最小密度为 375×10^4 cells/L，由此判定南海湖水

质呈富营养化状态。

3.5.2　优势种评价结果

经优势度分析，共鉴定出浮游植物优势种 4 门 15 种，其中蓝藻 6 种、绿藻 5 种、硅藻 3 种、裸藻 1 种。5 月、10 月、12 月、翌年 2 月四尾栅藻优势度最大，7 月、8 月、9 月微小平裂藻优势度最大，6 月螺旋弓形藻优势度最大，1 月镰形纤维藻优势度最大，即 7 月、8 月、9 月蓝藻占优势，其他月份绿藻占优势，由此判定南海湖浮游植物组成为绿藻—蓝藻型。水质为中富往重富营养水体过渡。

3.5.3　多样性指数评价结果

Margalef 丰富度指数、Shannon - Wiener 多样性指数和 Pielou 均匀度指数的变化范围分别在 1.58～2.62、1.09～2.43 和 0.3～0.54 之间，平均值分别为 2.12、1.56 和 0.38。各月的 Margalef 丰富度指数值和 Shannon - Wiener 多样性指数值均在 1～3 之间，表明水质为中污染。Pielou 均匀度指数值除 7 月外，指数值均在 0.3～0.5 之间，表明 7 月水质达到重污染，其他月水质为中污染。各采样点的 Margalef 丰富度指数值和 Shannon - Wiener 多样性指数值均在 1～3 之间，Pielou 均匀度指数值在 0.3～0.5 之间，表明水质为中污染。通过浮游植物多样性指数对南海湖湿地水体富营养化状况的评价可以得出，在整个采样调查期间，虽然各采样点富营养化程度不一。造成这种现象的主要原因是，不同时期湖泊种沉水植物的分布区域、盖度，各类水生动物的种类、数量对湖泊中各类型营养盐的浓度都有所不同，加上城市湿地湖泊较易受到人类活动的干扰，如生活、生产污水的排放等，各样点的水文状况，受人类活动影响的程度也不同，导致了各样点富营养化程度的差异。总体而言，在整个调查周期内处于中度或重度富营养化状态。

综合以上评价结果，南海湖湿地水质营养状态在不同季节、不同站位时空差异显著，从季节变化来看，夏季水质最差，冬季水质较差，春秋季水质稍好，但都达到富营养化水平。从不同站位的空间变化来看，南海湖湿地整体水质均达到富营养化。

3.6　包头南海湖湿地浮游植物与水质因子 RDA 分析

冗余分析（redundancy analysis，RDA）是一种基于线性模型的排序方法。RDA 分析可以表示各个环境因子对浮游植物群落的贡献率，同时也能反映出环境因子对生物群落结构以及分布的影响。在排序图中，轴 1 和轴 2 为排序轴，带箭头的实线表示环境因子在平面中的相对位置，箭头所处象限代表与排序轴的正负相关性，向量的长短代表对排序轴影响程度的大小，向量越长，影响程度越大。浮游植物物种与环境因子的相关性可以通过物种实线与环境因子实线之间夹角余弦值的大小来表示，夹角越小相关性越大，反之越小。还可以通过物种向环境因子做垂线，垂线交点离环境因子箭头越近，表示物种与环境因子的正相关性越大，反之则与环境因子的负相关性越大。

为了揭示南海湖湿地浮游植物与水质因子间的关系，分别选取在各采点出现频率大于 12.5% 且至少在一个采样点的相对密度大于 1% 的常见种与水温、pH、溶解氧、总氮、氨氮、总磷、化学需氧量、叶绿素 a 共 8 个水质因子进行 RDA 排序，浮游植物物种编码见表 3-9。

| 表 3 - 9 | RDA 分析中的浮游植物物种编码 | | |

物种编码	种 类	物种编码	种 类
s1	四尾栅藻 Scenedesmus quadricauda	s10	阿式项圈藻 Anabaenopsis arnoldii
s2	螺旋弓形藻 Schroederia spiralis	s11	简单颤藻 Spirulina simplicissima
s3	具尾四角藻 Teraedron caudatum	s12	微小色球藻 Chroococcus minutus
s4	盐生顶棘藻 Chodatella subsalsa	s13	近缘针杆藻 Synedra affinis
s5	扁鼓藻 Cosmarium depressum	s14	克洛脆杆藻 Fragilaria crotomensis
s6	镰形纤维藻 Ankistrodesmus falcatus	s15	短小曲壳藻 Achnanthes exigua
s7	螺旋纤维藻 Ankistrodesmus spiralis	s16	普通等片藻 Diatoma vulgare
s8	微小平裂藻 Oscillatoria tenuissima	s17	多形裸藻 Euglena polymorpha
s9	水华束丝藻 Aphanizomenon flosaquae		

南海湖湿地 RDA 排序结果见表 3 - 10、表 3 - 11 以及图 3 - 9。表 3 - 10 中 RDA 的统计信息结果表明，第一排序轴和第二排序轴的特征值分别为 0.270 和 0.190，浮游植物物种与水质因子排序轴的相关系数分别为 0.943 和 0.854，说明此排序能较好地反映浮游植物群落与水质因子间的关系。

| 表 3 - 10 | 南海湖湿地浮游植物 RDA 分析统计信息 | | | |

轴	1	2	3	4
特征值	0.270	0.190	0.115	0.082
种类环境相关性	0.943	0.854	0.869	0.898
累积变量百分比				
种类数据	27	46	57.5	65.8
种类环境相关	37.2	63.4	79.3	90.7
总特征值	1			
所有典范特征值	0.725			

| 表 3 - 11 | 南海湖湿地水质因子与 RDA 排序轴之间的相关关系 | | | |

水质因子	AX1	AX2	水质因子	AX1	AX2
水温	−0.425	−0.013	氨氮	0.213	−0.025
溶解氧	0.187	0.152	总磷	0.077	−0.313
pH	0.202	0.347	化学需氧量	0.397	0.344
总氮	−0.700	0.008	叶绿素 a	−0.210	0.347

水质因子与第一排序轴和第二排序轴的相关系数见表 3 - 11。从表 3 - 11 和图 3 - 9 中可以看出，化学需氧量与第一排序轴呈显著最大正相关，相关系数为 0.397，其次为氨氮和 pH，相关系数分别为 0.213 和 0.202。总氮与第一排序轴呈显著最大负相关，相关系数为 −0.700，其次为水温，相关系数为 −0.425。pH、叶绿素 a 和化学需氧量与第二排序轴呈显著正相关，相关系数分别为 0.347、0.347 和 0.344，总磷与第二排序轴呈显著最大负相关，相关系数为 −0.313。第一排序轴和第二排序轴的相关性分析结果表明，水

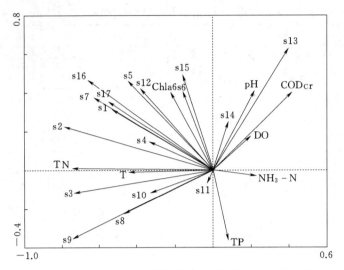

图 3-9　南海湖湿地浮游植物与水质因子 RDA 排序图

温、总氮和化学需氧量对南海湖浮游植物物种分布具有较大的影响，氨氮、pH 和总磷对物种分布也有一定的影响。

　　从图 3-9 中可以看出，浮游植物物种在 RDA 排序图中得到了较好的分化。螺旋弓形藻、具尾四角藻、盐生顶棘藻等大部分绿藻与总氮显著相关，表明绿藻的生长受总氮影响较大，这与李兴等研究得出的乌梁素海绿藻密度与总氮浓度密切相关的研究结果相似。近缘针杆藻、克洛脆杆藻与 pH 呈显著正相关。阿式项圈藻与水温关系密切，表明水温在一定范围内的升高有利于阿式项圈藻，这也与蓝藻喜高温和强耐受高温性相符。水华束丝藻、简单颤藻、微小平裂藻与总磷具有很大的相关性。叶绿素 a 与大部分藻类呈正相关，表明所选浮游植物物种能较好地反映南海湖浮游植物群落的变化。

　　浮游植物主要物种与水质因子的 RDA 分析表明，总氮、化学需氧量和水温为影响浮游植物分布的主要水质因子，对浮游植物物种分布具有较大的影响，其中总氮、水温、化学需氧量与第一排序轴具有显著的相关性，影响着第一排序轴方向物种的变化；pH、总磷、叶绿素 a 与第二排序轴具有较显著的相关性，影响着第二排序轴方向物种的变化。物种较为集中地分布在排序轴左侧，水质因子与排序轴的相关系数较高与物种间的相关性较大。大部分绿藻与总氮显著正相关；硅藻与 pH 关系密切；蓝藻与总磷和水温具有很大的相关性，受总磷和水温的影响较大；叶绿素 a 与大部分物种呈正相关，表明所选物种能较好地反映浮游植物群落变化。

参 考 文 献

［1］ 姜庆宏.包头南海湖非冰封期浮游植物的时空动态特征［J］.水生态学杂志，2020，41（1）：30－36.

［2］ 姜庆宏，王佳宁，李卫平，李兴，鲍交琦，王晓云.南海湖春季浮游植物群落结构及其与水质因子的关系［J］.干旱区资源与环境，2018，32（8）：166－171.

［3］ 于玲红，王晓云，李卫平，高静湉，鲍交琦，王佳宁.包头市南海湖湿地水质现状分析与评价［J］.环境化学，2017，36（2）：390－396.

［4］ 李建茹，李畅游，李兴，史小红，李卫平，孙标，甄志磊.乌梁素海浮游植物群落特征及其与环境因子的典范对应分析［J］.生态环境学报，2013，22（6）：1032－1040.

［5］ 郭燕，杨邵，沈雅飞，肖文发，程瑞梅.三峡库区消落带现存草本植物组成与生态位［J］.应用生态学报，2018，29（11）：3559－3568.

［6］ 姜庆宏，潘彤，李卫平，樊爱萍，苗春林.南海湖冬季浮游植物特征及与水质因子关系［J］.东北林业大学学报，2019，47（4）：71－75.

［7］ 江源，彭秋志，廖剑宇，李敬瑶.浮游藻类与河流生境关系研究进展与展望［J］.资源科学，2013，35（3）：461－472.

［8］ 高世荣，潘力军，孙凤英，许永香，王俊起.用水生生物评价环境水体的污染和富营养化［J］.环境科学与管理，2006（6）：174－176.

［9］ 郝媛媛，孙国钧，张立勋，龚雪平，许莎莎，刘慧明，张芬.黑河流域浮游植物群落特征与环境因子的关系［J］.湖泊科学，2014，26（1）：121－130.

［10］ Matina Katsiapi，Maria Moustaka－Gouni，Ulrich Sommer. Assessing ecological water quality of freshwaters：PhyCoI—a new phytoplankton community Index［J］. Ecological Informatics，2016，31.

［11］ Matina Katsiapi，Maria Moustaka－Gouni，Ulrich Sommer. Assessing ecological water quality of freshwaters：PhyCoI—a new phytoplankton community Index［J］. Ecological Informatics，2016，31.

［12］ 杨文焕，申涵，李卫平，卜楠龙，张明钰.南海湖非冰封期浮游植物群落生态特征及其与环境因子关系［J］.环境污染与防治，2020，42（4）：395－400.

第4章

包头南海湖湿地微生物分布特性

4.1 环境微生物背景及研究进展

4.1.1 湖泊水生态系统中细菌的作用

湖泊水体及沉积物中分布着种类繁多的细菌，作为生态系统食物链中重要的一环，对维持各种化学元素的动态平衡及形态转化发挥着难以替代的作用。细菌门类众多，差异显著，代谢方式各异，根据外界条件变化，可根据需要选择不同的代谢过程，分泌各种所需酶，进而分解转化水环境中各种形态的污染物。

各种有机化合物在细菌的作用下被分解矿化，碳、氮、磷、硫等元素由有机状态转化为无机化学成分，不断循环发展，水环境质量得到改善，水质得以净化。一方面有机物质被微生物分解矿化得以利用，另一方面分解后生成的无机物质亦可为自养生物提供养料，使得物质循环过程继续进行。因此，广泛探究湖泊生态系统中细菌种群特征、分布范围及其在各方面发挥的功能和作用，全面了解水环境系统营养流物质流的基本规律，对于进一步深入掌握湖泊生态系统现状，进而管理和维护湖泊水生态环境具有重要意义。

4.1.2 影响细菌多样性的湖泊环境因子

湖泊中细菌多样性及种群特征受环境因子影响变化显著，不同类型湖泊，细菌种群各异，分析对细菌群落结构影响重大的湖泊水环境因素，了解湖泊理化性质和细菌多样性的相关性，对综合治理湖泊污染现状具有重大作用和积极意义。

使细菌群落结构产生变化的湖泊环境因素众多，主要包括：湖泊自身类型及特点，如湖泊的深度、大小等；湖泊的理化指标，如 pH、溶解氧、温度、无机污染物浓度等；有机污染物分布规律；物种间相互作用，包括细菌与原生动物、后生动物、植物间的相互关系等。

湖泊的大小和深度，不仅是湖泊的基本要素，也在很大程度上对湖泊生态系统中细菌多样性产生重大影响。现有研究成果显示，细菌数量与湖泊面积呈显著的正相关关系，因此考虑湖泊大小和深度对细菌种群特征的影响是十分必要的。同众多湖泊类似，南海湖也具有补给水源，定期从黄河引水，以保证南海湖水量稳定。河流、降水等补给水源一方面

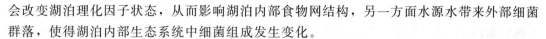

会改变湖泊理化因子状态，从而影响湖泊内部食物网结构，另一方面水源水带来外部细菌群落，使得湖泊内部生态系统中细菌组成发生变化。

湖水温度对细菌群落影响显著，不同细菌种群有各自繁殖的最适宜温度，因此温度对湖泊群落组成具有选择作用，同时其也可以作为判断细菌群落季节性变化的重要依据。湖水 pH 也是影响细菌生长繁殖的关键因素，细菌体内各种酶只有在最佳 pH 条件下才能发挥活性。另外，细菌细胞膜通透性也会因 pH 不同差异明显，从而使营养物质吸收受到影响，细菌繁殖受到限制。

根据对氧气需求的差异，细菌可分为好氧菌、厌氧菌、兼性厌氧菌、微好氧菌和耐氧菌五种类型。湖泊表层水体溶解氧含量较高，好氧菌多分布于此；底层常处于缺氧或无氧状态，这里一般分布有专性厌氧或兼性厌氧菌，以无氧呼吸为主，由此可以看出，溶解氧含量在细菌群落变化过程中发挥着重要作用。湖泊富营养化程度也与细菌多样性息息相关，在寡营养湖泊中，营养盐水平是细菌生长的限制性因子，随着营养盐水平升高，细菌数量逐渐增加，同时水体中的优势菌群也会发生改变。不同情况下，对细菌群落结构产生影响的环境因子不尽相同，因此需结合湖泊现状具体问题具体分析。

4.1.3 极端环境细菌

虽然适宜细菌生存的条件极为苛刻，但仍有许多细菌，可在非常规条件下较好生存，有些甚至只有在极端条件下才能更好地完成自身的新陈代谢，此类细菌常被称为极端细菌。极端细菌往往又被称作嗜极菌，其以极端条件作为自身最适生长环境。此处所指极端条件是相对于人类或其他高等生物而言无法承受或较好生存的环境，如高温、高盐度、高压、高 pH，以及低温、低盐度、低压、低 pH 等。

嗜极菌拥有广阔的市场空间，可开发性强。由于其可在极端环境中较好生存，因而拥有其他微生物无法拥有的特性，被广泛应用于生产生活各个领域。例如，生产工业酶、处理碱性污水时会用到嗜碱菌；制作生物电池时用到嗜盐菌等。对嗜极菌各方面特性进行深入研究，不仅可以加深对生命科学的认知和了解，其产生的特殊活性酶及代谢产物也可为各领域发展提供新思路及广阔空间。在极端湖泊环境中生长繁殖的细菌，作为湖泊生态系统的重要组成部分，也发挥着难以替代的作用。

4.1.4 细菌多样性研究方法

传统细菌多样性检测是以细菌培养为基础，通过环境样品采集，进而分离培养出单一菌株。但其局限性在于很多微生物难以通过现有的培养方法得到，且培养基限制性较强，获得有关菌株方面的信息较少，所得到的结果很难反映天然水体或其他环境中细菌种群的组成及其动态变化。

为了弥补传统培养方法的弊端，一些不依赖于培养的分子生物学方法被大量应用到鉴定天然水体细菌群落种属及群落结构的实验中。例如，16Sr DNA 克隆文库法、变性梯度凝胶电泳技术、荧光原位杂交技术、限制性片段长度多态性分析技术及高通量测序技术等，均被广泛应用到湖泊水生态系统细菌的研究中。

1. 16Sr DNA 克隆文库法

Giovannoni 等在 1990 年研究马尾藻海微生物的种群特征时最先使用了 16Sr DNA 克隆文库法。该方法的原理是将环境样品中目标基因进行扩增，扩增的产物与载体相连后，两者一起转入受体细胞，经过培养筛选得到阳性克隆，对其进行测序分析从而掌握微生物群落信息，并深入进行系统发育学的分析和研究。许多学者在探求湖泊生态系统中细菌种群特征时使用了这一方法。

2. 变性梯度凝胶电泳技术（DGGE）

变性梯度凝胶电泳技术是通过改变解链DNA的变形浓度和差异，使得电泳迁移率随之改变，片段大小相同而碱基不同的DNA片段也会随之分开。然后利用DGGE对PCR扩增后的产物进行测序分析，鉴别大小相同但是序列组成不同的DNA，得到微生物的群落组成和多样性。DGGE检测技术相对可靠，可客观显示细菌群落优势菌属，但是，很难检测出来数量较少的弱势类群，表明该技术无法完整展示微生物群落的丰富度。当检测到的一些样品的微生物多样性相对丰富时，可能会忽视样品中存在的但是丰度低而且能发挥某种重要功能的微生物。尽管存在一定缺点，但DGGE技术已经广泛应用于环境微生物的多样性研究。

3. 荧光原位杂交技术（FISH）

荧光原位杂交技术（Fluorescent in Situ Hybridazation，FISH）于20世纪70年代兴起，其原理是利用两条核苷酸单链片段会进行同源性重组的特点，利用荧光染料标记核苷酸探针，以原位杂交方法与样品中DNA杂交，最后通过荧光信号获得生物信息，从而对细菌群落结构进行研究。荧光原位杂交技术避免了DNA提取带来的偏差，同时省略了PCR操作，可高效、快速、准确解析细菌群落结构，是分析细菌多样性的可靠手段之一。

4. RFLP 与 T-RFLP

限制性片段长度多态性分析技术（Restriction Fragment Length Polymorphism，RFLP）由于通常与PCR技术组合使用，因此也叫做PCR-RFLP。RFLP是综合利用电泳及限制性内切酶技术分析细菌群落结构的方法，通过测试微生物DNA被限制性内切酶切后形成的片段，利用电泳技术得到酶切图谱后测序，从而掌握细菌信息。

末端限制性片段长度多态性分析（Terminal Restriction Fragment Length Polymorphism，T-RFLP）技术由RFLP发展得来，与其大同小异，只是在PCR引物末端加入荧光物质或放射性标记，以便更好地进行分析。T-RFLP技术兼具灵敏度与速度优势，已广泛应用于各种生境细菌群落结构研究。

5. 高通量测序

伴随微生物检测技术发展，高通量测序（High Throughput Sequencing）被广泛应用于各种复杂环境细菌种群特征研究，并得到广泛认可，如薛银刚等通过高通量测序技术研究了冬季太湖竺山湾浮游细菌和沉积物细菌群落结构和多样性，并为后期水污染治理提供了基础。高通量测序技术也被称为新一代测序技术，其突破了传统微生物群落分析方法的限制，不仅能够确定样品的优势种群，而且可以检测低丰度的微生物种群，能够精确检测和确定样品内真实的物种分布和丰度，可以在分子水平上充分发掘物种信息。传统Sanger测序方法较缓慢，需要的时间长，新一代测序技术实现了革命性的改变，一次可以鉴定数万个DNA序列，速度比Sanger测序方法提高了接近一百倍。新一代的高通量测序技术不需要大规模投入人力物力财力，但能够加快生物学研究的速度，高精确度保证研究的准确性，未来有广阔的应用前景。目前比较常用的高通量测序方法主要有 ABI 公司的 SOLID 法、罗氏公司的 454 法和 Illumina 公司的 Solexa 法。罗氏公司的 454 焦磷酸测序法基于 Roche GS FLX Titanium System 平台，这种方法的最大读长为 700～1000bp，其测序优点主要是速度快、长度长、读长比较长，目前应用比较广泛。Illumina 公司的 Solexa 法基于 Illumina Genome Analyzer 和 HiSeq 2000 两种平台，该方法能产生高达 400G 的数据量，测序优点主要有成本比较低，能够实现 PE 双向测序，未来有很好的应用前景。ABI SOLiD system 是由 ABI 公司开发的新型高通量测序技术，它的最大读长为 60～75bp，具有通量高、准确度高等优点。

4.2 南海湖环境因子时空变化

4.2.1 南海湖不同区域水环境因子时空分布特征

包头南海湖是包头市发展的重要资源，在调节气候、调蓄洪水、涵养水源、净化环境、促淤护岸、维护生物多样性等方面具有十分重要的作用。其位于我国中西部寒旱地区，也是珍贵的城市湖泊，在冬季会出现季节性的冰封期。在冰封期，由于独特的自然环境条件以及污染物的迁移转化等因素，其水质呈现出不同以往的特点，也必然使细菌群落结构产生相应变化。

综合考量水质、植被覆盖特征、湖泊进水情况等各种因素，将南海湖划分为进水口区（1 区），旅游开发区（2 区），湖心区（3 区）及水草区（4 区），分别于 2017 年 11 月、2018 年 1 月及 2018 年 4 月对水体及沉积物样品进行采集，采样点分布如图 4-1 所示。

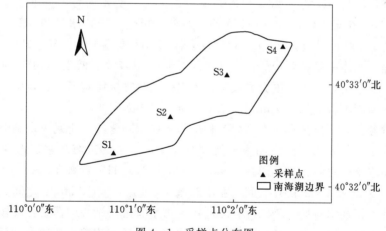

图 4-1 采样点分布图

此次研究理化因子检测指标主要是：水温，溶解氧（DO），pH，总氮（TN），总磷（TP），氨氮（NH_3-N），硝态氮（NO_3-N），亚硝态氮（NO_2-N），叶绿素 a（Chla）和化学需氧量（COD_{Cr}）。其中水温，溶解氧，pH 使用 SX751 便携式多参数水质分析仪现场检测，需仪器读数稳定后方可记录相关数据；其余指标采用国家环境保护总局《水和废水监测分析方法》中规定方法进行测定，具体见表 4-1。

表 4-1　　　　　　　　　　　　　相关水质指标的测定方法

水质指标	测定方法	标准号	检出限/(mg/L)
总氮	碱性过硫酸钾消解—紫外分光光度法	GB 11894—89	0.05～4
氨氮	纳氏试剂分光光度法	GB 7479—87	0.025～2
硝态氮	紫外分光光度法	GB 7480—87	0.08～4
亚硝态氮	N-(1萘基)-乙二胺光度法	GB 7493—87	0.003～0.2
总磷	过硫酸钾消解—钼酸铵分光光度法	GB 11893—89	0.01～0.6
溶解性磷	过硫酸钾消解—钼酸铵分光光度法	GB 11893—89	0.01～0.6
叶绿素 a	丙酮提取法	SL 88—2012	—
化学需氧量	重铬酸钾法	GB 11914—89	5～500
悬浮物	重量法	GB 11901—89	5～100

沉积物理化因子包括 pH、总有机碳（TOC）、总磷（TP）、总氮（TN）、氨氮（NH_3-N）、硝态氮（NO_3-N）和碳氮比（C/N）。pH 测量使用台式 pH 测定仪（NY/T 1377—2007）；总有机碳含量测定使用重铬酸钾法（HJ 615—2011）；总磷含量测定使用钒钼黄比色法（GB/T 9837—1988）；总氮含量测定使用半微量凯式法（GB 7173—1987）；氨氮和硝态氮含量测定使用 KCl 浸提—蒸馏法（HJ 634—2012）。

根据各理化因子检测值，对数据进行分析（图 4-2）。水温变化范围在 1.87～5.06℃之间，冰封期平均水温为 1.99℃，冰封期前期平均水温为 4.17℃，融解期平均水温为 4.49℃，同一时期不同区域温差不大。pH 在调查期间的变化范围在 8.16～9.72 之间，变化范围较小，平均 pH 为 8.86，水质偏碱性；从时间变化来看，由于冬季在结冰过程中，H^+ 由冰体迁移至水体，水体 pH 降低，方差分析也表明，冰封期 pH 与其他时期差异性显著（$P<0.05$）；从空间变化来看，各采样点 pH 无显著性差异（$P>0.05$）。由于冬季冰盖阻隔，水体中溶解氧较低，氧气供应不足，当溶解氧低于 4mg/L 时，不仅不利于好氧细菌生长繁殖，严重时更会造成鱼类等水生动物呼吸困难而死亡，由检测结果可看出，冰封期南海湖溶解氧低于 4mg/L，存在一定生态风险。

氮磷等营养元素不仅是水生态系统各种生物重要营养来源，也是决定湖泊富营养化状况的限制性因子，因此探求南海湖季节性分布规律，是了解南海湖水生态现状的关键一环。研究期间水体中总氮含量范围在 1.96～5.99mg/L 之间，氨氮在 0.59～2.59mg/L 之间，硝态氮在 0.25～0.91mg/L 之间，亚硝态氮在 0.016～0.069mg/L 之间。就湖泊整体而言，旅游开发区及水草区污染状况较为严重，进水口区及湖心区污染程度较轻，不同区域污染物浓度差异明显。由于冬季污染物由冰体向水体迁移浓缩，各种形态氮浓度均高于非冰封期，这一现象也体现在其他指标上。

进水口区位于黄河补水口附近（湖泊西南部），补水进入湖体，稀释污染物浓度，因而各污染物浓度有所降低，水质状况相较其他区域也较为理想。湖心岛位于旅游开发区内，冬季由于冰雪特色旅游项目较多，游客数量并未因天气原因而减少，污染也在所难免，加之其周围水生植物也相对密集，水生植物冬季残体腐败变质使得这一区域污染物含量进一步升高。旅游开发区靠近北岸有一排污口存在，目前已采取截流措施以避免南海湖

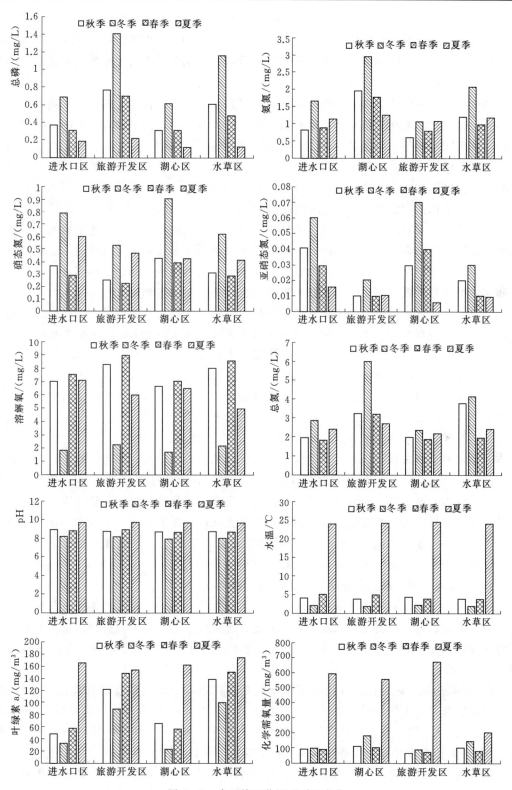

图 4-2　水环境理化因子时空变化

被进一步污染，然而累积于沉积物中的高浓度污染物使得附近水域水质状况一直不容乐观。在包头南海湖湿地管理处干预下，在湖心区范围内设立了保护区，以保证水质稳定，现已初显成效，这一区域在冰封期南海湖中水质最好。水草区也由于水生植物密布，冬季二次污染严重，水质状况较差。

湖中藻类在一定范围内生长繁殖期间，可吸收水中氮磷等营养元素，对水质净化起积极作用，然而在冰封期低温限制了浮游植物的新陈代谢，造成其对营养元素的吸收利用量下降，从而间接使各污染物浓度升高。从南海湖不同形态氮的浓度看，氨氮所占比例最高，亚硝态氮最低。硝化作用是硝态氮及亚硝态氮产生的基本途径，其受水中 pH、温度及溶解氧含量影响巨大。从空间范围来看，水草密集区域（水草区及湖心岛周围区域）氨化作用及反硝化作用强烈，水体还原态趋势明显，因而水质污染严重，富营养化态势显著，而进水口区及湖心区相较而言污染较少。水草区及旅游开发区，水生植物较多，冬季二次污染严重，必将消耗较多溶解氧，另外由于冰体覆盖导致大气复氧减弱，溶解氧含量进一步降低，使得反硝化作用得以加强，亚硝态氮浓度进一步升高。总体而言，冰封期南海湖水体中总氮、氨氮及亚硝态氮分布规律类似，硝态氮与之相反。

总磷也是体现水环境受污染程度的关键指标之一，从分析结果可以看出，研究期间总磷含量变化范围在 $0.31 \sim 1.41 \mathrm{mg/L}$ 之间，平均含量为 $0.65 \mathrm{mg/L}$，超过 V 类水标准，富营养化现象严重。叶绿素 a 在能进行光合作用的生物体内普遍存在，如浮游植物、蓝细菌等。叶绿素 a 的含量不仅是浮游植物生长繁殖的重要体现之一，也可作为水质指标体现湖泊水环境现状，对于了解湖泊整体健康状况具有重要意义，因此也作为此次研究的重要理化指标之一加以分析。南海湖冬季的叶绿素 a 含量范围在 $23.17 \sim 99.88 \mathrm{mg/L}$，在时间上看由于冬季低温低溶解氧的条件，限制了藻类的生长繁殖，因此叶绿素 a 含量在冬季较低。在空间上的分布规律为旅游开发区、水草区较大而进水口区、湖心区较小，这是由于旅游开发区、水草区水体中较多的营养物质为藻类生存提供了充足的养料。春季万物复苏，水生植物开始生长，叶绿素含量逐步提高，在夏季含量达到最高。化学需氧量可用来指示水体受有机物污染的程度，也可显示水体中还原性物质的含量。研究期间化学需氧量浓度在 $65.38 \sim 183.04 \mathrm{mg/L}$ 之间，冬季及夏季旅游开发区化学需氧量浓度均达到较高水平，说明人类活动影响使得这一区域水体受有机污染严重。

4.2.2 南海湖不同区域沉积物环境因子时空分布特征

研究期间南海湖不同区域沉积物环境因子含量如图 4-3 所示。从空间分布来看，不同区域污染物含量差异明显，与水体富营养化状态类似，沉积物中污染物含量也基本呈现旅游开发区＞水草区＞湖心区＞进水口区的规律；从时间范围来看，各采样点无显著差异（$P > 0.05$）。

pH 是湖泊沉积物重要的环境因子，不仅是限制沉积物微生物新陈代谢的重要因素，同时对其他营养元素的吸附与释放具有重要作用。从图 4-3 可以看出，南海湖沉积物 pH 在 $7.97 \sim 8.97$ 之间，呈弱酸性。因为冬季在结冰过程中，H^+ 由冰体迁移至水体，水体pH 降低，间接导致冬季沉积物较秋季及春季偏低，但总体变化不大。

沉积物总有机碳含量不仅影响水生态系统环境状况，也会对细菌群落结构产生重大影响。研究期间总有机碳含量在 $8.62 \sim 15.97$ 之间，不同区域差异明显，形成这种规律可能

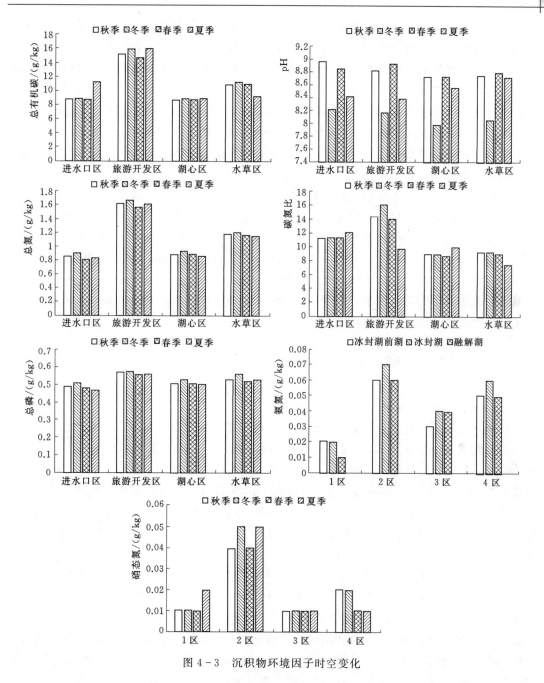

图 4-3　沉积物环境因子时空变化

与水体流动、人类活动及植物残体分解等因素有关，进水口区水域分布面积较窄，流速快，不易沉积，水流由进水口区流向旅游开发区，水域变宽，水流变缓，沉积作用加剧，又因为旅游开发区人类活动频繁，间接促进了沉积物对总有机碳的吸附。湖心区水域较宽，水流缓慢，虽污染物较少，但较易沉积，故湖心区总有机碳含量大于进水口区。水草区由于植物残体分解，而且冰覆盖下风的扰动小，沉积效果好，所以沉积物总有机碳含量也相对较高。

沉积物中氮磷等元素也是湖泊水环境富营养化的重要限制因子，通常情况下与上覆水之间保持着吸收与释放的动态平衡，然而在一定条件下，蓄积在沉积物中的氮磷元素仍能通过形态变化或界面特性改变而释放，严重影响湖泊上覆水氮磷含量。研究期间南海湖沉积物总氮含量在 $0.85\sim1.67g/kg$ 之间，平均值为 $1.13g/kg$；氨氮在 $0.59\sim2.98g/kg$ 之间，平均值为 $1.33g/kg$；硝态氮在 $0.01\sim0.05g/kg$ 之间，平均值为 $0.02g/kg$；总磷含量在 $0.49\sim0.58g/kg$ 之间，平均值为 $2.11g/kg$。由于沉积物中氮磷元素等各环境因子指标受水体环境因子变化长期影响，短时间内没有显著变化，因而冰封期前后与冰封期相比沉积物理化指标没有显著变化。

　　一般来讲，研究者通常用碳氮比来解析沉积物中有机质来源，通过分析沉积物中碳与氮组分差异，可有效辨别沉积物中内源有机质与外源有机质的比例。当碳氮比>10 时，说明沉积物中有机质多来自外源污染；当碳氮比<10 时，则表明沉积物中有机质多来自内源污染；当碳氮比=10 时，则表示内源有机质与外源有机质基本处于平衡状态。从图4-3可以看出，进水口区和旅游开发区碳氮比>10，湖心区和水草区碳氮比<10。进水口区有机质来源基本为黄河补水，旅游开发区则受外源污染严重；湖心区和水草区有机质主要来自植物残体分解，以内源污染为主。

4.3　南海湖细菌群落结构时空变化

4.3.1　高通量测序数据统计

　　将同一区域三个样品合并分析。理化因子指标数据处理使用 Excel 软件；理化因子间显著性及相关性分析使用 SPSS 软件进行，不同区域同一时间差异采用 T-test 检验比较，同一区域不同时间变化差异采用 one-way ANOVA 单因素方差分析，$P<0.05$ 代表差异显著。对 Miseq 测序所得原始数据进行拼接，同时对序列质量进行质控和过滤，得优化序列，将相似性大于 97% 的优化序列划分为一个操作分类单元（Operational Taxonomic Units,OTU），区分样本后作稀释曲线，并进行 OTU 聚类分析，计算 Chao1 丰度指数、香农指数（Shannon）、文库覆盖率（Coverage）。采用 RDP-classifier 贝叶斯算法对 97% 相似水平的 OTU 代表序列进行分类学分析，分别在各个分类水平统计各样本的群落组成。利用样本层级聚类分析各样品间 OTU 相似性；Origin（8.5 版本）绘制物种丰度柱状图；利用相关性 Spearman 图分析理化因子与细菌群落结构关系。

　　通过对南海湖水体、沉积物样品进行高通量测序，对获得数据进行处理，各区域样品OTU 聚类与多样性分析见表4-2～表4-5。所有样本中均获得23000以上的有效序列，经优化处理后，将得到的高质量序列以97%相似度划分，分别得到314～1281个OTU。可见，南海湖四季细菌种群丰富，且沉积物的细菌种类多于水体。

表4-2　　　　　　　　　　　　秋季各区域样品 OTU 聚类与多样性分析

采 集 样 本	有效序列	OTUs	Shannon	Chao1	Coverage
进水口区水体	56819	479	4.185	572.341	0.998
旅游开发区水体	50267	394	4.072	441.273	0.998

采集样本	有效序列	OTUs	Shannon	Chao1	Coverage
湖心区水体	59533	481	4.362	574.366	0.998
水草区水体	49299	462	4.168	571.774	0.998
进水口区沉积物	57504	1245	5.583	1353.599	0.995
旅游开发区沉积物	61918	1146	5.313	1269.794	0.995
湖心区沉积物	63392	1281	5.633	1396.172	0.996
水草区沉积物	64133	1231	5.359	1347.790	0.995

表 4-3　　　　冬季各区域样品 OTU 聚类与多样性分析

采集样本	有效序列	OTUs	Shannon	Chao1	Coverage
进水口区水体	47021	937	5.303	1011.89	0.995
旅游开发区水体	48418	760	4.169	866.143	0.994
湖心区水体	63624	945	5.322	1040.280	0.996
水草区水体	58188	898	5.058	988.786	0.995
进水口区沉积物	23539	365	3.934	471.024	0.997
旅游开发区沉积物	35970	314	3.789	428.517	0.998
湖心区沉积物	39309	386	3.988	498.794	0.997
水草区沉积物	37176	359	3.889	433.250	0.997

表 4-4　　　　春季各区域样品 OTU 聚类与多样性分析

采集样本	有效序列	OTUs	Shannon	Chao1	Coverage
进水口区水体	39263	454	4.308	589.125	0.996
旅游开发区水体	39437	442	4.306	585.016	0.996
湖心区水体	34787	459	4.311	594.720	0.996
水草区水体	34607	449	4.307	587.667	0.996
进水口区沉积物	35259	1091	5.527	1210.578	0.999
旅游开发区沉积物	45768	1055	5.458	1168.110	0.993
湖心区沉积物	60659	1196	5.591	1278.200	0.996
水草区沉积物	65488	1076	5.494	1198.260	0.996

表 4-5　　　　夏季各区域样品 OTU 聚类与多样性分析

采集样本	有效序列	OTUs	Shannon	Chao1	Coverage
进水口区水体	38432	384	4.21	443.344	0.998
旅游开发区水体	34659	380	4.42	450.037	0.998
湖心区水体	44053	393	4.46	399.833	0.999
水草区水体	40459	354	4.41	419.419	0.999
进水口区沉积物	30059	994	5.366	1041.819	0.996
旅游开发区沉积物	34157	935	5.152	1002.676	0.997
湖心区沉积物	38817	962	5.215	1084.311	0.997
水草区沉积物	38319	972	5.237	1027.000	0.997

文库覆盖率（Coverage）和稀释曲线来衡量所测序列库容中环境微生物的种类和数量是否足够。从图4-1～图4-3可知，测序结果显示覆盖率均在99%以上，表明对南海湖冰封期及其前后样品中的基因序列检出概率相当高，说明本次测序结果可代表样本中微生物的真实情况。从图4-4～图4-7的稀释曲线可以明显看出，曲线最终逐渐趋缓，此时继续加大测序深度，得到的OTU数目会越来越少，表明用于OTU聚类测序数据量合理，更多数据量会产生少量新OTU，表明本实验的测序数据已经得到了样品绝大部分的信息，测序满足分析要求。同时也可以看出，在相同的测试深度下，沉积物样品中的OTU数目比水体样品多，说明沉积物样品中细菌的多样性较高。

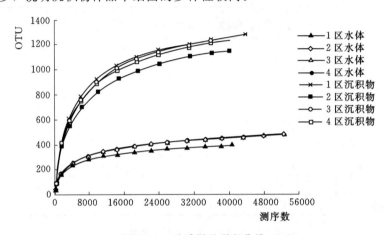

图4-4　秋季样品稀释曲线

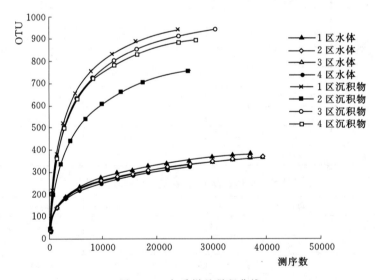

图4-5　冬季样品稀释曲线

4.3.2　多样性分析

　　1. α多样性分析

　　α多样性分析主要关注局部区域均匀生境下的物种数目，因此也被称为生境内的多样

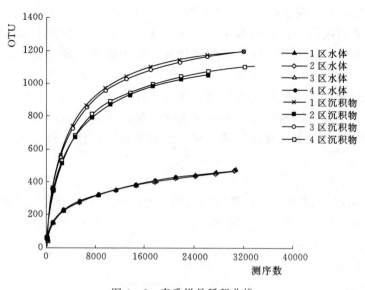

图 4-6　春季样品稀释曲线

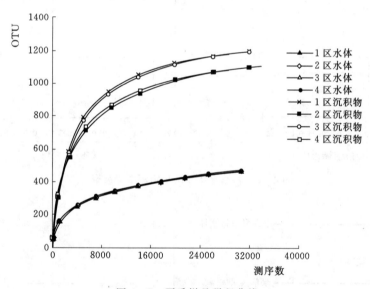

图 4-7　夏季样品稀释曲线

性。Chao1 丰度指数是用来估算样本中微生物丰富度的指数之一，在生态学中常用来定量描述一个区域的生物多样性；Shannon 指数也是细菌多样性的指示性参数，常与 Chao1 指数一起使用，因此此次研究中采用这两个指数来进行 α 多样性分析。

从时间分布来看，低温限制了细菌的生长与繁殖，细菌活性较低，部分细菌处于休眠状态，因此，冬季沉积物细菌多样性低于其他时期，同时由于夏季沉积物温度较高，促进了微生物活性，夏季细菌多样性高于其他时期。有研究表明，浮游植物的生长和繁殖会造成水体细菌多样性的改变，在冰封期，由于低温低溶解氧条件下藻类活动受到限制，因而冰封期水体中细菌多样性反而升高。

从空间分布来看，除冬季外，沉积物细菌多样性均高于水体，沉积物较好的环境状况为细菌生长繁殖提供了良好的场所。不同湖区沉积物样品物种丰度和均匀度大小依次为湖心区＞进水口区＞水草区＞旅游开发区。沉积物营养水平变化是影响不同湖区沉积物细菌组成的重要因素，有研究表明，营养水平的增加会显著抑制细菌群落多样性，南海湖沉积物营养水平较高的区域，细菌多样性往往较低，与这一结论相符。南海湖水深较浅，受人为影响较大，不同功能区域生态环境差异显著，各种外界因素作用促使沉积物中物质与水体交换概率增加，引起沉积物理化性质变化，进而影响细菌群落结构。

2. β多样性分析

为了探究不同区域水体、沉积物细菌组成差异，对各样品细菌组成进行β多样性分析，分析结果如图4-8～图4-11所示。

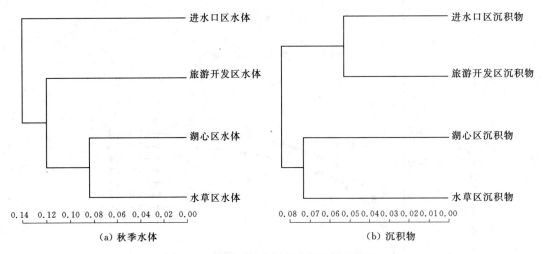

图4-8　秋季水体和沉积物样本层级聚类

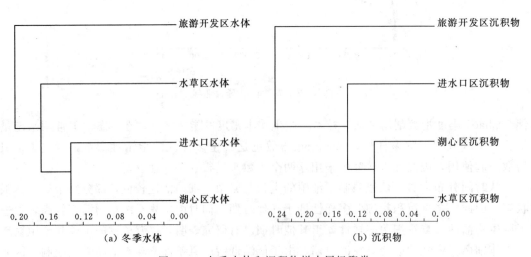

图4-9　冬季水体和沉积物样本层级聚类

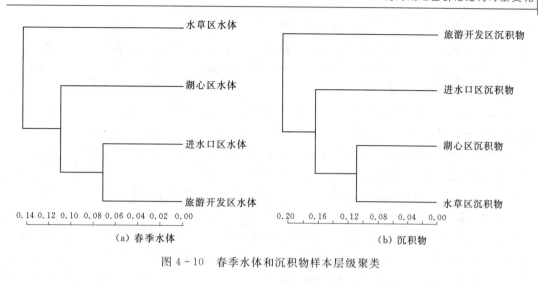

图 4-10 春季水体和沉积物样本层级聚类

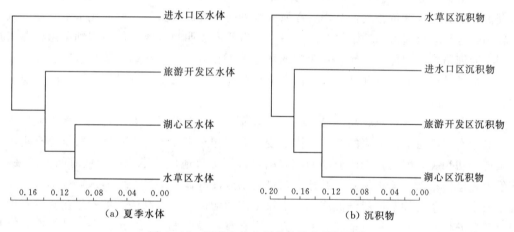

图 4-11 夏季水体和沉积物样本层级聚类

秋季受黄河补水影响，水体流动使得相邻区域水体细菌及沉积物细菌组成更为接近。冬季黄河补水影响下降，水体中污染程度较为接近的区域，细菌组成更为类似，沉积物中因环境因子变化不大，因而细菌组成相似性也变化不大。春季水生植物开始生长，因而水草区水体细菌与其他区域差异性最大，同时冰体溶解，黄河补水影响加剧，进水口区与旅游开发区水体细菌差异性减小。夏季由于游客增多，因而旅游开发区水体细菌与其他区域差异性最大，总体来看，不同时期细菌 β 多样性受湖泊富营养化程度、黄河补水、冰体凝结、植物生长与腐败等各种因素影响，不同区域在四季变化过程中细菌群落结构相似性差异较大。

4.3.3 细菌群落结构

1. 门水平细菌群落结构

从测序结果可以看出，进水口区、旅游开发区、湖心区和水草区在调查期间样品聚类产生 OTUs 分别为 937、760、945 和 898，通过检测分析属于 46 个门、1073 个属。在细菌分类学水平上对各样品物种组成进行划分，按最小样本序列数进行抽平后，得到不同细菌群落物种组成柱状图。按门水平分类，优势种集中在放线菌门（*Actinobacteria*，23.9%）、蓝细菌门（*Cyanobacteria*，19.6%）、变形菌门（*Proteobacteria*，17.1%）、拟杆菌门（*Bacteroidetes*，10.5%）和绿弯菌门（*Chloroflexi*，8.3%）等。

蓝细菌门在地球出现较早，作为原始光合原核生物，其主要通过光合作用，利用环境中氮磷等无机营养盐进行生长繁殖，因此，其往往在富营养化严重的区域分布较多。秋季温度较低，藻类活动受到抑制，因而蓝细菌门相对丰度较低；冬季，由于可自身进行光合作用，在与其他细菌竞争中处于优势地位，因而相对丰度有所升高；春季，植物开始生长，但温度依然较低，因而蓝细菌门相对丰度变化趋势并不明显；夏季，生活环境达到理想水平，蓝细菌门相对丰度得到提升。从空间范围来看，蓝细菌门基本存在于水体中，且其与湖泊富营养化程度正相关。

放线菌门相对丰度随时间推移整体并无显著变化，有研究发现放线菌门中存在多种细菌具有不同的新陈代谢方式，可根据外界条件改变选择新陈代谢途径，因而放线菌门并未因低温低溶解氧等条件而降低活性。对于不同区域而言，在非冰封期，放线菌门相对丰度与湖泊富营养化程度负相关，有学者在研究太湖时发现放线菌门在营养化水平较低区域含量较高，这与本研究得出的结果一致。另外，有研究表明，放线菌门与蓝细菌门存在相互作用，蓝细菌门的增加，会使放线菌门的数量减少和新陈代谢活动减弱，也有研究发现放线菌门可通过释放 L—赖氨酸等胞外物质裂蓝细菌门，因此放线菌门与蓝细菌门呈现出负相关。

变形菌门相对含量也较高。已有研究成果显示，变形菌门在有机基质降解方面作用巨大，其中有多种可进行固氮的细菌，因而变形菌门相对丰度与污染程度，特别是有机污染物浓度密切相关，因此，在研究期间南海湖中占据优势地位并不意外。从时间范围来看，秋季温度已经很低，但水体并未结冰，污染物浓度没有显著提升，因而水体变形菌门相对含量较少，冬季条件下虽然低温限制了变形菌门的活性，但较高浓度的污染物为变形菌门提供了营养物质，所以相对丰度有所上升。在春季，温度上升，变形菌门活性升高，其相对丰度继续有所增加。在夏季，由于温度的升高及外源污染物的排放，变形菌门达到了较高水平。另外，在变形菌门中已发现多种可进行固氮的细菌，在南海湖冬季后期的水草区，水生植物开始生长，变形菌门在水生植物固氮方面发挥了重要作用，因而相对含量异常偏高。沉积物因理化因子变化不大，环境相对稳定，变形菌门也保持相对稳定，空间分布基本呈现出与污染物浓度类似的趋势，旅游开发区相对丰度最大，湖心区相对丰度最小。冬季前期及冰面融解期，黄河补水影响加剧，进水口区变形菌门相对偏低。

拟杆菌门也是一类具有降解有机质能力的细菌，其喜欢附着在蓝藻等颗粒物上，且两者之间存在营养盐的竞争关系，所以拟杆菌门受蓝细菌门的影响较大。其大多数细菌不像放线菌门存在多种新陈代谢方式，因而随时间变化显著，在冰封期含量较低，在非冰封期相对较高。有研究发现其多种细菌可降解纤维素，因而在冰封期前期和冰封期水草区含量较高。

绿弯菌门为兼性厌氧生物，在冰封期水体溶解氧较低条件下依然可以较好生存，其主要存在于沉积物中，在水体中较少发现，同为浅水型湖泊，高光研究团队在对太湖进行调查研究时发现变形菌门、绿弯菌门在太湖沉积物中长期占优，与本研究相似。但太湖位于亚热带，冬季并无冰封期存在，因此与太湖相比，由于冰盖阻隔，溶解氧较低，冰封期南海湖沉积物存在种类繁多的厌氧菌。绿弯菌门是光能自养菌，可利用3-羟基丙酸途径固定二氧化碳产生能量，因此对营养物质的依赖不像其他细菌那样强烈，在空间分布上较为平均。从时间范围来看，由于冰封期冰体覆盖下，光照强度减弱，加之较低的温度限制了绿弯菌门体内新陈代谢酶活性，因而其在冬季含量有所降低。

2. 属水平细菌群落结构

按属水平分类，研究期间样品优势种集中在孢鱼菌科（$Sporichthyaceae$）的 $hgcI-clade$（17.3%）、未分类蓝细菌（$unclassified-c-Cyanobacteria$）（14.6%）、未分类绿弯菌科（$unclassified-p-Chloroflexi$）（13.8%）和硫杆菌属（$thiobacillus$）（10.1%）。

硫杆菌属是沉积物中占比最高的属，属于硫氧化细菌，可氧化还原硫化物（如 H_2S、$S_2O_3^{2-}$ 等）或元素硫为硫酸，种类包括氧化硫硫杆菌（$Thiooxidans$）、排硫硫杆菌（$Thioparus$）、氧化亚铁硫杆菌（$Ferrooxidans$）、脱氮硫杆菌（$Denitrificans$）等。冬季由于污染物浓缩效应，污染状况较其他时期更为严重，大量硫杆菌属的存在，使得水体中还原态硫化物含量减少，降低了黑臭水体发生的风险，具有积极意义。硫杆菌属大多数聚集在沉积物中，在水体中存在较少。沉积物中相对稳定的环境条件，使得硫杆菌属相对丰度在冰封期前后变化不大。从空间分布来看，硫杆菌属相对丰度与污染物浓度呈正相关，在污染较严重的旅游开发区丰度最高，在污染较轻的湖心区丰度较低。

孢鱼菌科主要存在于水体中，在沉积物中含量较少。有研究表明，孢鱼菌科对含碳或氮的化合物有很强的利用能力，可参与自然界碳循环和氮循环，且适宜在低温的水域中生存。因此，冬季条件下，孢鱼菌科并未因为低温条件而显著降低，相反由于污染物浓度升高，孢鱼菌科相对丰度有所提高。从空间分布来看，孢鱼菌科相对丰度与污染物浓度呈正相关，冬季后期水生植物开始生长，较多孢鱼菌科参与碳循环及氮循环，因此这一时期其相对丰度更高。

未分类蓝细菌分布极广，普遍生长在淡水、海水和土壤中，并且在极端环境中也能生长，故有"先锋生物"的美称，因此在冬季水体中虽然外界条件恶劣，但也能发现较多未分类蓝细菌存在。许多未分类蓝细菌类群具有固氮能力，它们已经被证实，可以通过氮气的固定来提高土壤的肥力。但其往往在氮、磷丰富的水体中生长旺盛，可作为水体富营养化的指示生物，有某些属种在富营养化的海湾和湖泊中引起海湾的赤潮和湖泊的水华，严重者引起水生动物大量死亡。由此可见，南海湖冬季氮磷污染严重，并存在生态风险。调查期间未分类蓝细菌主要存在于水体中，由于自身可进行光合作用产生氧气，且可在低温条件下生存，所以冬季未分类蓝细菌相对丰度并未降低，反而由于氮磷等污染物浓度增加而升高。秋季及春季污染物浓度均有所降低，因此未分类蓝细菌相对丰度相比冬季有所减少。

未分类蓝细菌是沉积物中占比第二的属，在水体中存在较少。与硫杆菌属一样，沉积物中相对稳定的环境条件，使得未分类蓝细菌相对丰度变化不大。它们也可以利用硫化物作为电子供体，产生单质硫沉积在胞外，这些硫可被进一步氧化生成硫酸盐，因此对预防黑臭水体的发生也具有积极意义。未分类蓝细菌相对丰度同样与污染物浓度正相关，在污染较严重的旅游开发区丰度最高，在污染较轻的湖心区丰度较低。

4.4 细菌群落结构与环境因子相关性分析

为了探究环境因子对细菌种群特征的影响,本研究对细菌群落组成与环境因子之间做了 Spearman 相关性分析。水体环境因子选择了温度、pH、溶解氧、总氮、氨氮、硝态氮、亚硝态氮、总磷、叶绿素 a、化学需氧量这 10 个因子,沉积物环境因子选择了 pH、总有机碳、总磷、总氮、氨氮、硝态氮、碳氮比这 7 个因子,分别选取沉积物及水体中前14 个优势菌属统计分析与环境因子间的相关性,结果如图 4-12~图 4-19 所示。

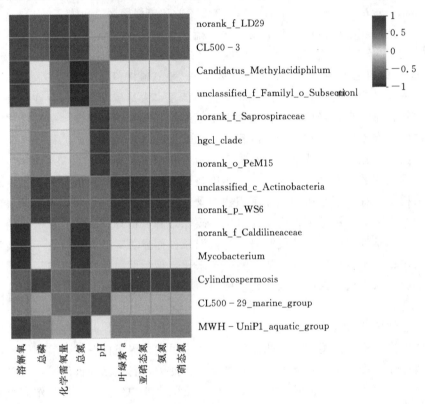

图 4-12　秋季浮游细菌与环境因子相关性

4.4.1 浮游细菌与环境因子相关性分析

由于在水体变化过程中,外界条件变化较大,因此不同时期,影响浮游细菌的环境因子有所差异。总体来看,水体中总氮、溶解氧以及 pH 是细菌群落的主要影响因子。

水体中孢鱼菌科受 pH 变化影响显著,冬季前后,水体 pH 相对较高,适宜其生长繁殖;在冬季由于冰体中 H^+ 的迁移效应,水体 pH 降低,抑制了生命活性。因此,在冬季前后孢鱼菌科与 pH 正相关,冬季与 pH 负相关。未分类蓝细菌受溶解氧及总氮含量影响较大,一方面其生长繁殖与溶解氧关系密切,另一方面其需利用氮素营养物质自身进行新陈代谢,因而可得出这样的结果。其他含量较多的细菌,*Fluviioola*、*unclassified-f-Sponchintaceae*、*Limnohabitans* 在冬季与总氮显著负相关,与溶解氧正相关。

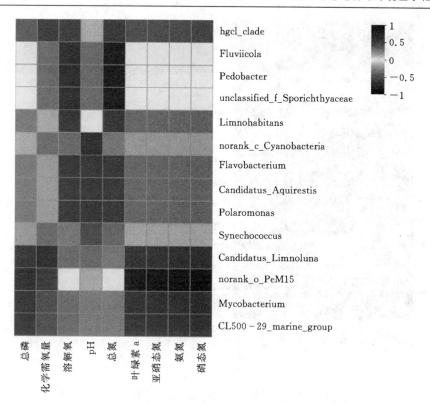

图 4-13 冬季浮游细菌与环境因子相关性

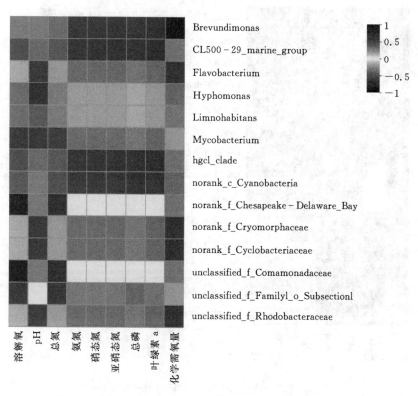

图 4-14 春季浮游细菌与环境因子相关性

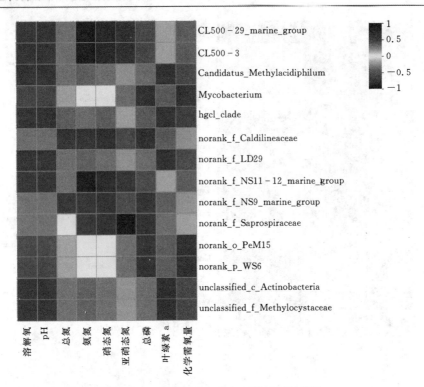

图 4 - 15　夏季浮游细菌与环境因子相关性

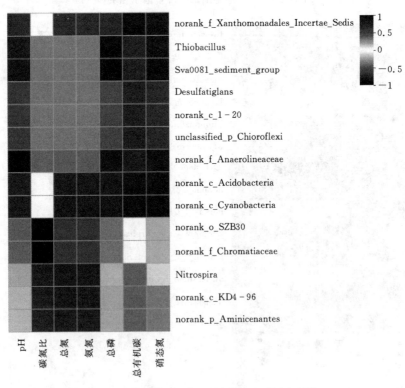

图 4 - 16　秋季沉积物细菌与环境因子相关性

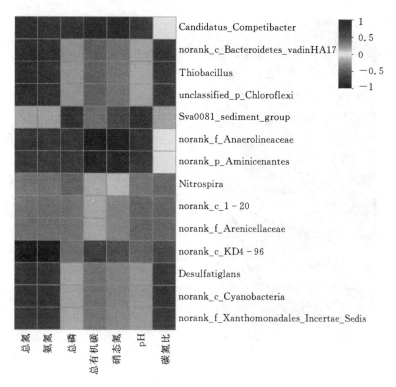

图 4-17　冬季沉积物细菌与环境因子相关性

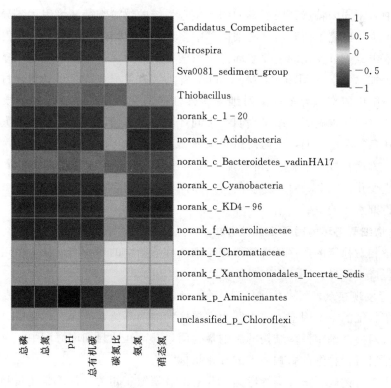

图 4-18　春季沉积物细菌与环境因子相关性

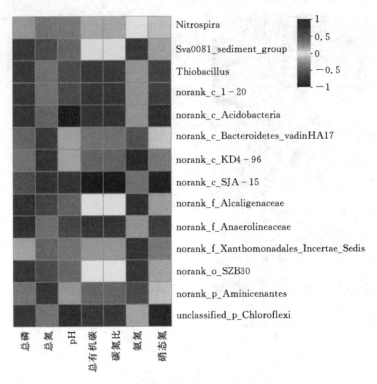

图 4 - 19　夏季沉积物细菌与环境因子相关性

不同湖泊有不同的特点，因而影响湖泊生态系统的浮游细菌环境因子各异。中国科学院大学的刘可少等研究了西藏然乌湖细菌群落多样性受冰川融化影响，结果发现电导率是决定细菌群落组成季节变化的主要驱动力，细菌 α 多样性在不同季节变化明显，并与电导率呈负相关。加拿大学者 Mahi M. Mohiuddin 等人调查了尼亚加拉半岛包含特定环境的复杂流域生态系统中时空和环境因素对细菌多样性的影响，这些环境包括小溪、河流、运河、雨水排放口和淡水湖等，结果表明在不同环境中对细菌群落结构影响最大的环境因子为溶解氧。在冬季，一方面，南海湖由于湖冰覆盖使得水体溶解氧降低，直接影响细菌群落结构；另一方面，H^+ 及各类营养物质迁移至水体，改变了水体的理化性质，间接造成细菌种群发生变化。因此，对于冬季的南海湖而言，控制总氮、溶解氧以及 pH 含量是改善南海湖冰封期水质的重要举措。

4.4.2　沉积物细菌与环境因子相关性分析

沉积物中相对稳定的生存环境使得影响细菌群落结构的环境因子较为稳定，并未随结冰及溶解过程产生差异。

Winter 等发现在众多污染物中，硝态氮、氨氮以及有机物含量是影响劳伦森大湖沉积物细菌群落特征的主要因素；作为同为寒旱区湖泊的乌梁素海而言，总磷、水溶盐总量和氨氮的组合对整个细菌群落结构的影响最为明显。而在冰封期南海湖中，总氮、氨氮以及总有机碳是对沉积物细菌影响最大的理化指标。

沉积物中硫杆菌属、未分类绿弯菌科与总氮、氨氮正相关，与碳氮比负相关，与总磷相关性不大；norank - f - anaerolineaceae、norank - c - KD4 - 96 与总有机碳负相关，与 pH 正相关；对 norank - c - Cyanobacteria 影响较大的环境因子是总有机碳。总体来看，总氮、氨氮、碳氮比对沉积物细菌群落结构影响较大。沉积物理化因子含量受湖泊水体质量长期影响，短期内不会产生剧烈变化。由于南海湖氮污染及有机物污染严重，因而沉积物中氮元素含量及总有机碳对细菌群落结构影响显著。

参 考 文 献

［1］ 齐璐.寒旱区城市湖泊冰封期细菌群落结构特征变化研究［D］.包头：内蒙古科技大学，2019.

［2］ 杨文焕，齐璐，李卫平，樊爱萍，苗春林，于玲红.包头南海湖冰封期不同形态氮的空间分布［J］.东北农业大学学报，2018，49（3）：42-49.

［3］ 于玲红，齐璐，杨文焕，李卫平，姜庆宏，赵雅倩，苗春林.包头南海湖冰封期沉积物细菌群落多样性［J］.环境化学，2019，38（6）：1348-1355.

［4］ 赵忠，滕飞，李卫平，于玲红，齐璐，杨文焕，张元.包头南海湖不同湖区春季沉积物细菌群落结构［J］.灌溉排水学报，2019，38（6）：99-104.

［5］ 薛银刚，江晓栋，孙萌，等.基于高通量测序的冬季太湖竺山湾浮游细菌和沉积物细菌群落结构和多样性研究［J］.生态与农村环境学报，2017，33（11）：992-1000.

［6］ 彭磊，赵建伟，张钰，华玉妹，朱端卫，刘广龙.城市富营养化湖泊沉积物微生物多样性季节变化［J］.应用与环境生物学报，2015，21（6）：1012-1018.

［7］ 张伟杰，张正亚，徐建新.三峡库区沉积物中重金属化学形态分布特征与相关性分析［J］.灌溉排水学报，2017，36（7）：86-93.

［8］ 薛银刚，刘菲，江晓栋，耿金菊，滕加泉，谢文理，张皓，陈心一.太湖不同湖区冬季沉积物细菌群落多样性［J］.中国环境科学，2018，38（2）：719-728.

［9］ 李靖宇，杜瑞芳，赵吉.乌梁素海富营养化湖泊湖滨湿地过渡带细菌群落结构的高通量分析［J］.微生物学报，2015，55（5）：598-606.

［10］ 金笑，寇文伯，于昊天，刘亚军，马燕天，吴兰.鄱阳湖不同区域沉积物细菌群落结构、功能变化及其与环境因子的关系［J］.环境科学研究，2017，30（4）：529-536.

第 5 章

包头南海湖湿地土壤与植物重金属元素富集

5.1 概述

5.1.1 湿地土壤重金属

　　重金属具有毒性大、污染后难治理和难以恢复、对人体和动植物造成的伤害较大等特点而被化学界称为"化学定时炸弹"，因此得到相关科学领域研究者的高度重视。湿地因地势低洼，人类产生的重金属污染物会通过多种途径进入湿地土壤中。重金属会积蓄在湿地土壤中，使得湿地中的重金属污染物越来越多，进而成为一些重金属的源和汇。长期积累的重金属会通过某些机制转化成有机化合物，有机化合物会使重金属的毒性增加，重金属在一定的条件下可能被动植物吸收利用并通过食物链向食物链上端积累，最终会威胁到人类的身体健康。

　　国内外湿地土壤已经受到了不同程度的重金属污染。包头市小白河湿地、洞庭湖等土壤重金属含量超出其土壤重金属背景值或土壤质量标准数倍。小白河湿地污染最为严重的重金属是砷，超过土壤重金属背景值 5.03 倍。洞庭湖土壤中污染最为严重的是镉，整个湖区在 0～20cm 土壤镉含量超过国家三级土壤标准 11 倍，变异系数为 156%，表明受人为影响非常大。黄河河口、珠江江口河流湿地位于河流的下游，使得重金属含量较高，因为中上游产生的重金属会通过多种途径汇集到下游的土壤中。叶尼塞湖周围有矿区，主要是受到镉、铜、锌的污染。文伯纳德湖由于旅游活动的发展，使得土壤中的重金属含量增加，超过了其背景值。青海湖和扎龙湿地由于受到的人为影响较小，表现出来的生态环境良好，土壤重金属污染没有那么严重。

　　1. 湿地土壤重金属含量时间和空间分布特征

　　重金属在时空变化上的差异主要受人为活动、主导风向、降雨流水等因素的影响，导致重金属在某个特定的区域内积累，由于受到的影响大小不同，重金属在时空变化上也不尽相同，因此土壤重金属在时空上表现出特定的规律性。外国研究者 Wang 用了 30 多年的时间监测了全球多个国家 859 个湿地农场的土壤重金属，得出了不同时期的重金属含量存在明显的不同，重金属污染受地区和时间变化的影响很大。Bai 等对中国的黄河河口湿地土壤重金属进行了研究，研究发现重金属受潮汐的影响，土壤中的砷、镉、铜、铅等重金属在潮汐前的含量显著低于潮汐后的含量。

土壤重金属在时空上的差异性主要受人为活动和自然成因的影响。人类活动中的重金属会残留在土壤中，导致植物自然生长区的重金属含量低于受人类影响较大的农业区和工业区。受湿地自然环境变化和人类活动影响，Cenci 等在研究媚公河三角洲地区湿地和Mielke 等在研究新奥尔良土壤重金属时发现受人类活动的影响土壤重金属污染越来越严重。Biasioli 对意大利都灵城市和农村土壤重金属进行了整体分析，以城市中设定的点为中心点，根据距离中心点距离的远近作图，可以得出铅、锌、铜、铬和镍重金属的空间分布规律，研究表明城市土壤中 5 种重金属污染比农村严重，其中铅、铜和锌的空间分布在城市和农村边缘地带呈现出突变现象。

2. 湿地土壤重金属污染来源

湿地土壤重金属污染主要来源于农业活动、工业活动、交通运输等方面。农业活动主要是受化肥农药的施用、污水灌溉等活动的影响，陈书琴等研究破罡湖湿地发现农田会大量使用磷肥，磷肥中含有汞、镉、砷重金属，导致破罡湖湿地农田产生的镉含量高达1.26×10^5 mg/a。邓红艳等对铬污染的研究表明磷肥和污水灌溉都是铬污染的重要来源，含铬废水灌溉会有 85%～95% 积累到土壤表面。Vivekananda 等研究印度东加尔各答污灌区湿地农田区中汞、铅重金属含量较多。Sheppard 等对加拿大土壤重金属进行研究发现饲料中添加的铜、砷、锰等重金属元素会造成重金属在湿地土壤中富集。

湿地面临的工业污染主要有工业活动中产生的大量废渣、废气、废液等，煤矿运输过程中也会增加周边土壤中的重金属含量。于文金等对鄱阳湖土壤进行了重金属污染的评价，表明铅、铜、锌和铬都受到了不同程度的重金属污染，其中污染最为严重的铜主要来源于周边的德兴铜矿。Nabulo 等研究维多利亚湖湿地土壤重金属含量时发现周边存在铜矿开采活动，铜矿开采产生的废气和废渣等会通过大气沉降产生的径流等进入到维多利亚湖湿地土壤中。

交通运输对湿地土壤重金属的污染主要是汽车活动和船舶运输这两种方式，王宏在研究东洞庭湖湿地土壤重金属时得出，东洞庭湖城陵矶和鹿角港口土壤中砷、铜、铅和锌含量显著高于交通运输少的地区，交通运输产生的废气和废物会通过大气沉降、絮凝沉淀作用累积到附近的土壤中。贾英等对上海河流沉积物重金属进行研究发现铅、锡和汞等重金属受到船舶运输的污染。Zhang 等对雅鲁藏布江沿岸湿地交通线周边土壤进行了研究，结果发现交通线周边土壤中铅、锌重金属含量高于离交通线较远的地区。路远发等通过铅同位素研究得出，土壤污染越严重铅同位素与汽车尾气铅有密切的关系，进而表明土壤重金属污染与交通运输铅密切相关，赵秀峰等研究表明交通越密集铅的积聚越多。车辆产生的污染物会沉降到周围的土壤中，增加了土壤的重金属污染。

其他重金属来源主要有旅游业、开垦活动的增加以及湿地周边的居民生活，各种垃圾也会遗留到湿地土壤中。

3. 湿地土壤重金属污染风险评价

湿地土壤重金属污染评价和生态风险评价是湿地科学研究的热点。基于评价主体的差异，风险评价可分为以人为主体的健康风险评价和以生态系统为主体的生态风险评价。目

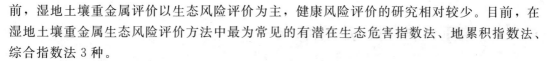

前，湿地土壤重金属评价以生态风险评价为主，健康风险评价的研究相对较少。目前，在湿地土壤重金属生态风险评价方法中最为常见的有潜在生态危害指数法、地累积指数法、综合指数法3种。

5.1.2 湿地植物重金属

湿地具有自己特有的生态系统，湿地植物是湿地生态系统的生产者，植物被称为"绿色加工厂"。在湿地生态系统中能够发挥净化空气、保护堤岸，以及防止水土流失、能量传递等多种生态功能。湿地土壤重金属污染越来越严重，湿地生态系统适合多种植物生存，利用湿地中特有的植物来修复土壤重金属污染，具有方法简便、经济、效果好等优点。目前对湿地植物富集的研究主要集中在优势植物上，例如万涛等对龙岗河湿地中光头稗、鬼针草和棉毛酸模叶蓼三种优势植物进行了研究，研究发现以上3种优势物种对镉、铅和镍的富集能力较强，因此可以使用这3种植物来防治该区域的重金属污染。马道天等对纳污湿地中芦苇和菖蒲植物对底泥重金属吸收特性的研究表明，芦苇对含有铜和锌的污水效果较好，菖蒲对含有锌的污水处理效果较好。两种植物对重金属镉的处理效果较好，但是对于重金属铅的处理能力一般。李鸣等对鄱阳湖湿地植物研究表明灰化苔草、小窃衣、南荻、一年蓬、飞廉和鼠曲草对某些污染严重的重金属富集能力较强。这些植物可以作为湿地重金属修复植物。潘义宏等研究了云南阳宗海南北两区域自然生长的17种水生植物体内的重金属，从中筛选出了6种植物同时对砷、锌、铜、镉和铅都有较强的富集能力，为当地植物修复重金属提供了植物种质资源和科学依据。植物在湿地内数量巨大，对植物的收割、利用少，植物体内的重金属会通过植物的死亡、腐烂、分解等重新进入到土壤中，对湿地土壤产生二次污染。芦苇作为湿地的一种非常有代表性的植物，具有生长时间长、适应性强的特征，因此对芦苇植物中重金属富集能力的研究可为南海湖湿地的保护提供数据基础，可为今后南海湖湿地生态景观建设提供基础性理论依据。

5.1.3 土壤与植物重金属元素的研究

目前，为了更全面地认识湿地生态系统中土壤与植物中的重金属含量迁移转化过程，有学者将土壤和植物统一研究。如王耀平等在论文中主要评价了受植物生长影响的黄河口盐地土壤重金属的污染程度，结果表明在非淹水土壤中镉、铬和锌重金属污染高于淹水区，淹水土壤砷含量则表现出了随着水深增加重金属含量降低的规律性。雷梅研究了湖南柿竹园矿区土壤重金属，在土壤重金属污染非常严重的情况下对矿区周围的植物进行了分类，主要分为富集型、根部囤积型和规避型等3种类型，为尾矿治理和植被修复重金属提供参考依据。

5.1.4 土壤重金属修复存在的问题及对策

目前关于重金属修复的方法有很多，主要有化学、物理、物理化学及生物四种修复技术。生物修复中主要包括植物修复、动物修复、联合修复、螯合剂-菌根联合修复等技术。除阻隔填埋、植物修复、土壤清洗等技术外，其他的技术由于经费、运行费用、技术复杂等原因还没有得到有效的推广。因此，利用植物修复重金属是当前最为经济有效的方法。当前学者研究发现利用单一的修复方法虽然能够达到修复效果，但是具有一定的局限性，因为每种方法都有自己的使用范围，利用单一方法会受到制约，影响修复效果。现在需要结合各种方法的优缺点选择出一个技术体系，以高效、低耗的方法解决土壤重金属污染现状。

5.2　土壤重金属含量与污染状况

2016 年 5 月对南海湖湿地进行了大量采样。首先对南海湖湿地进行 500m×500m 网格划分，根据南海湖湿地实际考察情况，选取了农田区 10 个样方、景观大道两侧 6 个样方、湿地植物区 7 个样方和鱼塘区 5 个样方，一共选取了 28 个样方，如图 5-1 所示。

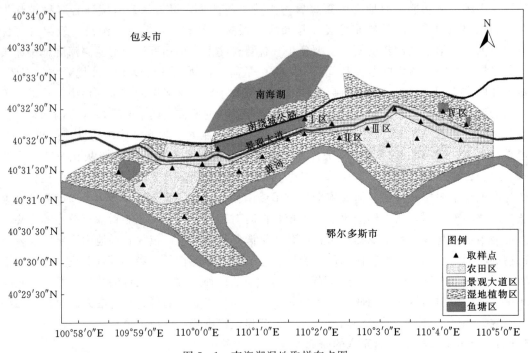

图 5-1　南海湖湿地取样布点图

结合南海湖湿地特殊的生态环境，选择了 4 个芦苇植物群落区域，分别为南海湖湿地二海子芦苇区（Ⅰ区中心地理坐标：E110°1′45.89″、N40°32′19.24″）、南海湖湿地自然生长区（Ⅱ区中心地理坐标：E110°2′21.11″、N40°32′2.02″）、农田区（Ⅲ区中心地理坐标：E110°2′49.54″、N40°32′9.63″）、鱼塘区（Ⅳ区中心地理坐标：E110°4′4.40″、N40°32′28.04″）。其中：Ⅰ区附近有南绕城公路且位于南海公园南门口；Ⅱ区平时没人进入，芦苇植物生长密集；Ⅲ区在农田附近；Ⅳ区常有游客在此进行野餐、垂钓等休闲活动。通过 GPS 定位，确定南海湖湿地 4 个典型芦苇植物区域。在 2016 年 5—10 月进行每月采样调查，研究这4 个区域的土壤、植被重金属元素时空变化情况。

根据《湿地生态动态监测技术规程》中湿地植物样地设置原则和调查方法，选取了 4种典型的芦苇植被区，每个芦苇植被区内的土壤按照《土壤环境监测技术规范》（HJ/T 166—2004）样品采集方法。2016 年 5—10 月，采集 0～20cm、20～40cm 和 40～60cm 紧贴芦苇植物根的土样混合，约取 1kg。每个芦苇植被区内采集 5 株约为平均高度的芦苇植物，分为根、茎、叶部分装袋封好。2016 年 5 月对其他的 24 个采样点位采用梅花点法采集表层土（0～20cm）1kg 装于双层聚乙烯塑料密封袋中，标注样品信息及编号。带回实

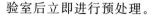

验室后立即进行预处理。

在实验室土壤以四分法舍去多余样品，每个样品保留约 500g 该区域的样品。将土壤样品放在实验室内自然风干，剔除砂砾后用塑料棒碾碎。其中取出完全研磨后的 100g 左右土壤，然后过 100 目尼龙筛，装聚乙烯封口袋中以备用。将植物的根、茎、叶分别用去离子水冲洗 3 遍。在烘箱中低（<80℃）烘干后（2d），研磨，过 60 目筛，放入自封袋中待消解。

1. 重金属实验化学试剂及溶液

优级纯 HNO_3、HCl、HF、$HClO_4$，所用溶液均使用 0.2% 硝酸溶液稀释，所用水均为超纯水，所用器皿均需要放在 10% 硝酸中浸泡 1d 以上，并用纯水清洗以待用。

2. 实验仪器

土壤和芦苇植物中的重金属检测仪器为感耦合等离子体发射光谱（HJ/T 350—2007）（ICP - AES，美国热电公司）。8 种重金属具体的检出限及检测精度见表 5-1。

3. 土壤重金属消解及检测

土壤重金属消解方法：准确称取 0.1g（准确到 0.1mg）处理后的土样于聚四氟乙烯坩埚中，用少量的超纯水润湿，之后加入 3mL HCl 置于恒温电热板上低温加热，蒸发至约剩下 2mL 时加入 9mL HNO_3，然后继续加热至近黏稠状，加入 10mL HF 后继续加热，实验过程中为了去除里面的硅需要在实验中经常摇动坩埚。最后加入 3mL $HClO_4$，加热至白烟冒尽。用 0.2% 稀酸溶液冲洗坩埚内壁和坩埚盖，温热溶解残渣，冷却后定容至 50mL，低温静止 24h 后取上清液测定。

表 5-1 仪器检出限及方法准确度

元素	波长/nm	检出限/(mg/kg)	加标回收率/%	相对标准偏差 RSD/%
砷	193.696	2	95.6~104.5	6
镉	226.502	0.1	90.5~114.2	3
铬	267.716	0.4	96.4~107.7	6
铜	324.754	0.1	93.1~104.8	4
镍	231.604	1	90.2~114.7	5
锰	257.61	0.1	94.8~103.5	5
铅	220.353	1	95.3~109.4	4
锌	213.856	0.1	87.7~111.1	3

4. 芦苇植物重金属消解及检测

植物重金属消解方法：分别称取根、茎和叶样品 0.25g，放入聚四氟乙烯坩埚内，加入少许去离子水润湿，之后加入 12mL（HNO_3：$HClO_4$=5：1）混合酸加盖过夜。次日置于恒温电热板上加热，直至聚四氟乙烯坩埚中直至近白，开盖，近干时取下冷却。加入 5mL 0.2% HNO_3 加热近干，用 0.2% HNO_3 冲洗坩埚内壁和坩埚盖，冲洗 3~4 次后轻轻摇晃坩埚以加速溶解残留物，最后把溶液全部移入 50mL 容量瓶。继续冲洗锥形瓶 5 次，冲洗液一并转入 50mL 容量瓶中。用 0.2% HNO_3 定容到标线，充分摇匀，低温静止 24h 后取上清液测定。高度采用现场检测。

5.2.1　土壤重金属含量分布特征

2016 年 5 月对南海湖湿地采集了 28 个样品，得出了南海湖湿地土壤重金属含量（0～20cm）统计结果，见表 5-2。

表 5-2　　　　　　　　　　　　　　南海湖湿地表层土壤重金属含量特征

重金属	砷	镉	铬	铜	镍	锰	铅	锌
最大值/(mg/kg)	109	1.87	73.1	161	150	866	91.4	336
最小值/(mg/kg)	48.39	0.56	30.99	78.29	32.66	482.1	40.05	80.25
平均值/(mg/kg)	75.18	1.27	56.98	111.18	87.67	622.71	54.1	209.33
变异系数/%	23.93	38.95	19.04	16.77	36.6	18.74	19.59	31.2
超标率/%	100	100	96.43	100	100	100	100	100
背景值/(mg/kg)	6.3	0.04	36.5	12.9	17.3	446	15	48.6
峰值	−1.1	−1.19	−0.01	0.88	−0.82	−0.55	4.45	−1.4
偏态	0.28	0.02	−0.69	0.9	0.17	0.71	1.61	−0.07
分布类型	正态	正态	正态	正态	正态	正态	正态	正态
单因子污染指数	11.93	32.09	1.52	8.62	5.07	1.40	3.61	4.31
潜在生态风险系数	119.34	962.57	3.05	43.09	25.34	1.40	18.03	4.31

由表 5-2 可知，砷、镉、铬、铜、镍、锰、铅和锌平均含量分别为 75.18mg/kg、1.27mg/kg、56.98mg/kg、111.18mg/kg、87.67mg/kg、622.71mg/kg、54.1mg/kg 和 209.33mg/kg，8 种重金属平均值排序为锰＞锌＞铜＞镍＞砷＞铬＞铅＞镉。利用 SPSS 计算可知数据符合正态分布。以内蒙古土壤背景值为评价标准，南海湖湿地 4 个研究区域 28 个样方中砷、镉、铜、锰、铅、镍和锌均超过土壤背景值，铬有 96.43% 的样品超过土壤背景值。有研究表明变异系数（CV）可反映重金属元素受人为活动影响的程度，变异系数越小表明受人为活动影响越小，变异系数越大表明受人为活动影响越大。$CV \leqslant 15\%$ 为弱变异，$15\% < CV < 36\%$ 为中等变异，$CV \geqslant 36\%$ 为强变异。因此，可得出南海湖湿地镉和镍变异系数为 38.95% 和 36.6%，为强变异；砷、铬、铜、锰、铅和锌的变异系数为 23.93、19.04、16.77、18.74、19.59 和 31.2，为中等变异。

南海湖湿地 8 种重金属变异系数大小顺序为镉＞镍＞锌＞砷＞铅＞铬＞锰＞铜。从变异系数可以看出，南海湖湿地 8 种重金属都受到了一定程度的人为活动影响。

ArcGis 中的普通克里格法（Ordinary Kriging）能够很好地表达土壤化学性质的差值精度以及反映区域土壤重金属的空间分布特征，在土壤重金属含量的空间上运用最为广泛。本研究选择克里金插值法对南海湖湿地土壤重金属含量进行插值分析，得出南海湖湿地 8 种重金属元素的空间分布图，如图 5-2 所示。

由图 5-2 可知，研究区域的土壤重金属各元素的含量范围砷为 48.39～109mg/kg、镉为 0.56～2.07mg/kg、铬为 30.99～73.10mg/kg、铜为 78.29～161.10mg/kg、镍为 32.66～149.52mg/kg、锰为 482.09～865.65mg/kg、铅为 40.05～91.38mg/kg、锌为

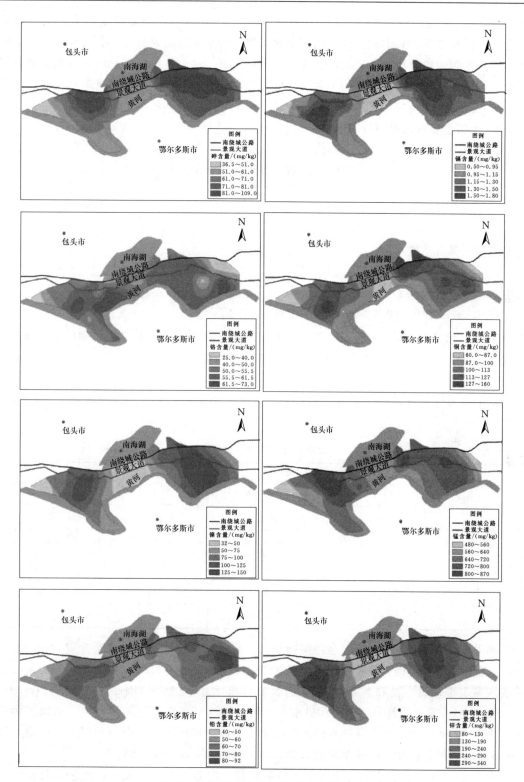

图 5-2 研究区土壤重金属的空间分布

80.25~336.48mg/kg。重金属分布具有一定的规律性，8 种重金属含量高值区主要分布在湿地西部和东部。其中砷、镉、铜、锰和镍这 5 种重金属主要分布在农田和景观大道附近。铅和锌则主要分布在景观大道和南绕城公路附近。铬高值区较多，四个研究区域中都含有铬高值区。南海湖正南方的湿地植物区除铬以外其他 7 种重金属含量都较低，主要是因为这片区域平时很少有人进入，受人为活动影响较小，受到的重金属污染也较小。

5.2.2　土壤重金属污染评价

1. 环境质量评价

单项环境质量指数和内梅罗综合指数两种评价方法的计算公式如下：

单因子指数法为

$$P_i = C_i / S_i \tag{5-1}$$

内梅罗综合指数法为

$$P_{综} = \{[(P_{i\max})^2 + (P_{i\text{ave}})^2]/2\}^{1/2} \tag{5-2}$$

式中　P_i——土壤中污染物 i 的污染指数；

　　　C_i——i 种污染物实际所测定的浓度，mg/kg；

　　　S_i——所测土壤中污染物 i 的标准值（可按实际评级需要选择适合的标准值）；

　　　$P_{i\max}$——各单项污染因子中环境质量污染指数的最大值；

　　　$P_{i\text{ave}}$——各单因子环境质量指数的平均值。

以土壤污染等级划分标准（表 5-3）为依据，比较说明研究区土壤环境重金属污染现状。

表 5-3　　　　　　　　　　　土壤环境质量评价分级表

等级划分	单因子污染指数		综合污染指数	
	P_i	污染等级	$P_{综}$	污染评价
Ⅰ	$P_i \leqslant 1$	无污染	$P_{综} \leqslant 0.7$	安全
Ⅱ	$1 < P_i \leqslant 2$	轻微污染	$0.7 < P_{综} \leqslant 1$	警戒限
Ⅲ	$2 < P_i \leqslant 3$	轻度污染	$1 < P_{综} \leqslant 2$	轻污染
Ⅳ	$3 < P_i \leqslant 5$	中度污染	$2 < P_{综} \leqslant 3$	中污染
Ⅴ	$P_{综} > 5$	重度污染	$P_{综} > 3$	重污染

利用单因子污染指数法和综合污染指数法分析了南海湖湿地的土壤重金属含量，见表 5-3。经分析可知，镉、砷和铜的单因子污染指数为 32.09、11.93 和 8.62，重金属处于重度污染水平；镍、铅和锌这 3 种重金属的污染水平次之，单因子污染指数为 4.91、4.31 和 3.61，重金属都处于中度污染水平；铬和锰这两种重金属污染最轻，单因子污染指数为 1.52 和 1.39，重金属处于轻微污染水平。由此可以得出，南海湖湿地土壤重金属 8 种重金属的污染指数大小顺序为镉＞铜＞砷＞铅＞锌＞镍＞锰＞铬。

由图 5-3 可知，在农田区单因子污染指数最大的为镉重金属元素，其余 7 种重金属在景观大道两侧单因子污染指数最大，在湿地植物区单因子污染指数最小的为锰重金属元素，在鱼塘区单因子污染指数最小的为铬。由表 5-4 可知，南海湖湿地 4 个区域综合污染指数分别为：农田区 28.14，景观大道两侧 27.34，鱼塘区 21.14，湿地植物区 15.24。因此，南海湖湿地整体上处于重污染水平。4 个区域综合污染指数排序为：农田区＞景观大道两侧＞鱼塘区＞湿地植物区。由以上两种评价方法可知南海湖湿地土壤已经受到很严重的重金属污染。

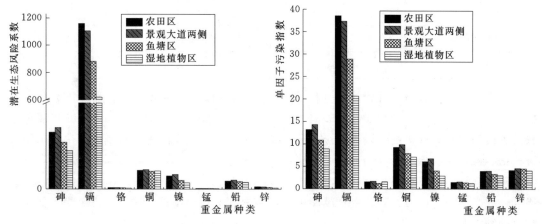

图 5-3　综合污染系数图

表 5-4　　各类型区土壤重金属内梅罗综合污染指数及潜在生态风险系数

指　　数	农田区	景观大道两侧	鱼塘区	湿地植物区
综合污染指数	28.14	27.34	21.14	15.24
污染水平	重	重	重	重
潜在生态风险系数	1392.12	1357.48	1076.59	787.22
风险水平	很强	很强	很强	很强

2. 环境风险评价

潜在生态危害指数法计算公式为

$$E_r^i = T_r^i \times C_f^i \tag{5-3}$$

$$RI = \sum_{i=1}^n T_r^i \times C_f^i = \sum_{i=1}^n T_r^i \times C_r^i \div C_n^i \tag{5-4}$$

其中
$$C_f^i = C_r^i \div C_n^i$$

式中　C_f^i——重金属的富集系数，为第 i 个采样点土壤单 C_r^i 元素含量实测值；

C_n^i——参比值；

E_r^i——重金属的潜在生态风险系数；

RI——潜在生态风险指数；

T_r^i——重金属 i 的毒性系数（经徐争启研究，有关重金属元素毒性系数分别是砷为 10、镉为 30、铬为 2、锰为 1、铜为 5、镍为 5、铅为 5、锌为 1），污染等级划分见表 5-5。

表 5-5 潜在生态风险系数及潜在生态风险指数等级表

E_i 范围	单个污染物生态危害等级	RI 范围	总潜在生态风险程度
$E_i<40$	低	$RI<110$	低
$40\leqslant E_i<80$	中等	$110\leqslant RI<220$	中等
$80\leqslant E_i<160$	强	$220\leqslant RI<440$	强
$160\leqslant E_i<320$	很强	$RI\geqslant440$	很强
$E_i\geqslant320$	极强		

由表 5-2 可知，砷、镉、铬、铜、镍、锰、铅和锌重金属潜在生态风险指数分别为 119.34、962.57、3.05、43.09、25.34、1.40、18.03 和 4.31。对比表 5-5 可知镉重金属污染最为严重，处于极强风险等级；砷污染次之，处于强风险等级；铜处于中等风险等级；铬、镍、锰、铅、锌处于低风险等级。8 种重金属潜在生态风险指数排序为镉 (81.77%)>砷 (10.14%)>铜 (3.66%)>镍 (2.15%)>铅 (1.53%)>锌 (0.37%)>铬 (0.26%)>锰 (0.12%)，由贡献率可知，南海湖湿地土壤重金属的生态风险主要是受镉、砷和铜影响。

由图 5-3 可知，在农田区出现的是镉和锌重金属元素，在景观大道两侧出现的最大潜在生态风险指数是镉、铜、镍、锰和铅重金属元素，在湿地植物区出现的是砷、镉、铬、镍、锰、铅和锌，铜的最小值出现在鱼塘区。由表 5-4 可知，南海湖湿地 4 个区域潜在生态风险系数为：农田区 1392.12，景观大道两侧 1357.48，鱼塘区 1076.59，湿地植物区 787.22。4 个研究区域都处于很强风险等级。

单因子污染指数法主要侧重于每个重金属元素在南海湖湿地土壤中的污染程度。综合污染指数法主要对重金属进行综合污染评价，同时去除了在加权过程中权系数主观因素的影响，是现在应用最为广泛的一种评价方法。潜在生态危害指数法主要考虑了重金属的毒性作用、污染程度、重金属总量以及环境对重金属污染敏感性等问题，是一种可比的、等价属性指数分级的评价重金属的方法。这 3 种评价方法相结合，一方面确定南海湖湿地的土壤质量状况，另一方面确定南海湖湿地土壤重金属的生态风险等级，旨在更全面地评价南海湖湿地土壤重金属的污染程度。由图 5-3 和表 5-4 可知评价结果存在一定的差异性，主要是由于每种评价方法的侧重点不同。

单因子污染指数和潜在生态风险系数在数值上表现出较大的差异性，南海湖湿地砷、镉和铜重金属污染最为严重，其他 5 种重金属污染程度偏低。砷、镉和铜的污染主要是由于包头市是工业城市，南海湖湿地位于包头市的下风向，因此包头市燃煤、工业活动产生的重金属会通过大气沉降进入南海湖湿地。同时，南海湖湿地周边的煤矿开采和煤炭运输也会增加南海湖湿地土壤重金属含量。由综合指数法和潜在生态风险指数可知，农田区的污染最为严重，主要是因为农业活动会增加重金属含量，农药和化肥中会含有重金属。景观大道两侧的污染水平次之，车辆运输会产生重金属，重金属会沉降到周边的土壤中，因此景观大道两侧的重金属含量也会增加。

5.3 芦苇株高特征

本研究以 4 个研究区域的芦苇为研究对象，在 5—10 月监测其株高的时空变化特征，确定南海湖湿地芦苇的生长现状，为湿地生态系统提供主要的功能指标。其结果如图5-4所示。4 个芦苇区域株高最大值出现在 8 月前后。

由图 5-4 可知芦苇在 5—8 月生长较快，主要因为这一时期气温回升、土壤内营养物丰富，芦苇在非常适宜的条件下快速增加。其中，6—7 月是芦苇生长最旺盛的时期；7—8 月芦苇生长速度逐渐减缓，这一时期为芦苇生长季峰期；8 月以后芦苇生长速度呈现出降低的趋势，因为从 8 月以后，土壤中的含水率降低、天气逐渐变冷、光照时间变短等环境因素不利于芦苇的生长，因此 4 个研究区域芦苇的株高呈现出不同程度的降低现象。10 月芦苇处于枯萎期，10 月以后受气温和雨雪的影响芦苇会全部枯死。

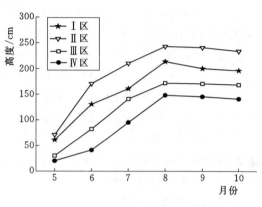

图 5-4 芦苇株高变化图

4 个区域的平均株高为：Ⅱ区＞Ⅰ区＞Ⅲ区＞Ⅳ区。Ⅱ区芦苇在 5—8 月生长最快，8月最高能达到 243.1cm。Ⅱ区为自然生长区，人为干扰程度较小，且水源充沛，土壤中有上一年累积的大量腐殖质。因此，Ⅱ区芦苇生长位置比较优越。Ⅰ区芦苇位于南海公园南门，受到一定的人为作用，且靠近道路附近，土壤较为贫瘠。但是水源充沛，土壤中有上一年累积的大量腐殖质，该区域芦苇最高能达到 213.8cm。Ⅲ区为鱼塘区，受人为干扰作用大，在一定程度上限制芦苇的生长，该区域株高最高能达到 171.6cm，Ⅳ区土壤肥力与其他区域相比相对较差，同时缺少水源，因此该区域没有生长高大的植物。最高株高达到 148.2cm。

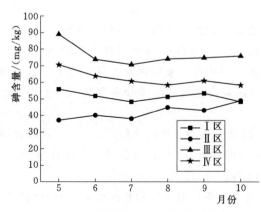

图 5-5 各区域土壤砷含量变化图

5.3.1 土壤—芦苇重金属砷含量

1. 土壤重金属砷含量

由图 5-5 可知，Ⅰ区土壤砷含量在5—7 月呈减少趋势，7—9 月有所增加，9—10 月减少，5—10 月的变动范围为48.33～55.93mg/kg，变异系数为 5.72%。Ⅱ区土壤砷含量在 5—10 月呈增加趋势，5—10 月的变动范围为 37.18～49.04mg/kg，变异系数为 10.70%。Ⅲ区土壤砷含量在5—7 月有所减小，7—10 月增加，5—10 月的变动范围为 70.74～89.02mg/kg，变异系数为 8.38%。Ⅳ区土壤砷含量在 5—8 月呈减少趋势，8—9 月有所增加，9—10 月减小，5—10 月的变动范围为 58.36～70.60mg/kg，变异系数为 7.39%。受地理位置和人类活动大小的影响，4 个研究区域重金属含量不尽相同。Ⅲ区位于农田附近，受人为活动的影响最大。其次，Ⅳ区位于鱼塘区，Ⅰ区位于南海公园南门，受到的人为影响较小。Ⅱ区位于自然生长区，受人为活动影响最小。

土壤中砷含量受人类活动影响较大，4 个研究区 5 月的含量都较高，包头市地处北方，冬季严寒，包头市冬季的主导风向是西北风，而南海湖湿地位于包头市东南，包头市采暖期为 10 月到来年 4 月，冬季煤炭消耗量巨大，煤炭供暖产生的废气和灰尘在风的影响下会沉降到南海湖湿地，导致 5 月重金属砷含量高于其他月份。砷通常被视为燃煤和垃圾燃烧的标志元素，所以废气和灰尘中会含有重金属砷。同时，周边的煤矿开采、煤炭运输也会增加南海湖湿地土壤的重金属含量。冬季芦苇腐殖质化作用重新进入土壤。5 月芦苇开始生长会从土壤中吸收大量的营养元素，同时也会吸收一定量的重金属元素，导致土壤中重金属含量下降。从图 5-5 可以看出 8 月、9 月土壤中的重金属含量有所增加，主要是植物中的重金属浓度慢慢降低，表明温度降低，植物生命活动减弱，导致部分重金属元素通过根系重新释放出来。

2. 芦苇重金属砷含量

由图 5-6 可知，4 个区域植物生长初期砷含量均较高。5 月芦苇处于生长初期阶段，植株生长会从土壤中吸收大量的砷。芦苇根、茎、叶中重金属含量为茎＞根＞叶，根、茎、叶对砷累积浓度为Ⅲ区＞Ⅳ区＞Ⅱ区＞Ⅰ区。芦苇在不同浓度重金属的土壤中生长，植物中的重金属含量不同，植物根、茎、叶的累积浓度与其生长沉积物中重金属的含量具有一致性。

Ⅰ区芦苇植物根、茎、叶在 5—8 月降低，8—9 月升高幅度大，9—10 月降低。根、茎、叶中重金属砷含量波动范围为 1.55～3.05mg/kg、2.23～4.03mg/kg、1.08～2.14mg/kg。根、茎、叶中重金属砷在 8 月含量最小，5 月含量最大。5—8 月根、茎、叶中植物各组织器官体积增长较快，导致组织器官中的重金属密度降低。8—9 月由于芦苇植物生长缓慢，植物体内积累了大量的砷，9—10 月根茎中砷含量降低，而叶中砷含量升高，可能叶在这一段时间内积累了砷，根、茎中砷一部分转移到了叶中，一部分归还给了土壤。

Ⅱ区植物茎、叶砷含量在 5—8 月下降，之后植物生长变缓，8—9 月迅速回升，9—10 月根、茎、叶砷归于土壤中，根中砷含量在 5—10 月持续减小。波动范围为 1.24～2.75mg/kg。在 7 月和 9 月出现了叶中砷浓度大于根中砷浓度的现象。茎、叶中重金属砷在 8 月含量最小，5 月含量最大。茎、叶中重金属砷含量波动范围分别为 2.72～4.77mg/kg、0.81～1.70mg/kg。

Ⅲ区芦苇重金属砷含量在 5 月最高，5—9 月重金属砷含量较为稳定，9—10 月砷含量降低，将砷含量归于土壤中。根、茎、叶中重金属砷在 10 月含量最小，5 月含量最大，波动范围为 5.75～7.88mg/kg、8.66～13.01mg/kg、2.65～4.45mg/kg。

Ⅳ区芦苇砷含量变化与Ⅲ区季节变化规律基本一致，与Ⅰ区和Ⅱ区芦苇季节变化规律差距较大。芦苇在生长过程中受到一定的外界影响。根、茎、叶中重金属砷在 10 月含量

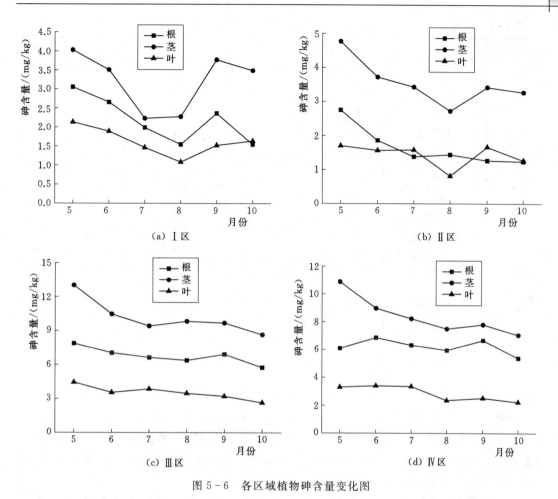

图 5-6 各区域植物砷含量变化图

最小, 5 月含量最大, 波动范围为 5.39~6.87mg/kg、7.06~10.88mg/kg、2.23~3.40mg/kg。

3. 芦苇中重金属砷富集特征

芦苇从土壤中迁移重金属的难易程度可以用富集系数来反映, 富集系数可以表征重金属在植物根、茎、叶中的累积情况。富集系数越大, 表明重金属在该植物体内的累积能力越强。同时富集系数越大, 越有利于修复受重金属污染的土壤。转运系数为植物茎、叶与植物根相应重金属含量的比值, 转运系数用来表示植物对某种重金属从根部到茎叶的有效转移程度。表 5-6 为南海湖湿地 4 个芦苇研究区中砷富集系数及转运系数的分析结果。

4 个研究区域芦苇在生长周期内都呈现出在 5 月和 6 月对砷的富集能力大, 主要因为 5 月芦苇吸收到大量营养物质的同时也会吸收大量的重金属。8 月对砷的富集能力最低, 植物成长后重量的迅速增加导致的元素稀释作用也是植物砷含量降低的一个原因。9 月和 10 月植物生长相对稳定状态, 芦苇对重金属的富集处于稳定状态。由于 10 月植物中重金属会返还给土壤, 植物器官中重金属的富集能力略有下降。

表 5-6　　　　　　　　　　　　研究区重金属砷富集系数和转运系数

区域	项目	5月	6月	7月	8月	9月	10月	平均值
Ⅰ区	根富集系数	0.055	0.051	0.041	0.030	0.044	0.032	0.042
	茎富集系数	0.072	0.068	0.046	0.044	0.071	0.072	0.062
	叶富集系数	0.038	0.037	0.030	0.021	0.028	0.034	0.031
	转运系数	1.009	1.017	0.929	1.088	1.119	1.658	1.137
Ⅱ区	根富集系数	0.074	0.046	0.036	0.032	0.029	0.025	0.040
	茎富集系数	0.128	0.093	0.090	0.061	0.079	0.067	0.086
	叶富集系数	0.046	0.039	0.041	0.018	0.039	0.026	0.035
	转运系数	1.176	1.422	1.818	1.230	2.012	1.834	1.582
Ⅲ区	根富集系数	0.089	0.095	0.094	0.086	0.092	0.076	0.089
	茎富集系数	0.146	0.142	0.133	0.133	0.129	0.114	0.133
	叶富集系数	0.050	0.048	0.054	0.047	0.043	0.035	0.046
	转运系数	1.108	0.995	1.001	1.042	0.934	0.983	1.010
Ⅳ区	根富集系数	0.086	0.108	0.104	0.102	0.109	0.092	0.100
	茎富集系数	0.154	0.141	0.135	0.128	0.128	0.121	0.135
	叶富集系数	0.047	0.053	0.055	0.040	0.041	0.038	0.046
	转运系数	1.165	0.901	0.916	0.828	0.774	0.862	0.908

　　整体上 4 个研究区富集能力大小为根部Ⅳ区＞Ⅲ区＞Ⅰ区＞Ⅱ区；茎部Ⅳ区＞Ⅲ区＞Ⅱ区＞Ⅰ区；叶部Ⅳ区＝Ⅲ区＞Ⅱ区＞Ⅰ区。Ⅳ区对砷的富集系数最大，但是Ⅲ区芦苇根、茎、叶对重金属的吸收浓度大于其他 3 个区域。富集系数受植物中重金属浓度和土壤重金属浓度两个方面的影响。

　　4 个研究区芦苇根中富集系数范围为 0.025～0.109，茎中富集系数范围为 0.044～0.154，叶中富集系数范围为 0.018～0.055。富集系数小于 1，芦苇植物对砷的富集能力较差。转运系数范围为 0.774～2.012，平均转运系数大于 1。总体而言，芦苇植物对砷具有一定的修复能力。

5.3.2　土壤—芦苇重金属镉含量

1. 土壤重金属镉含量

　　如图 5-7 所示，Ⅰ区和Ⅱ区土壤镉含量在 5—10 月季节变化规律基本一致，整体上呈减小的趋势。镉含量在各个月份也较为接近。Ⅰ区和Ⅱ区土壤镉含量在 5—10 月的变动范围分别为 0.63～0.95mg/kg、0.55 ～ 0.89mg/kg，变异系数分别为 17.11%、20.82%。Ⅲ区土壤镉含量在 5—6 月呈减少趋势，7—8 月增加，8—10 月减小，5—10 月的变动范围为 1.00～

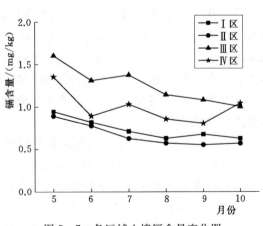

图 5-7　各区域土壤镉含量变化图

1.60mg/kg，变异系数为17.65%。Ⅳ区土壤镉含量呈先减小后增加再减小再增加的趋势，5—10月的变动范围0.81～1.35mg/kg，变异系数为19.95%。Ⅲ区和Ⅳ区位于农田区和鱼塘区附近，受外界环境的影响大，每个月份镉含量变化波动性较大。Ⅰ区和Ⅱ区远离农业区则没有表现出这样的规律。

土壤中镉含量受人类活动、工业活动影响较大，小白河湿地是包头黄河湿地的重要组成部分之一，对包头的生态系统发挥着重要的作用。南海湖湿地土壤重金属与小白河湿地相比较，可以反映南海湖湿地在包头黄河湿地中的污染程度。4个研究区重金属镉含量平均值分别为小白河湿地的2.85倍、2.27倍、1.67倍、1.51倍。镉是重金属污染的主要元素，其致毒性强，残留危害大。南海湖湿地周边的工业活动产生的废气、废渣中会含有重金属镉，通过大气沉降等活动进入南海湖湿地土壤中，增加了土壤镉的含量，同样农业活动施用农药和化肥也会增加土壤重金属的含量。

2. 芦苇重金属镉含量

由图5-8可知，镉在芦苇的根、茎、叶中含量相对较少，4个研究区根、茎、叶中重金属含量为根＞茎＞叶。毕春娟等人对长江口重金属的研究中也得出了同样的结论。4

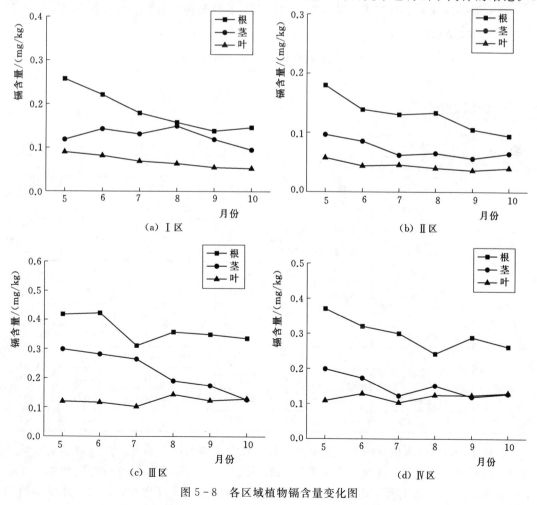

图5-8 各区域植物镉含量变化图

个区域植物生长初期镉含量均较高，根、茎、叶在 5—10 月呈降低趋势。Ⅰ区芦苇根、茎、叶在 5—10 月的波动范围为 0.14～0.26mg/kg、0.10～0.15mg/kg、0.05～0.09mg/kg，Ⅱ区根、茎、叶在 5—10 月的波动范围为 0.09～0.18mg/kg、0.06～0.10mg/kg、0.04～0.06mg/kg，Ⅲ区根、茎、叶在 5—10 月的波动范围为 0.31～0.42mg/kg、0.13～0.30mg/kg、0.10～0.14mg/kg，Ⅳ区根、茎、叶在 5—10 月的波动范围为 0.24～0.37mg/kg、0.12～0.20mg/kg、0.10～0.13mg/kg。植物器官在不同时间具有明显不同的元素含量。一般来说，影响植物生长的重金属元素常常富集在新生的嫩芽和新叶中，有机体衰老时，由于从环境中吸收元素的能力下降，重金属元素含量也随之降低，但不具备生物功能的元素则会随植物年龄的增大逐渐在某些植株和器官中聚积。植物的新陈代谢快慢影响着重金属的分布规律，植物根部新陈代谢缓慢则重金属含量高于茎、叶。这主要是因为植物根部会分泌一些物质使得重金属在根部吸附某种重金属。同时镉具有很强的毒害作用，植物有可能抑制镉的吸收，这种机制有利于减轻植物体内的重金属负荷。因此，芦苇体内的镉含量低。

3. 芦苇重金属镉富集特征

对南海湖湿地 4 个芦苇研究区中重金属镉富集系数和转运系数进行分析，其结果见表 5－7。

表 5－7　　　　　　　　研究区重金属镉富集系数和转运系数

区域	项目	5 月	6 月	7 月	8 月	9 月	10 月	平均值
Ⅰ区	根富集系数	0.272	0.270	0.252	0.251	0.204	0.233	0.247
	茎富集系数	0.125	0.174	0.185	0.238	0.176	0.152	0.175
	叶富集系数	0.095	0.100	0.097	0.102	0.081	0.084	0.093
	转运系数	0.405	0.508	0.559	0.676	0.630	0.506	0.547
Ⅱ区	根富集系数	0.202	0.179	0.208	0.233	0.190	0.166	0.196
	茎富集系数	0.108	0.110	0.099	0.114	0.102	0.113	0.108
	叶富集系数	0.065	0.057	0.073	0.071	0.066	0.070	0.067
	转运系数	0.429	0.467	0.414	0.396	0.441	0.555	0.450
Ⅲ区	根富集系数	0.261	0.323	0.226	0.313	0.323	0.336	0.297
	茎富集系数	0.186	0.215	0.193	0.167	0.161	0.126	0.175
	叶富集系数	0.075	0.089	0.074	0.126	0.113	0.128	0.101
	转运系数	0.500	0.471	0.590	0.467	0.425	0.379	0.472
Ⅳ区	根富集系数	0.273	0.358	0.291	0.282	0.358	0.251	0.302
	茎富集系数	0.147	0.194	0.118	0.176	0.148	0.122	0.151
	叶富集系数	0.080	0.144	0.100	0.145	0.153	0.124	0.124
	转运系数	0.415	0.471	0.375	0.568	0.420	0.490	0.457

4 个研究区域芦苇植物在生长周期内富集系数大于砷的富集系数，芦苇对镉的富集能力强于对砷的富集能力。Ⅰ区中根的富集系数呈现出 5—9 月减小，10 月有所增加，在整个生长周期中根富集系数平均值为 0.247。茎中呈现出 5—8 月增加，8—10 月减小的趋

势，在整个生长周期中茎富集系数平均值为 0.175。叶中呈现出 5—8 月较为稳定，9—10 月减小的趋势。在整个生长周期中叶富集系数平均值为 0.093。Ⅱ区的芦苇富集能力要小于Ⅰ区，这是因为Ⅱ区位于自然生长区，土壤和植物中的重金属含量都较小。5—9 月根、茎、叶的富集能力都较为稳定，9—10 月镉的富集系数增加。Ⅲ区芦苇的富集能力略高于Ⅰ区，根呈现出 5—6 月增加、6—10 月减小的趋势。茎呈现出 5—8 月增加、8—9 月减小、9—10 月增加的趋势。叶的变化规律与茎相同。根、茎、叶最大值出现在 10 月。Ⅳ区 5—10 月的变异系数大于其他 3 个研究区。

空间上 4 个研究区富集能力大小为根部Ⅲ区＞Ⅳ区＞Ⅰ区＞Ⅱ区；茎部Ⅲ区＝Ⅰ区＞Ⅳ区＞Ⅱ区；叶部Ⅳ区＞Ⅲ区＞Ⅱ区＞Ⅰ区。4 个研究区根、茎、叶富集系数大小为根＞茎＞叶，4 个研究区的转移系数在 5—10 月都小于 1，这说明镉向茎、叶部分的转移能力相当的低，主要富集在根系，可见芦苇对镉的转运能力一般。

5.3.3 土壤—芦苇重金属铬含量

1. 土壤重金属铬含量

如图 5-9 所示，Ⅰ区土壤铬含量呈 5—7 月减小，7—9 月增加，9—10 月减小的趋势。5—10 月的变动范围为 43.47～50.73mg/kg，变异系数为 5.60％。Ⅱ区土壤铬含量变化趋势为 5—6 月、8—9 月减小，6—8 月、9—10 月增加，5—10 月的变动范围为 44.94～56.47 mg/kg，变异系数为 8.37％。Ⅰ区和Ⅱ区土壤铬含量变化趋势较为接近。5—6 月减小，6—7 月增加，7—9 月减小，9—10 月增加。Ⅲ区土壤铬含量在 5—10 月的变动范围为 59.89～69.45 mg/kg，变异系数为 5.26％。Ⅳ区土壤铬含量在 5—10 月的变动范围为 60.61～72.16 mg/kg，变异系数为 6.97％。

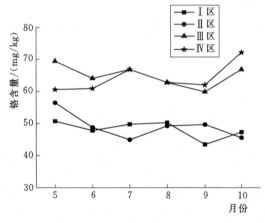

图 5-9　各区域土壤铬含量变化图

土壤中的铬含量受成土母质类型的影响较大，研究认为铬受人为影响较小，显示铬本身来自于岩石，经过岩石风化和侵蚀作用进入到土壤中和成土母质中，Boruvka 等认为捷克北部土壤中铬元素主要来源于地质。但是 Wilcke 等认为，重金属在正常范围内主要是来源于土壤母质。南海湖湿地土壤中铬含量超过了土壤背景值，铬可能受到一些人为影响。邓红艳等对铬的污染研究中表明磷肥和污水灌溉都是铬污染的重要来源，含铬废水灌溉会有 85％～95％累积到土壤表面。但是南海湖湿地是自然湿地，也是国家黄河湿地的一部分，受到当地政府的保护，笔者认为污水灌溉不存在，可能会受到磷肥污染。

2. 芦苇重金属铬含量

如图 5-10 所示，Ⅰ区芦苇根、茎、叶在 5—10 月铬含量在各个月份较为接近；Ⅱ区芦苇根、茎、叶呈 5—8 月减小、8—9 月增大、9—10 月减小的趋势；Ⅲ区芦苇根、茎、叶在 5—10 月呈减小的趋势；Ⅳ区在各个月份较为接近，9—10 月减小。根茎在 6—8 月

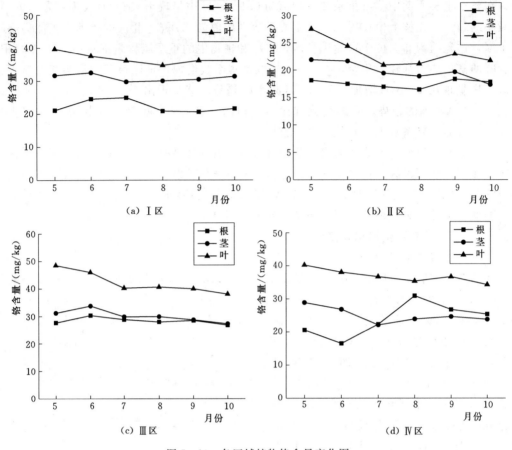

图 5-10　各区域植物铬含量变化图

变化较为明显。4 个研究区在 9—10 月将铬归还给土壤。Ⅰ区、Ⅱ区和Ⅲ区在 5—10 月整体上呈减小趋势，这与严莉等对芦苇进行盆栽实验的结果一致。Ⅳ区芦苇根、茎中铬含量出现了不同的规律性。

　　Ⅰ区芦苇根、茎、叶在 5—10 月的波动范围为 20.63～24.93mg/kg、29.72～32.46mg/kg、34.70～39.67mg/kg，Ⅱ区根、茎、叶在 5—10 月的波动范围为 16.46～18.35mg/kg、17.34～21.88mg/kg、20.91～27.50mg/kg，Ⅲ区根、茎、叶在 5—10 月的波动范围为 26.77～30.29mg/kg、27.23～33.75mg/kg、38.01～48.47mg/kg，Ⅳ区在 5—10 月的波动范围为 16.51～30.92mg/kg、22.12～28.90mg/kg、34.27～40.21mg/kg。4 个研究区根、茎、叶中重金属含量为叶＞茎＞根。董志成等人研究也得出芦苇叶中对铬有较强的吸收能力，如芦苇在进行光合作用时，通过吸收无机盐和水分的形式，将铬从根、茎组织迁移并富集到叶组织。同时 Clemens 等研究发现，植物叶组织中的液泡更容易富集某些重金属元素。

　　3. 芦苇重金属铬富集特征
　　对南海湖湿地 4 个芦苇研究区中重金属铬富集系数和转运系数进行分析，其结果见表 5-8。

表 5-8　　　　　　　　　　　　研究区重金属铬富集系数和转运系数

区域	项目	5月	6月	7月	8月	9月	10月	平均值
I 区	根富集系数	0.416	0.513	0.501	0.415	0.475	0.456	0.463
	茎富集系数	0.624	0.679	0.597	0.597	0.700	0.662	0.643
	叶富集系数	0.782	0.784	0.725	0.690	0.831	0.763	0.763
	转运系数	1.691	1.427	1.320	1.550	1.613	1.562	1.527
II 区	根富集系数	0.321	0.359	0.377	0.334	0.370	0.391	0.359
	茎富集系数	0.388	0.444	0.432	0.383	0.396	0.380	0.404
	叶富集系数	0.487	0.500	0.465	0.429	0.462	0.477	0.470
	转运系数	1.361	1.315	1.190	1.216	1.161	1.096	1.223
III 区	根富集系数	0.398	0.473	0.431	0.444	0.475	0.400	0.437
	茎富集系数	0.449	0.527	0.446	0.475	0.479	0.407	0.464
	叶富集系数	0.698	0.716	0.602	0.646	0.667	0.568	0.650
	转运系数	1.442	1.315	1.216	1.263	1.206	1.219	1.277
IV 区	根富集系数	0.340	0.271	0.334	0.492	0.431	0.352	0.370
	茎富集系数	0.477	0.440	0.331	0.381	0.397	0.330	0.393
	叶富集系数	0.663	0.624	0.549	0.563	0.591	0.475	0.577
	转运系数	1.678	1.965	1.315	0.959	1.145	1.144	1.368

　　I区、II区和III区在 5—10 月富集系数变化较为稳定，根、茎、叶的变异系数范围为 5.18%～8.97%。IV区变异系数大，根变异系数为 21.28%，茎变异系数为 14.96%，叶变异系数为 11.31%。根、茎、叶呈 5—7 月减小、7—9 月增加、9—10 月减小的趋势，4 个研究区的富集系数高于砷和镉的富集系数。

　　空间上 4 个研究区富集能力大小为根部I区＞III区＞IV区＞II区；茎部I区＞II区＞III区＞IV区；叶部I区＞IV区＞III区＞II区。4 个研究区根、茎、叶富集系数大小为叶＞茎＞根，4 个研究区芦苇根中富集系数范围为 0.271～0.503，茎中富集系数范围为 0.330～0.700，叶中富集系数范围为 0.475～0.831。富集系数较大，平均转运系数大于 1，总体而言芦苇植物对铬具有很好的修复能力。铬的污染等级为轻微污染，生态风险等级为低风险等级。因此，南海湖湿地铬的污染现状与芦苇对铬有很好的富集能力有关。

5.3.4　土壤—芦苇重金属铜含量

1. 土壤重金属铜含量

　　如图 5-11 所示，I 区土壤铜含量呈 5—7 月增加、7—10 月减小的趋势，5—10 月的变动范围为 70.91～94.48mg/kg，变异系数为 12.26%。II 区土壤铜含量变

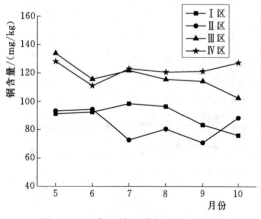

图 5-11　各区域土壤铜含量变化图

化趋势为 5—6 月增加、6—7 月减小、7—8 月增加、8—9 月减小、9—10 月增加，5—10 月的变动范围为 76.10～98.44mg/kg，变异系数为 9.43％。Ⅲ区土壤铜含量呈 5—6 月减少、6—10 月增加的趋势，5—10 月的变动范围为 102.62～133.80mg/kg，变异系数为 8.71％。Ⅳ区土壤铜含量呈 5—6 月减少、6—7 月增加、7—10 月减小的趋势，5—10 月的变动范围为 111.09～128.16mg/kg，变异系数为 5.04％。

中国土壤铜含量各地差异很大，变动幅度为 0.3～272.0mg/kg，平均值为 20.7mg/kg，而沼泽土变动则在 2.6～51.7mg/kg 之间，平均值为 19.0mg/kg。南海湖湿地 4 个研究区均高于中国沼泽土平均值。4 个研究区重金属铜平均值分别为小白河湿地的 4.94 倍、4.60 倍、6.46 倍、6.72 倍。采煤活动和煤炭的运输产生的废气废物会导致煤矿区周围的土壤出现砷、镉、铜和镍重金属累积，南海湖湿地周围的铜厂、铝厂在高分子化合物生产，副产品和合金加工等过程中会涉及砷、镉、铜、镍、锰等金属配合物和催化剂的使用。饲料中广泛添加了铜、砷、锰等元素，南海湖湿地存在大量放牧现象，畜禽产生的粪便会增加土壤重金属含量。

2. 芦苇重金属铜含量

如图 5-12 所示，4 个研究区根、茎、叶中重金属含量为根＞茎＞叶。植物需铜数量

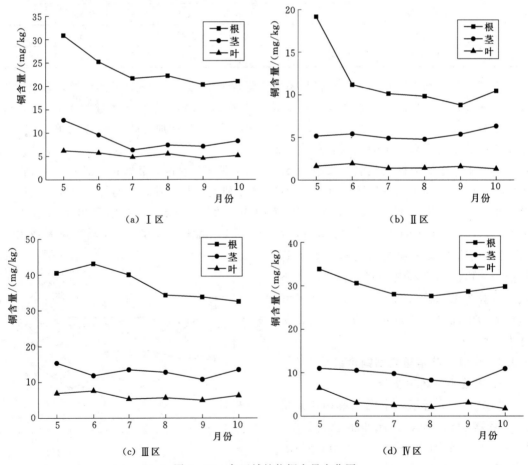

图 5-12　各区域植物铜含量变化图

不多，一般植物含铜量为 2～20mg/kg，铜主要参与呼吸作用、光合作用。5 月处于生长阶段，植株生长旺盛，光合作用、呼吸作用旺盛，铜的需求量高，含量也相对较高。Ⅰ区、Ⅲ区和Ⅳ区在 5 月根茎叶中铜含量最高。Ⅰ区芦苇根、茎、叶中铜在 5—7 月逐渐降低，因为Ⅰ区芦苇植物在 5 月吸收了过量的铜，在生长过程中逐渐归还给了土壤，在 7—10 月芦苇根、茎、叶中的铜含量趋于稳定，根、茎、叶的铜含量满足了植物的需求。Ⅲ区根中呈现出先增加后减小的波动状态，随着植物的生长根对铜的需求量降低。茎、叶中的铜则趋于稳定。Ⅳ区芦苇根中铜在 5—8 月减小、8—10 月增加，茎中铜在 5—9 月减小、9—10 月增加。叶中铜整体上呈现出减小的趋势。但Ⅱ区芦苇茎、叶在 5 月铜含量最低，不能满足于植物生长需求，因此在 6—9 月Ⅱ区芦苇茎、叶中铜含量上升。根中呈现出先减小后增加的趋势，在 5 月吸收了大量的铜，在 5—6 月得到了大幅度的减小。Ⅰ区芦苇根、茎、叶在 5—10 月的波动范围为 20.34～30.84mg/kg、6.38～12.74mg/kg、2.57～4.22mg/kg，Ⅱ区根、茎、叶在 5—10 月的波动范围为 8.79～19.15mg/kg、4.79～6.32mg/kg、0.41～2.84mg/kg，Ⅲ区根、茎、叶在 5—10 月的波动范围为 32.52～43.12mg/kg、10.75～15.33mg/kg、4.98～7.59mg/kg，Ⅳ区在 5—10 月的波动范围为 27.63～33.86mg/kg、7.50～10.97mg/kg、1.72～6.48mg/kg。

　　4 个区域芦苇在植物生长成熟期根、茎、叶中的铜含量趋于稳定，都满足了芦苇植物的需求，不同研究区的根、茎、叶中铜含量不同，与土壤中重金属含量差异有一定的关系。

　　3. 芦苇重金属铜富集特征

　　重金属铜既是营养元素又是重金属元素，铜主要参与呼吸作用、光合作用。如表5-9所示，4 个研究区芦苇在 5 月和 6 月的富集能力强，在生长初期为了满足自身的生长会从土壤中吸收大量的铜，7—10 月重金属铜的浓度在植物体内较为稳定，已经满足了芦苇生长的需要。富集系数在 7—10 月也较为稳定。

表 5-9　　　　　　　　　　研究区重金属铜富集系数和转运系数

区域	项目	5 月	6 月	7 月	8 月	9 月	10 月	平均值
Ⅰ区	根富集系数	0.338	0.273	0.220	0.230	0.244	0.276	0.264
	茎富集系数	0.140	0.104	0.065	0.077	0.086	0.109	0.096
	叶富集系数	0.046	0.041	0.029	0.037	0.031	0.042	0.037
	转运系数	0.275	0.265	0.212	0.247	0.239	0.272	0.251
Ⅱ区	根富集系数	0.205	0.118	0.139	0.122	0.124	0.118	0.138
	茎富集系数	0.055	0.057	0.067	0.059	0.076	0.071	0.064
	叶富集系数	0.017	0.030	0.019	0.005	0.022	0.026	0.020
	转运系数	0.177	0.369	0.310	0.265	0.396	0.413	0.322
Ⅲ区	根富集系数	0.303	0.373	0.329	0.297	0.296	0.317	0.319
	茎富集系数	0.115	0.102	0.111	0.110	0.094	0.131	0.110
	叶富集系数	0.052	0.066	0.044	0.049	0.044	0.061	0.052
	转运系数	0.274	0.225	0.234	0.268	0.233	0.304	0.256

续表

区域	项目	5 月	6 月	7 月	8 月	9 月	10 月	平均值
Ⅳ区	根富集系数	0.264	0.275	0.228	0.229	0.236	0.234	0.244
	茎富集系数	0.086	0.094	0.079	0.069	0.062	0.086	0.079
	叶富集系数	0.051	0.028	0.020	0.017	0.026	0.013	0.026
	转运系数	0.258	0.222	0.218	0.188	0.185	0.212	0.214

空间上 4 个研究区根、茎、叶富集能力大小为根部Ⅲ区＞Ⅰ区＞Ⅳ区＞Ⅱ区。4 个研究区根、茎、叶富集系数大小为根＞茎＞叶。芦苇对铜的富集、转运系数均较低，不利于土壤中铜元素的去除。由表 5-9 可知，南海湖湿地土壤中铜元素超标，因此湿地管理部门需注意对外来铜源的控制，如对工业废水、生活污水等污染源的控制，以防铜元素的不断增加，这会对湿地生态系统造成危害。

5.3.5　土壤—芦苇重金属镍含量

1. 土壤重金属镍含量

如图 5-13 所示，Ⅰ区、Ⅲ区和Ⅳ区土壤中镍含量在 5—10 月变动幅度较大，受人为活动影响大。Ⅰ区土壤镍含量呈 5—9 月减小、9—10 月增加的趋势，变动幅度为 48.33 ～ 55.93mg/kg，变异系数为 14.67%。Ⅲ区土壤镍含量呈 5—6 月减小、6—10 月增加的趋势，变动幅度为 68.02 ～ 82.81mg/kg，变异系数为 8.00%。Ⅳ区镍含量呈 5—7 月减小、7—8 月增加、8—9 月减小、9—10 月增加的趋势，变动幅度为 55.70～78.64mg/kg，变异系数为 12.17%。Ⅱ区土壤镍含量变动幅度较小，在 5—10 月呈增加趋势，变动幅度为 50.56～56.23mg/kg，变异系数

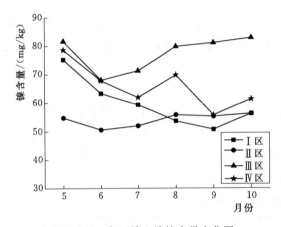

图 5-13　各区域土壤镍含量变化图

为 4.23%。高于内蒙古土壤背景值 17.30mg/kg。4 个研究区重金属镍平均值分别为小白河湿地的 2.09 倍、1.89 倍、2.71 倍、2.30 倍。

2. 芦苇重金属镍含量

如图 5-14 所示，4 个芦苇研究区镍含量在 5—10 月呈先减小后增加的趋势。根、茎、叶中重金属含量为根＞茎＞叶。

Ⅰ区芦苇根中镍含量在 8 月最小，5 月最大，波动范围为 45.72～56.12mg/kg；茎中镍含量在 8 月最小，6 月最大，波动范围为 40.46～47.46mg/kg；叶中镍含量在 8 月最小，5 月最大，波动范围为 20.37～25.03mg/kg。Ⅱ区芦苇根中镍含量在 6 月最小，5 月最大，波动范围为 40.93～45.86mg/kg；茎中镍含量在 8 月最小，5 月最大，波动范围为 30.46～37.20mg/kg；叶中镍含量在 8 月最小，5 月最大，波动范围为 17.99～21.45mg/kg。Ⅲ区芦苇根中镍含量在 8 月最小，6 月最大，波动范围为 57.94～66.84mg/kg；茎中镍含

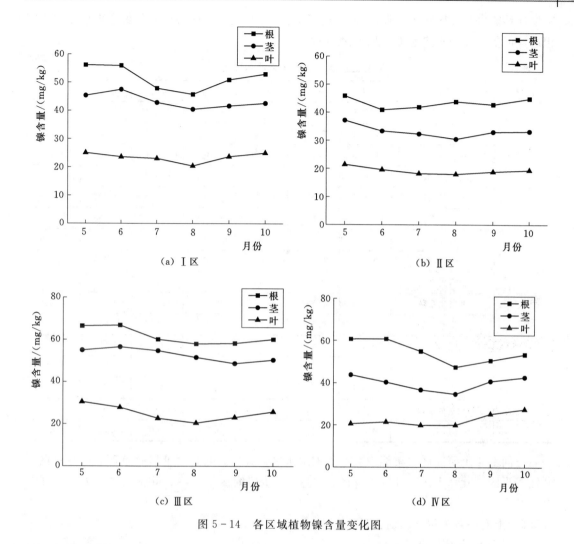

图 5-14　各区域植物镍含量变化图

量在 8 月最小，5 月最大，波动范围为 48.69～56.51mg/kg；叶中镍含量在 8 月最小，5 月最大，波动范围为 20.44～30.55mg/kg。Ⅳ区芦苇根中镍含量在 8 月最小，6 月最大，波动范围为 47.47～60.83mg/kg；茎中镍含量在 7 月最小，10 月最大，波动范围为 34.72～43.81mg/kg；叶中镍含量在 8 月最小，5 月最大，波动范围为 19.89～27.43mg/kg。

3. 芦苇重金属镍富集特征

如表 5-10 所示，Ⅰ区根、茎、叶的富集系数呈现出 5 月富集能力最低，6—8 月处于稳定状态，9 月达到最大值，9—10 月降低。根、茎的富集系数在生长周期内超过了 0.5，转运系数稳定，变动范围为 0.636～0.688，超过了 0.5，芦苇对镍的迁移能力较强。Ⅱ区芦苇在生长周期内表现出不同的规律性，根、茎、叶富集系数最大值在 5 月，5—8 月降低，8—10 月升高，最小值出现在 8 月，根、茎的富集系数超过了 0.5，叶的转运系数超过了 0.5，也表现出了很强的迁移能力。Ⅲ区芦苇在 6 月富集系数最大，8 月最小。

富集迁移能力与Ⅱ区相近。Ⅳ区的变化规律与Ⅰ区相近，Ⅳ区每个月份根富集系数与Ⅰ区相近，但茎、叶的富集能力不如Ⅰ区。

表 5 - 10　　　　　　　　　研究区重金属镍富集系数和转运系数

区域	项目	5 月	6 月	7 月	8 月	9 月	10 月	平均值
Ⅰ区	根富集系数	0.746	0.882	0.807	0.853	1.004	0.941	0.872
	茎富集系数	0.603	0.749	0.722	0.755	0.821	0.758	0.735
	叶富集系数	0.333	0.372	0.388	0.380	0.467	0.444	0.397
	转运系数	0.627	0.636	0.688	0.665	0.642	0.638	0.649
Ⅱ区	根富集系数	0.837	0.810	0.806	0.786	0.774	0.798	0.802
	茎富集系数	0.679	0.660	0.621	0.546	0.597	0.590	0.616
	叶富集系数	0.392	0.388	0.350	0.323	0.341	0.345	0.356
	转运系数	0.639	0.647	0.603	0.553	0.606	0.586	0.606
Ⅲ区	根富集系数	0.815	0.983	0.843	0.726	0.718	0.726	0.802
	茎富集系数	0.674	0.831	0.767	0.646	0.601	0.608	0.688
	叶富集系数	0.374	0.410	0.318	0.256	0.285	0.311	0.326
	转运系数	0.643	0.632	0.644	0.621	0.617	0.633	0.632
Ⅳ区	根富集系数	0.772	0.897	0.886	0.680	0.908	0.871	0.836
	茎富集系数	0.557	0.595	0.593	0.497	0.732	0.695	0.611
	叶富集系数	0.262	0.316	0.321	0.286	0.453	0.447	0.348
	转运系数	0.530	0.508	0.515	0.576	0.653	0.656	0.573

空间上4个研究区富集能力大小为根部Ⅰ区＞Ⅳ区＞Ⅲ区＝Ⅱ区；茎部Ⅰ区＞Ⅲ区＞Ⅱ区＞Ⅳ区；叶部Ⅰ区＞Ⅱ区＞Ⅳ区＞Ⅲ区。4个研究区根、茎、叶富集系数大小为根＞茎＞叶。

5.3.6　土壤—芦苇重金属锰含量

1. 土壤重金属锰含量

如图 5 - 15 所示，Ⅰ区、Ⅲ区和Ⅳ区土壤中锰含量在 5—10 月呈现出逐渐减小的趋势，在 5 月最大，10 月最小。Ⅱ区呈现出 5—8 月减小，8—10 月增加的趋势。Ⅰ区土壤中锰含量变动幅度为 470.25～592.66mg/kg，变异系数为 8.18%。Ⅲ区土壤中锰含量变动幅度为 510.25～592.94mg/kg，变异系数为 6.81%。Ⅳ区土壤中锰含量变动幅度为 514.94～630.38mg/kg，变异系数为 7.85%。Ⅱ区土壤中锰含量变动幅度较小，变动幅度为 545.89～654.42mg/kg，变异系数为 6.06%。内蒙古土壤背景值锰含量为 446.00mg/kg。

2. 芦苇重金属锰含量

如图 5 - 16 所示，4 个芦苇研究区锰含量在 5—10 月呈现出先减小后增加的趋势。Ⅰ区、Ⅱ区和Ⅳ区根、茎、叶中重金属含量为根＞叶＞茎。Ⅲ区根中的锰含量最高，在 5—8 月叶中锰含量大于茎中锰含量，在 8—10 月根中锰含量大于叶中锰含量。一般植物的正常重金属含量为 20～400mg/kg。Ⅰ区芦苇植物根、茎、叶锰含量在 8 月最小，5 月最大，波动范围分别为 124.36～151.43mg/kg、100.60～120.44mg/kg、106.07～135.16 mg/kg。Ⅱ区芦苇根和茎锰含量在 8 月最小、6 月最大，叶中锰含量在 8 月最小、5 月最大，波动范围分别为 129.21～142.92mg/kg、90.62～100.58mg/kg、100.98～114.87 mg/kg。Ⅲ区芦苇根中锰含量在 8 月最小、5 月最大，波动范围为 176.18～200.62 mg/kg，茎中锰含量在 7 月最小、5 月最大。波动范围为 140.10～160.56mg/kg。叶中锰含量在 9 月最小、5 月最大，波动范围为 132.90～186.32mg/kg。Ⅳ区芦苇

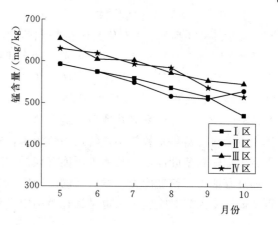

图 5-15 各区域土壤锰含量变化图

根中锰含量在 10 月最小、5 月最大，波动范围为 172.95～214.73mg/kg，茎和叶中锰含量在 8 月最小、5 月最大，波动范围分别为 133.07～168.66mg/kg、119.75～177.98mg/kg。锰含量均在正常范围内，说明芦苇对该环境中的锰有较强的适应性。

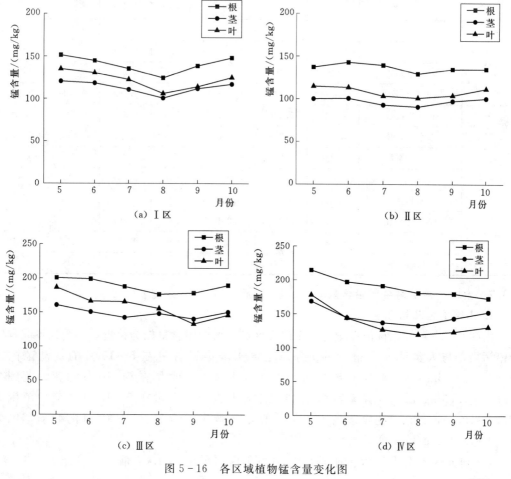

图 5-16 各区域植物锰含量变化图

3. 芦苇重金属锰富集特征

如表5-11所示，4个研究区在5—10月富集系数变化都较为稳定，根、茎、叶的变异系数范围为2.44%~11.25%。空间上4个研究区富集能力大小为根、茎部Ⅳ区＞Ⅲ区＞Ⅰ区＞Ⅱ区，叶部Ⅲ区＞Ⅳ区＞Ⅰ区＞Ⅱ区。4个研究区根、茎、叶富集系数大小为根＞叶＞茎，4个研究区芦苇根中富集系数范围为0.251~0.327，茎中富集系数范围为0.178~0.254，叶中富集系数范围为0.198~0.269。转运系数范围为0.749~0.838。整体上芦苇对锰富集系数较小，转运系数较大，转运系数大于0.5。这说明植物能把一部分重金属运输到茎叶部位，其体内可能有较好的运输机制。总而言之，芦苇植物对锰具有很好的迁移能力，修复能力一般。锰的污染等级为轻微污染，生态风险等级为低风险等级。重金属锰受人为影响较小，也是锰在芦苇中富集稳定的一个原因。

表5-11 研究区重金属锰富集系数和转运系数

区域	项目	5月	6月	7月	8月	9月	10月	平均值
Ⅰ区	根富集系数	0.256	0.252	0.242	0.232	0.269	0.315	0.261
	茎富集系数	0.203	0.206	0.198	0.187	0.217	0.249	0.210
	叶富集系数	0.228	0.227	0.219	0.198	0.221	0.266	0.227
	转运系数	0.844	0.859	0.861	0.831	0.814	0.816	0.838
Ⅱ区	根富集系数	0.232	0.249	0.254	0.250	0.264	0.255	0.251
	茎富集系数	0.169	0.175	0.169	0.176	0.191	0.190	0.178
	叶富集系数	0.194	0.197	0.188	0.196	0.204	0.211	0.198
	转运系数	0.783	0.749	0.703	0.741	0.747	0.786	0.752
Ⅲ区	根富集系数	0.307	0.329	0.311	0.308	0.321	0.346	0.320
	茎富集系数	0.245	0.249	0.236	0.258	0.253	0.275	0.253
	叶富集系数	0.285	0.275	0.275	0.272	0.240	0.267	0.269
	转运系数	0.865	0.796	0.821	0.861	0.767	0.782	0.815
Ⅳ区	根富集系数	0.341	0.318	0.323	0.309	0.334	0.336	0.327
	茎富集系数	0.268	0.233	0.231	0.228	0.267	0.296	0.254
	叶富集系数	0.282	0.233	0.214	0.205	0.230	0.254	0.236
	转运系数	0.807	0.732	0.691	0.699	0.744	0.819	0.749

5.3.7 土壤—芦苇重金属铅含量

1. 土壤重金属铅含量

由图5-17可知，南海湖湿地4个研究区域土壤中铅含量较为接近，都受到不同程度的铅污染，与人类活动有很大的关系。Ⅰ区土壤中铅含量在5—10月的变动范围为64.97~79.21mg/kg，变异系数为8.11。Ⅱ区土壤中铅含量在5—10月的变动范围为56.88~70.69mg/kg，变异系数为7.43。Ⅲ区土壤中铅含量在5—10月的变动范围为62.73~73.83mg/kg，变异系数为6.46。Ⅳ区土壤中铅含量在5—10月的变动范围为61.59~72.10mg/kg，变异系数为5.57。

4个研究区土壤中铅含量平均值分别为小白河湿地的1.87倍、1.73倍、1.87倍、

1.78 倍。铅常作为机动车污染源的标志性元素，汽车会产生大量铅沉降到道路周边的土壤中，包头市的燃煤、采矿活动、煤炭运输、工业活动也是湿地土壤铅污染的主要来源。

2. 芦苇重金属铅含量

如图 5-18 所示，4 个芦苇研究区铅含量在 5—10 月呈现出先减小后增加的趋势。Ⅰ区、Ⅱ区和Ⅳ区根、茎、叶中重金属含量为根＞茎＞叶。

一般植物的正常重金属铅含量为 0.1～41.7mg/kg。Ⅰ区芦苇根中铅含量在 8 月最小，5 月最大，波动范围为 13.67～19.67mg/kg。茎和叶中铅含量在 9 月最小，6 月最大，波动范围分别为 9.30～11.01mg/kg、

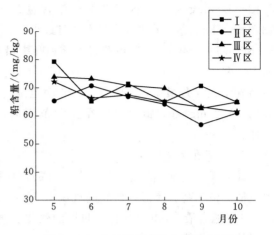

图 5-17　各区域土壤铅含量变化图

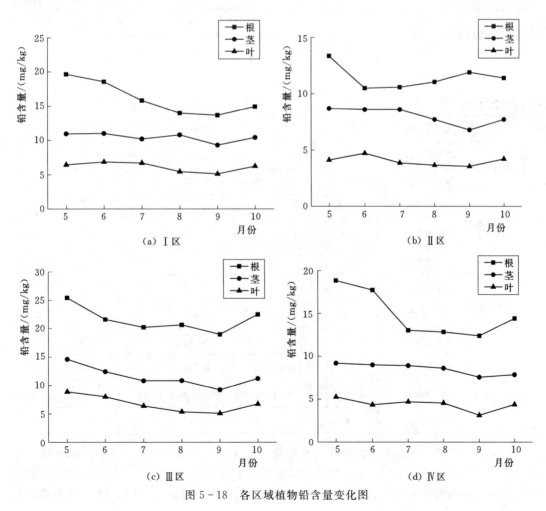

(a) Ⅰ区

(b) Ⅱ区

(c) Ⅲ区

(d) Ⅳ区

图 5-18　各区域植物铅含量变化图

5.12～6.85mg/kg。Ⅱ区芦苇根中铅含量在 6 月最小，5 月最大，波动范围为 10.49～
13.34mg/kg。茎和叶中铅含量在 9 月最小，5 月最大，波动范围分别为 6.78～8.68mg/kg、
3.56～4.71mg/kg。Ⅲ区芦苇根、茎和叶中铅含量在 9 月最小，5 月最大，波动范围分别
为 18.99～25.45mg/kg、9.22～14.61mg/kg、5.08～8.87mg/kg。Ⅳ区芦苇根、茎和叶
中铅含量在 9 月最小，5 月最大，波动范围为 12.38～18.83mg/kg、7.57～9.20mg/kg、
3.12～5.25mg/kg。铅含量均在正常范围内，这说明芦苇对该环境中的铅有较强的适
应性。

3. 芦苇重金属铅富集特征

如表 5 - 12 所示，Ⅰ区根、茎、叶的富集系数呈现出 6 月富集能力最大，9 月富集能
力最低。根、茎、叶富集系数呈现出 5—6 月增加，6—9 月降低，9—10 月升高。Ⅱ区在
5 月富集能力最大，9 月最低。Ⅲ区的变化规律与Ⅱ区相近，5—9 月降低，9—10 月升高。
Ⅳ区的变化规律与Ⅰ区相近。

表 5 - 12　　　　　　　　　　研究区重金属铅富集系数和转运系数

区域	项目	5 月	6 月	7 月	8 月	9 月	10 月	平均值
Ⅰ区	根富集系数	0.248	0.285	0.222	0.215	0.193	0.230	0.232
	茎富集系数	0.138	0.169	0.143	0.166	0.132	0.160	0.151
	叶富集系数	0.081	0.105	0.094	0.084	0.072	0.096	0.089
	转运系数	0.442	0.481	0.534	0.581	0.527	0.557	0.520
Ⅱ区	根富集系数	0.204	0.148	0.158	0.172	0.209	0.187	0.180
	茎富集系数	0.133	0.122	0.129	0.120	0.119	0.126	0.125
	叶富集系数	0.063	0.067	0.058	0.057	0.063	0.069	0.063
	转运系数	0.479	0.634	0.588	0.515	0.434	0.523	0.529
Ⅲ区	根富集系数	0.345	0.295	0.286	0.296	0.303	0.346	0.312
	茎富集系数	0.198	0.170	0.153	0.155	0.147	0.173	0.166
	叶富集系数	0.120	0.109	0.090	0.077	0.081	0.103	0.097
	转运系数	0.461	0.473	0.425	0.392	0.377	0.399	0.421
Ⅳ区	根富集系数	0.261	0.267	0.193	0.197	0.196	0.234	0.225
	茎富集系数	0.128	0.136	0.132	0.133	0.120	0.128	0.129
	叶富集系数	0.073	0.065	0.069	0.070	0.049	0.071	0.066
	转运系数	0.384	0.376	0.522	0.513	0.432	0.425	0.442

空间上 4 个研究区富集能力大小为根部Ⅲ区＞Ⅳ区＞Ⅰ区＞Ⅱ区，茎、叶部Ⅲ区＞Ⅰ
区＞Ⅳ区＞Ⅱ区。4 个研究区根、茎、叶富集系数大小为根＞茎＞叶，4 个研究区芦苇根
中富集系数范围为 0.148～0.346，茎中富集系数范围为 0.119～0.198，叶中富集系数范

围为 0.049～0.120。富集系数小于 1，芦苇对铅的富集能力较差。转运系数范围为 0.376～0.634，转运系数小于 1，总体而言芦苇对铅迁移能力较差。这说明芦苇这种植株较难富集土壤中的铅。本研究调查的铬、镍、锰和铅显示出在 10 月重金属富集能力有所提升。

5.3.8 土壤—芦苇重金属锌含量

1. 土壤重金属锌含量

5—10 月对南海湖湿地 4 个区域的土壤锌含量进行监测，其结果如图 5-19 所示。

4 个研究区重金属锌在 5—10 月变化规律与铅具有一定的相似性。Ⅰ区土壤中锌含量在 8 月有所增加，其他时间均在减少，在 5—10 月的变动范围为 113.63～178.97mg/kg，变异系数为 20.55%。Ⅱ区土壤中锌含量 5—6 月有所增加，7—8 月有所降低，8—10 月较为稳定，在 5—10 月的变动范围为 100.65～143.42mg/kg，变异系数为 13.41%。Ⅲ区土壤中锌含量在 5—7 月呈减少趋势，8 月有所增加，8—10 月减少，在 5—10 月的变动范围为 128.03～180.11mg/kg，变异系数为

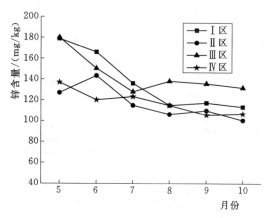

图 5-19　各区域土壤锌含量变化图

13.33%。Ⅳ区土壤中锌含量在 5—10 月呈减少趋势，5—10 月的变动范围为 105.76～137.12mg/kg，变异系数为 9.89%。

4 个研究区重金属锌含量平均值分别是小白河湿地的 0.83 倍、0.59 倍、0.84 倍、0.64 倍。煤矸石中通常含有较多的锌重金属，长期受风蚀会向周围土壤中缓慢地释放重金属，会导致重金属周围土壤重金属锌积累。汽车在行驶过程中轮胎磨损会产生锌。

2. 芦苇重金属锌含量

植物中锌多分布在茎尖和幼嫩的叶片中，植物对锌的吸收是主动过程。一般植物锌含量为 1～160mg/kg。植物体内累积的锌与土壤中的锌含量密切相关。

由图 5-20 可知，4 个区域植物生长初期锌含量均较高。这是因为锌在植物体内的分布与生长素在数量上存在着平衡关系，生长素高的部位，锌的含量也高。生长初期各器官均处于幼嫩阶段，生长素含量较高，对锌的富集作用强，锌含量较高。Ⅰ区和Ⅱ区这两个研究区根、茎、叶中重金属含量为叶＞茎＞根。Ⅲ区芦苇叶中含量最高，5—7 月叶中锌含量大于根中锌含量，7—10 月根中锌含量大于叶中锌含量。Ⅳ区土壤中芦苇在根中锌含量最低，叶和茎的锌含量较为接近。

Ⅰ区芦苇根、茎、叶在 6—8 月下降，因为芦苇生长旺盛，各组织器官体积增长较快，根、茎、叶锌含量相对减少。8—9 月迅速回升，9—10 月根、茎、叶锌归于土壤中。根、茎、叶中重金属锌在 8 月含量最小，6 月含量最大。根、茎、叶中重金属锌波动范围分别为 83.00～109.69mg/kg、107.37～127.33mg/kg、125.34～140.88mg/kg。

Ⅱ区芦苇锌含量在 5—8 月下降，之后植物生长变缓，8—9 月迅速回升，9—10 月根、

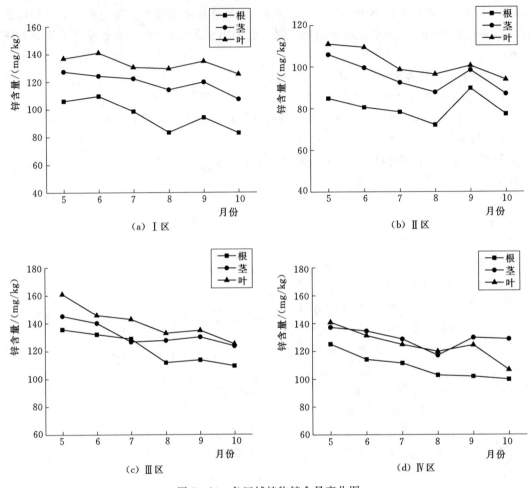

图 5-20　各区域植物锌含量变化图

茎、叶中的锌归于土壤中。根中重金属锌在 8 月含量最小，9 月含量最大，波动范围为 72.13～89.71mg/kg。茎、叶中重金属锌在 8 月含量最小，5 月含量最大。茎、叶中重金属锌含量波动范围分别为 87.10～105.85mg/kg、93.89～110.90mg/kg。

Ⅲ区芦苇重金属锌含量在 5 月最高，5—10 月呈下降趋势，除了供应植物生长的需要外，植物成熟后重量的迅速增加导致的元素稀释作用也是植物锌含量降低的一个原因。8—9 月处于相对稳定状态，10 月归于土壤中。根、茎、叶中重金属锌含量在 10 月最小，5 月最大，波动范围为 109.35～135.62mg/kg、123.56～145.20mg/kg、125.04～161.00mg/kg。

Ⅳ区芦苇锌含量的季节变化规律一致。在 5—8 月持续降低，促进植物叶绿素和生长素合成，9 月植物中锌含量有所回升，10 月植物将锌元素归还于土壤中。根、茎、叶中重金属锌含量在 8 月最小，5 月最大，根、茎、叶中重金属锌含量波动范围为 99.75～125.13mg/kg、116.99～137.15mg/kg、106.59～140.78mg/kg。

3. 芦苇重金属锌富集特征

对于南海湖湿地 4 个芦苇研究区中锌富集系数及转运系数的分析结果如表 5-13 所示，4 个研究区域富集系数呈现出 5—9 月增加，9—10 月降低的趋势。空间上 4 个研究区富集能力大小为根、茎、叶 IV 区＞III 区＞I 区＞II 区，茎、叶 III 区＞I 区＞IV 区＞II 区。4 个研究区根、茎、叶富集系数大小为叶＞茎＞根。3 种优势植物对锌的富集系数均小于 1，相对来说，芦苇对锌元素的富集能力更强一些。因此，芦苇对锌的富集转运能力较强，有利于锌元素的去除。

表 5-13　　　　　　　　　　　研究区重金属锌富集系数和转运系数

区域	项目	5 月	6 月	7 月	8 月	9 月	10 月	平均值
I 区	根富集系数	0.593	0.661	0.724	0.724	0.801	0.730	0.706
	茎富集系数	0.711	0.748	0.898	0.993	1.020	0.945	0.886
	叶富集系数	0.765	0.849	0.958	1.125	1.147	1.103	0.991
	转运系数	1.245	1.208	1.282	1.462	1.352	1.402	1.325
II 区	根富集系数	0.668	0.562	0.681	0.678	0.816	0.768	0.695
	茎富集系数	0.833	0.694	0.804	0.825	0.895	0.865	0.819
	叶富集系数	0.872	0.762	0.858	0.906	0.914	0.933	0.874
	转运系数	1.277	1.296	1.220	1.277	1.109	1.170	1.225
III 区	根富集系数	0.753	0.878	1.006	0.809	0.837	0.828	0.852
	茎富集系数	0.806	0.932	0.989	0.923	0.958	0.936	0.924
	叶富集系数	0.894	0.969	1.115	0.961	0.992	0.947	0.980
	转运系数	1.129	1.082	1.046	1.165	1.165	1.137	1.121
IV 区	根富集系数	0.913	0.949	0.903	0.894	0.963	0.933	0.926
	茎富集系数	1.000	1.118	1.042	1.017	1.226	1.204	1.101
	叶富集系数	1.027	1.091	1.011	1.041	1.176	0.997	1.057
	转运系数	1.111	1.164	1.137	1.151	1.247	1.179	1.165

参 考 文 献

［1］ 李卫平，王非，杨文焕，崔亚楠，樊爱萍，苗春林. 包头市包头南海湖湿地土壤重金属污染评价及来源解析［J］. 生态环境学报，2017，26（11）：1977 - 1984.

［2］ 朱先芳，唐磊，季宏兵，李祥玉，郝睿. 北京北部水系沉积物中重金属的研究［J］. 环境科学学报，2010，30（12）：2553 - 2562.

［3］ 张连科，李海鹏，黄学敏，李玉梅，焦坤灵，孙鹏，王维大. 包头某铝厂周边土壤重金属的空间分布及来源解析［J］. 环境科学，2016，37（3）：1139 - 1146.

［4］ 徐明露，方凤满，林跃胜. 湿地土壤重金属污染特征、来源及风险评价研究进展［J］. 土壤通报，2015，46（3）：762 - 768.

［5］ 吕建树，张祖陆，刘洋，代杰瑞，王学，王茂香. 日照市土壤重金属来源解析及环境风险评价［J］. 地理学报，2012，67（7）：971 - 984.

［6］ 陈学民，朱阳春，伏小勇. 天水苹果园土壤重金属富集状况评价及来源分析［J］. 农业环境科学学报，2011，30（5）：893 - 898.

［7］ 高红霞，王喜宽，张青，李世宝. 内蒙古河套地区土壤背景值特征［J］. 地质与资源，2007（3）：209 - 212.

［8］ 王宏. 东洞庭湖湿地土壤重金属的分布特征及风险评价［D］. 长沙：湖南师范大学，2012.

［9］ 刘志杰，李培英，张晓龙，李萍，朱龙海. 黄河三角洲滨海湿地表层沉积物重金属区域分布及生态风险评价［J］. 环境科学，2012，33（4）：1182 - 1188.

［10］ 周晶，章锦河，陈静，李曼. 中国湿地自然保护区、湿地公园和国际重要湿地的空间结构分析［J］. 湿地科学，2014，12（5）：597 - 605.

［11］ 陈碧珊，苏文华，罗松英，吴增聪，莫莹，李秋琴，黄仁儒. 湛江特呈岛红树林湿地土壤重金属含量特征及污染评价［J］. 生态环境学报，2017，26（1）：159 - 165.

［12］ 刘婉清，倪兆奎，吴志强，王圣瑞，曾清如. 江湖关系变化对鄱阳湖沉积物重金属分布及生态风险影响［J］. 环境科学，2014，35（5）：1750 - 1758.

第 6 章

土地利用方式对南海湖湿地土壤
有机碳稳定及储量的影响

6.1 概述

　　湿地在调节气候、涵养水分、防治土壤侵蚀等方面具有不可替代的作用。湿地生态系统具有巨大的碳库储量及其固碳潜力，湿地土壤有机碳库为陆地生态系统中重要的碳库之一，其存储的碳接近全球土壤碳库的 1/3，在全球碳循环和气候变化中发挥着重要作用，既可表现为碳汇，也可表现为碳源。湿地土壤是构成湿地生态系统的 3 大要素之一，由于湿地生态系统具有特殊的水文条件和植被覆盖，使湿地土壤具有有机质含量高、微生物活动丰富和特殊的理化性质等重要特征，这些都有别于陆地土壤。湿地土壤有机碳不仅显著影响湿地生态系统的生产力，还能够指示湿地对气候变化的响应。在自然的湿地环境下，湿地土壤水分的过饱和状态会导致土壤有机质含量增高，这是因为在明水覆盖下，土壤中好氧微生物活动弱，大量的动植物残体分解缓慢并以有机质的形式在湿地土壤中存留下来，成为天然的碳库储量。然而，在人类活动和气候变化的影响下，湿地土壤有机质一部分会以二氧化碳和甲烷的形式排向大气，导致气候变化。土壤碳库中的活性有机碳对环境因子变化响应最为敏感，为能够反映土壤碳库稳定性的一个重要指标，而土地利用变化最先引起土壤活性炭库的变化，能够通过湿地土地利用来对湿地进行管理和保护，改善湿地生态系统环境。因此，越来越多的学者开始重视湿地土壤活性有机碳、组分特征以及土地利用方式对湿地土壤有机碳的影响。

　　关于土壤有机碳的相关文章初期发展阶段较少，大多都是针对湿地土壤有机碳储量的研究，侧重于湿地土壤有机碳平衡，而土地利用方式下土壤有机碳变化的研究主要是关于森林、草地或牧场等不同植被类型土壤有机碳储量的变化；中期阶段对于湿地碳储量的研究更多偏向于湿地土壤的固碳及碳储量的空间分布，并且引入有机碳组分对湿地土壤有机碳进行更加全面的分析，研究区域覆盖了包括寒带、温带及热带湿地等全部气候区域，而土地利用方式研究更加关注耕作与人为干扰对土壤有机碳的影响，区域多在典型和土地利用变化较为快速的区域，如热带草原和巴西亚马逊流域等；之后进入深层次研究阶段，关于湿地土壤有机碳储量的研究覆盖了沼泽、湖泊、河流以及人工湿地等湿地类型，而土地利用方式的研究关于土壤有机碳稳定性的探讨开始增多，并且越来越多地关注有机碳空间分布动态变化研究。另外，随着科学技术的发展，3S技术进一步应用于湿地碳储量研究中，使得样品采集更加精确，研究更加方便精准。

由于长期处于淹水或水分过饱和状态，湿地积累了更多的活性有机碳，对气候变化更为敏感，土地利用方式变化能够最先引起土壤活性有机碳的变化，因此利用土壤活性有机碳来研究不同土地利用方式变化下土壤碳库稳定性及土壤有机碳含量分布的差异性成为相关研究的热点。国外关于土地利用方式对土壤有机碳的研究日趋增多，通过土地利用方式变化对湿地的保护和管理成为重中之重，同时利用分数变化为活性有机碳研究依据的文章也成为新的研究趋势。

中国初期对湿地土壤有机碳的研究更加关注有机碳含量分布与研究方法，不同土地利用方式的研究大都比较注重土地利用类型和变化对土壤有机碳的含量变化研究。随后关于湿地土壤有机碳的研究开始多元化，不同流域和地区以及不同湿地类型（滨河、湖泊、沼泽湿地等）的研究逐渐增多，更加关注于湿地土壤有机碳储量和碳循环过程，并且一些评价模型也开始逐渐应用，在不同土地利用方式上更加注重对湿地土壤有机碳的影响机制研究。如马坤在其研究论文《若尔盖高寒湿地土壤有机碳储量时空变化研究》中先对若尔盖高寒湿地土壤有机碳做了空间分布分析，再利用模型模拟和统计分析等方法对若尔盖高寒湿地土壤有机碳储量进行了时空分布分析，有机碳储量的历史演变及驱动因素，最后又估算了未来变化趋势，以此来反映若尔盖高寒湿地土壤有机碳储量的时空变化；如王丽丽等在其研究论文《三江平原湿地不同土地利用方式下土壤有机碳储量研究》中选取了东北三江平原沼泽湿地5种土地利用方式，结果表明土壤有机碳含量及有机碳密度均呈随深度增加而减小的趋势，并且开垦降低了土壤有机碳含量、有机碳密度和有机碳储量。国内对湿地碳的研究对于碳循环过程、沉积物有机碳的分布及影响、湿地碳储量和碳汇功能等比较重视，尤其湿地碳储量、有机碳组分以及土地利用方式变化对湿地土壤有机碳稳定性及时空分布特征的研究逐渐增多。越来越多国内学者的论文开始在国际期刊发表，大多集中在土壤碳储量的研究以及不同土地利用方式和土地管理对土壤有机碳的影响，同时，不断增长的论文数量也体现了对湿地土壤有机碳的重视以及研究深度的不断增加。如董洪芳等通过土壤有机碳组分（重组有机碳、轻组有机碳、颗粒有机碳）分布特征研究黄河三角洲碱蓬湿地，研究表明黄河三角洲新生碱蓬湿地重组有机碳含量比例较高，呈稳定碳库。黄昕琦等把内蒙古乌梁素海湿地划分为湖中芦苇区、人工芦苇区和弃耕芦苇区，通过土壤有机碳组成（颗粒有机碳和矿质结合有机碳）和碳储量研究乌梁素海湿地，研究表明湖中芦苇区土壤总有机碳含量最高，弃耕芦苇区土壤总有机碳含量较低，土壤有机碳组分含量随土壤深度增加而减小。许信旺等研究了安徽省不同土地类型表层土壤的有机碳密度和碳库的特点，研究表明表层土壤有机碳储量分布表现为林地＞水稻土＞旱地，人为利用土地主要影响了区域土壤碳库的碳密度。

国内学者通过对湿地土壤有机碳组分的研究发现，湿地类型及研究区域的不同，有机碳组分差异较大，即使在同一湿地类型或者研究区域，也会因为植被类型、淹水频率、人为活动等差异，导致土壤有机碳组分含量的分布差异，因此，加强对不同湿地类型土壤有机碳组分的研究能够更加精准地评估湿地碳储量及对气候变化的影响。目前，国内关于湿地土壤活性有机碳的研究也日趋增加，对湿地土壤活性有机碳、组分特征以及土地利用方式变化与管理对湿地土壤有机碳具体指标影响的研究也越来越多，大都集中在比较大的湿地，如闽江口、三江平原、尕海等湿地。及时掌握国际研究形势动态变化，选择具有中国特色地情和气候变化的湿地类型，利用模型模拟与统计分析方法相结合研究湿地土壤有机碳是目前国内研究的重点。

土地利用变化可以向大气中排放二氧化碳和甲烷等温室气体，大气中积累有大量的碳，约有 1/3 是来自于土地利用方式变化，而在由土地利用变化引起的碳排放中，约有 1/3 是因为土壤有机质含量的减少。由于湿地是地球上重要的碳储存库，土地利用方式变化对有机碳稳定性和碳库储量影响较大，同时土地利用方式对土壤理化性质也会造成改变，因此研究土地利用方式变化对有机碳稳定性及全球碳循环的影响研究成为当前研究的重点。近年来，大面积的湿地被人为开发利用，天然湿地正遭受着严重的人为影响，生态系统被破坏，有机碳稳定和碳储存的功能减弱，寻找更合适的土地利用方式来平衡湿地土壤管理生态系统的稳定已刻不容缓。

据估计，目前全球湿地面积减少约 50%，湿地丧失的主要原因就是农业排水、开垦和旅游开发等人为活动，农业排水可以直接造成地下水位降低；水产养殖可以提高矿化度；城市化使湿地面积减少；耕作使有机质分解加快等，使得土壤有机碳含量降低，人类活动已经对湿地造成了严重的威胁。

土地利用方式可以直接影响湿地土壤有机碳分布特征及含量，进而影响碳库稳定性和碳循环，还可以通过影响土壤理化性质改变而间接影响土壤有机碳的含量和分布，到目前为止，国内外在土地利用方式变化方面对旱地土壤有机碳含量的研究较早，并且已经有了大量的研究成果和资料，但是关于土地利用方式变化对湿地土壤有机碳储量和碳库稳定性的研究还较少，因此通过土地利用方式变化对土壤有机碳分布特征和储量的研究很有意义。Euliss 等人研究的结论是美国北部草原区湿地向农业用地的转换导致了该区域损失了大量的土壤有机碳，但在湿地恢复后，土壤有机碳含量正在逐渐增加；雷波等与刘子刚研究表明开垦加快了土壤有机碳的分解速率，并且耕地之后土壤向空气中排放的甲烷增加；宋长春等研究表明湿地被开垦后有机碳含量降低并且开垦初期有机碳含量变化幅度较大，随着开垦年限的增加，有机碳降低趋势减小；张金波等研究认为开垦使有机碳含量降低并且土壤有机碳的可利用性下降。

本书以包头南海湖湿地为黄河湿地代表性区域，通过资料收集，实地勘察，数据监测，实验分析，对南海湖湿地土壤有机碳进行分析，探讨不同土地利用方式（空地区、芦苇区、玉米区、向日葵区、树林区）对土壤有机碳稳定性及碳储量的影响，为今后南海湖湿地的保护和利用提供数据支撑，并提出针对性保护建议。

6.2　土壤理化性质

南海湖湿地有草甸土、盐土和风沙土三种较为典型的土壤类型。其中草甸土主要分布于湖区及外围沼泽地带，是保护区内面积最大的一个土壤类型。风沙土主要分布在黄河岸边的沙滩地。盐土呈斑块状散布于沼泽的外围，分布区域较小。另外，南海湖湿地保护区地下水较浅，土壤湿度大，pH 为 8~9，呈碱性土，土壤中有机质含量较高。土壤表层以粉状沙粒为主，整体通气性好，透水性较差。

对包头南海湖湿地进行实地勘察，根据湿地植被区域划分为空地区、芦苇区、玉米区、向日葵区、树林区进行采集样品，树林区主要采集生长旱柳区域。由于南海湖湿地水域较广，一些区域不能进行土样采集，故选取具有代表性的区域划分点位进行样品采集。其中，芦苇为自然生长，旱柳、向日葵和玉米均为人工种植，种植年限分别为旱柳 10 年、向日葵 17 年和玉米 29 年，旱柳为不施肥状态，向日葵和玉米均为人工施肥。取样布点如图 6-1 所示；取样点布设说明见表 6-1。

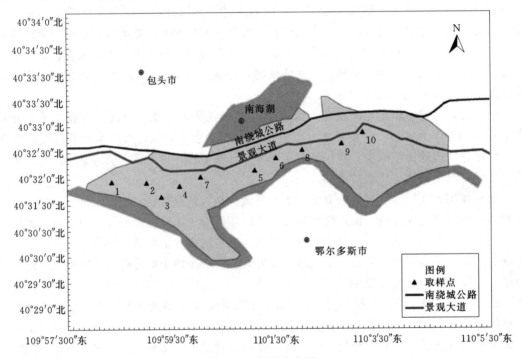

图 6-1　取样布点图

表 6-1　　　　　　　　　　包头南海湖湿地取样点布设说明

序号	编号	名称	序号	编号	名称
1	TR1	空地区1点	6	TR6	芦苇区1点
2	TR4	树林区1点	7	TR8	玉米区对照点
3	TR5	玉米区1点	8	TR9	空地区对照点
4	TR3	树林区对照点	9	TR10	向日葵区对照点
5	TR7	芦苇区对照点	10	TR2	向日葵区1点

由于湿地各类植被区域划分较为分散，每种土地利用方式选取一块区域进行取样不具有代表性，因此为了研究的精确性，每种土地利用方式另选取一个对照点位进行取样，以

保证实验数据的完整性。在每种土地利用类型每个点位的分布区域内，根据实际情况选取 3 个 2m×2m 样方，总共采集 30 个样方。在每个样方 4 个顶点及样方中心点上用土钻采集 0～10cm、10～20cm、20～30cm、30～40cm、40～50cm、50～60cm 共 6 个层次的土样，同一样方的土样进行同层混合。土样装入自封袋带回实验室自然风干，除去石块、动植物残体等杂物，研磨用四分法取样并过 100 目筛备用。具体检测指标和测定方法见表 6-2。

表 6-2　　　　　　　　　　　检测指标和测定方法

检测指标	测定方法	检测指标	测定方法
土壤总有机碳	重铬酸钾氧化法—烘箱法	土壤含水率	烘干法
活性有机碳	高锰酸钾氧化法	土壤孔隙度	根据土壤容重计算
土壤容重	环刀法	土壤有机碳储量	密度法
土壤 pH	电极法		

（1）土壤容重计算方法。在现场用环刀采集土壤样本，带回室内，放在 105℃烘箱内烘干至恒重，称量烘干土及铝盒重量，确保每个小样方有 3 个重复，土壤容重计算公式为

$$土壤容重 = \frac{G_1 - G_0}{V} \tag{6-1}$$

式中　V——环刀的容积；

　　　G_0——铝盒的重量；

　　　G_1——铝盒及湿土的重量。

（2）土壤含水率计算方法。将刚带回实验室的湿土和铝盒称重后，在 105℃的烘箱内将土样烘干 6～8h 至恒重，然后测定烘干土样，土壤含水率计算公式为

$$土壤含水率 = \frac{M_0 - M_s}{M_s - M_b} \times 100\% \tag{6-2}$$

式中　M_0——土样湿土和铝盒的总重；

　　　M_s——土样干重和铝盒的总重；

　　　M_b——铝盒单独重量。

6.2.1　土壤容重

土壤容重取决于土壤性质、植被根系导致的土壤腐殖质和疏松度等自然因素，人类活动的干扰（比如人为踩踏）也会改变土壤的容重特征。由图 6-2 可知，不同土地利用方式下土壤容重伴随土壤深度的增加呈逐渐增大的趋势，空地区、玉米区、向日葵区、树林区和芦苇区土壤容重平均值分别为 1.51g/cm³、1.28g/cm³、1.24g/cm³、1.19g/cm³ 和 1.17g/cm³。不同土地利用方式下土壤容重差别明显，尤其体现于表层 0～10cm，土壤容重为 1.06～1.51g/cm³，呈现芦苇区＜玉米区＜树林区＜向日葵区＜空地区的趋势，在 0～10cm 层由于向日葵区受人为踩踏较为严重，使得 0～10cm 层向日葵区容重高于玉米区。其中，空地区土壤容重是芦苇区的 1.42 倍，随着剖面深度的增加，这种差别逐渐变小。最终土壤容重整体呈现芦苇区＜树林区＜向日葵区＜玉米区＜空地区的趋势。各类土地利用方式下土壤容重随深度的变化如图 6-2 所示。

由图 6-2 也可以看出空地区、向日葵区、树林区 0～10cm 层土壤容重较高，这是由

于人类活动将土壤压实对这些区域表层土壤的容重起正影响作用，而过度的土壤压实破坏了垂直根部的穿透，这可能会减少土壤有机碳（SOC）向深层的迁移，造成土壤有机碳储量减小，也印证了土壤有机碳与土壤容重呈负相关关系。

6.2.2 孔隙度

土壤孔隙度就是土壤空隙容积占土体容积的百分比。土壤中存在各种形状的粗细不均的土粒集合和排列或者土壤团聚体形成固相的骨架。而骨架内存有土粒或团聚体构成的各种形状的空隙，这就构成了复杂的空隙系统，全部的空隙容积和土体容积的百分率，就称之为土壤孔隙度。其中，水和空气都是存在于土壤空隙系统中，并且充满于土壤空隙系统之中。

5种土地利用方式下土壤孔隙度随深度的变化如图6-3所示。由图6-3可知，5种土地利用类型土壤孔隙度随着采集深度的增加而减小，整体呈现空地区＞玉米区＞向日葵区＞芦苇区＞树林区的趋势。其中，向日葵区在10～20cm层下降幅度较大，这是因为向日葵区表层经常覆盖有水分，使得表层土壤通气性较差，但在10～20cm层之后土壤含水率下降，土壤容重也下降，随着深度增加，下降趋势有所减缓；芦苇区在20～30cm层土壤孔隙度增大，之后随着深度增加，呈现大幅度下降趋势，这可能是因为芦苇在0～20cm层经常覆盖有水分，使得土壤通气性不高，致使土壤表层孔隙度不高，从20～30cm层，随着土壤含水率的下降，使得土壤孔隙度增大，随着深度的增加，由于芦苇根系对土壤水分的固定作用以及对土壤的抓固，使得土壤孔隙度有所下降；树林区在40～50cm层土壤孔隙度下降幅度较大，这可能是因为在树林区树木之间会生长有很多的杂草以及灌木丛，使得表层土壤对于通气性较好，孔隙度也就越大，但在40～50cm层之后，杂草以及灌木丛根系不能影响到这么深层次的土壤，使得土壤孔隙度大幅度下降。根据上述分析可知，土壤容重越大，土壤含水率越小，土壤孔隙度也越小。

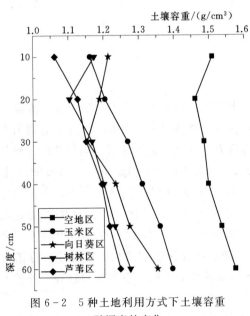

图6-2 5种土地利用方式下土壤容重
随深度的变化

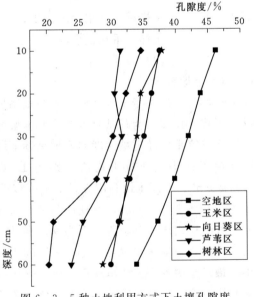

图6-3 5种土地利用方式下土壤孔隙度
随深度的变化

　　土壤深度与土地利用方式会改变土壤容重和孔隙度。Evrendilek 等人研究表明，草地与林地在土壤表层的土壤容重无明显差别，但耕地会比草地和林地具有更高的土壤容重；Jarecki 等人在 0～30cm 土壤耕地的土壤容重要明显大于林地，随着深度增加，在土壤深度大于 30cm 之后的土层中耕地与林地的土壤容重无明显差别；Arvidsson 认为有机碳含量较高时土壤容重较低，并且当耕作地被恢复为草地和自然牧地后，土壤容重逐渐增加。这主要是由于耕地破坏了土壤团聚体，减小了土壤孔隙度，并且刺激了土壤有机物质的分解与矿化，同时，植被的移动、土壤有机物的损失也将增加土壤容重。在本研究中，土壤容重呈现芦苇区＜玉米区＜树林区＜向日葵区＜空地区的趋势，土壤孔隙度呈现空地区＞玉米区＞向日葵区＞芦苇区＞树林区的趋势，该结果与上述研究结果相似。

6.2.3　含水率

　　5 种土地利用方式下土壤含水率随深度的变化如图 6-4 所示。由图 6-4 可知，向日葵区、玉米区和树林区三个区域含水率相差不大，但明显树林区整体含水率要高于玉米区，而向日葵区在 30～40cm 层之后要高于树林区，树林区表层土壤生有草丛和其他植被，植物根系较为发达，对土壤水量具有较好的稳固作用，向日葵区多种植于路边，表层覆盖有水，使得整体含水率要高于玉米区，而在 30～40cm 层之后含水率会高于树林区，可能是由于向日葵区根系对水分稳定作用较高，且向日葵区土壤容重要高于树林区，说明含水率会受到土壤容中的影响。

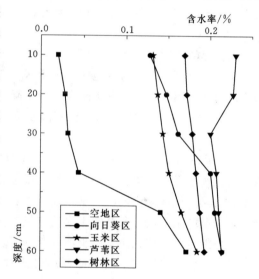

图 6-4　5 种土地利用方式下土壤含水率随深度的变化

　　由图 6-4 可以明显看出，空地区和芦苇区为含水率相差最大的区域，其中，空地区为含水率最低的区域，经过 40～50cm 层之后含水率突然增加，因南海湖湿地位于黄河旁边，深层土壤水量较高，并且受到土壤容重的影响，在 40cm 之上土壤含水率较低，主要受表层植被和人为踩踏，土壤密度较大，含水率较低。芦苇区表层长期覆盖有水分，因此，表层土壤含水率最高，随着深度的增加，含水率先减小后又增加，说明在 20～30cm 层含水量下降，但随深度增加，芦苇根系固水，使得含水率又有增加，芦苇长期处于有水环境下，含水率明显会高于其他 4 个区域。结合土壤容重和土壤含水率分析，土壤容重越大，土壤含水率越小，并且，随着深度的增加，土壤含水率逐渐减小。

　　综上可知，不同土地利用方式下土壤容重伴随土壤深度的增加逐渐增大，整体呈现芦苇区＜树林区＜向日葵区＜玉米区＜空地区的趋势；土壤孔隙度随着采集深度的增加而减小，土壤容重整体呈现空地区＞玉米区＞向日葵区＞芦苇区＞树林区，土壤含水率越小，土壤孔隙度也越小。

6.3 土壤有机碳组分空间分布特征

6.3.1 土壤有机碳组分垂直分布特征

1. 土壤总有机碳含量垂直分布特征

南海湖湿地 0～10cm、10～20cm 层有机碳含量较高，除空地区有机碳含量从 0～10cm、10～20cm 下降趋势不太明显外，其他 4 类区域下降趋势都较大，有机碳含量随深度增加而减小（图 6-5），与其他湿地土壤有机碳的研究结果相似。各类型有机碳含量峰值均出现在表层 0～10cm 范围内，5 种土地利用方式在 30～60cm 的有机碳含量均小于 10g/kg。空地区、玉米区、向日葵区、树林区、芦苇区有机碳含量垂直变化范围为 4.25～6.67g/kg、5.86～10.26g/kg、5.86～11.58g/kg、5.31～14.60g/kg、6.57～16.71g/kg。另外，不同土地利用区域有机碳含量 0～60cm 不同土层有机碳含量的变异系数在 14.42%～32.52%。

不同土地利用方式下，0～10cm、10～20cm 层有机碳含量差异显著，且以 0～10cm 层差异最为显著，呈现为空地区＜玉米区＜向日葵区＜树林区＜芦苇区的趋势。湿地开垦为不同土地利用方式后，有机碳含量均下降，其中以 0～10cm 层下降幅度最大，如在 0～10cm 层玉米区降低 39%、向日葵区降低 31%、树林区降低 13%，随着剖面深度的增加这种差异变小。玉米区和向日葵区由于同受人为耕作活动的扰动，有机碳含量在表层土 0～20cm 内无显著差异，有机碳含量下降幅度也相差无几；而树林区受人为活动干扰较少，有机碳含量下降幅度较小。可见，湿地转化为耕地不仅导致表层有机碳含量下降，而且使得表层有机碳变化幅度缩小，改变了表层有机碳的分布结构特征。陈伏生等也有类似结论，表明开垦不仅导致草甸土表层有机碳含量降低，而且改变了其在表层的空间分布格局，这可能是耕作措施使下层土壤不断翻至表层造成稀释的结果。在其他分层，有机碳含量无显著差异，这说明不同土地利用方式对湿地有机碳含量的影响差别主要体现在 0～10cm 层。

5 种土地利用方式下土壤有机碳含量随深度的变化如图 6-5 所示。

土壤有机碳在垂直剖面上的分布规律主要与植被凋落物、根系和根系分泌物分布有关。土壤表层分布着植被根系以及大量的枯枝落叶，特别是树林区和芦苇区，表层凋落物多，根系发达，随着土壤深度的增加，植被根系减少，死根腐解能够为土壤提供丰富的碳源，这也可以解释树林区和芦苇区自 0～10cm、10～20cm 层向下深度有机碳含量变化较大的垂直分布特征。

树林区因其大量的凋落物能够为表层土壤提供丰富的有机碳来源，另外，树林区土

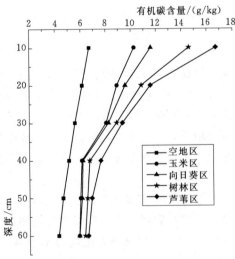

图 6-5 5 种土地利用方式下土壤有机碳
含量随深度的变化

壤没有耕作等人为干扰，土壤大团聚体受外力破碎的几率较低，被土壤大团聚体保护的有机碳能够得到较好的保护，有机碳含量较高；芦苇种植密度高，植被覆盖率比较大，植被凋落物及根系分泌物能够为土壤提供更多的有机质，土壤有机碳含量升高，此外，植被根系的分布直接对土壤有机碳的分布造成影响，大量死根腐解为土壤提供了丰富的碳源，使得芦苇区总有机碳含量最高。

从总有机碳含量数据分析，玉米区和向日葵区较之空地区，总有机碳含量较大，但受人为耕作和其他活动影响较大，致使总有机碳含量低于树林区和芦苇区；而芦苇区大面积种植且极少有人为活动干扰，以及芦苇自身对有机碳的吸附和大量枯枝烂叶的腐烂分解使得芦苇区总有机碳含量最高，对于南海湖湿地有机碳的储存起积极作用。同时，天然湿地被认为开垦利用之后，会使土壤总有机碳含量减少，分析原因可能是土壤有机碳一部分会被植被吸收带走，另一部分可能通过土壤的呼吸以二氧化碳或甲烷的形式排向大气造成土壤总有机碳含量的流失。国外有学者研究表明，森林转化为耕作土壤后，土壤不稳定碳（活性有机碳）增加，一直到土壤有机碳减少到稳定型碳（惰性有机碳）时，土壤有机碳的下降幅度方才减小，因此，他们得出结论不稳定碳更容易受到干扰，对环境因子变化更为敏感，可以作为土壤碳变化的指示剂。另外，土地利用方式除了通过枯枝落叶数量、土壤呼吸、土壤理化性质和有机碳分解速率外，还通过影响土壤有机质稳定性进而影响碳储存。

2. 土壤有机碳组分含量垂直分布特征

土壤碳库中的活性有机碳对环境因子变化响应最为敏感，作为能够反映土壤碳库稳定性的一个重要指标，活性有机碳是有效性较高、易被微生物分解利用部分有机质，易受到外界干扰，不利于碳库的稳定；惰性有机碳的生物活性相对较低，很难被微生物利用，为稳定碳库。因此，本文把土壤有机碳分为总有机碳、活性有机碳和惰性有机碳来进行南海湖湿地碳稳定性和碳储存的研究。

南海湖湿地总有机碳和活性有机碳标准方差和变异系数见表6-3。

表6-3　　　　　　　南海湿地有机碳含量标准方差和变异系数

深度/cm	总 有 机 碳		活 性 有 机 碳	
	标准偏差	变异系数	标准偏差	变异系数
0~10	3.89	32.52%	1.58	30.26%
10~20	2.11	22.41%	1.04	27.17%
20~30	1.47	18.39%	0.78	27.19%
30~40	0.93	14.68%	0.36	16.87%
40~50	0.87	14.42%	0.40	21.00%
50~60	0.90	15.66%	0.38	21.56%

由表6-3可知，有机碳含量0~60cm不同土层总有机碳含量的变异系数在14.42%~32.52%，平均为19.68%；活性有机碳含量的变异系数在16.87%~30.26%，平均为24.01%。根据雷志栋等和Nielsen.D.R通过变异系数（CV）对空间变异性进行划分：$CV<10\%$为弱变异性，$10\%~36\%$为中等变异性，$CV>100\%$为强变异性。由此可以得知，南海湖湿地总有机碳和活性有机碳均属于中等变异。在0~10cm层变异系数

均为最大，表层受人为干扰和植被覆盖（枯枝烂叶腐烂分解使得有机碳含量增加）影响较大，随着土壤深度增加，变异系数逐渐减小，碳库稳定性越发趋于稳定。

南海湖湿地总有机碳和活性有机碳含量见表6-4。

表6-4　　　　　　　　南海湿地总有机碳和活性有机碳含量

深度/cm	总有机碳/(g/kg)			活性有机碳/(g/kg)		
	最小值	最大值	平均值	最小值	最大值	平均值
0~10	6.67	16.71	11.69	2.47	6.17	4.32
10~20	6.12	11.56	8.84	2.10	4.83	3.47
20~30	5.54	9.34	7.44	1.77	3.64	2.71
30~40	5.07	7.61	6.34	1.58	2.42	2.00
40~50	4.60	6.87	5.73	1.35	2.26	1.80
50~60	4.25	6.57	5.41	1.22	2.10	1.66

由表6-4可知，活性有机碳含量在1.22~6.17g/kg之间，平均值为2.66g/kg，总有机碳含量在4.25~16.71g/kg之间，平均值为7.58g/kg，活性有机碳含量占总有机碳含量的30.73%~39.23%。张文敏等研究表明，在0~30cm范围内总有机碳含量在3.87~6.78g/kg之间；活性有机碳含量在1.28~2.22g/kg之间，平均值为1.75g/kg，活性有机碳含量占总有机碳含量的32.74%~33.07%。黄昕琦等研究表明，在0~40cm范围内总有机碳含量在2.55~16.00g/kg之间；活性有机碳含量在0.28~6.96g/kg之间，活性有机碳含量占总有机碳含量的10.98%~43.5%。南海湖湿地与乌梁素海湿地土壤总有机碳含量相差不多，但南海湖湿地活性有机碳整体所占比重较乌梁素海湿地大，碳库稳定性也相对较差。

土壤有机碳中包含着植被的枯枝烂叶和残留根系、动物的残骸和微生物残体在不同时期和阶段的分解物，土地利用方式变化影响着土壤呼吸强度、土壤疏密度和土壤理化性质，进而改变土壤有机碳的分解速率，从而控制着陆地生态系统中碳的含量和转变。土地利用方式变化使得大量的碳从土壤中被排放到大气中，完成碳从陆地生态系统向大气转换的过程，土地利用方式变化也被认为是碳转换和变化的驱动因子。但是土壤有机碳含量仅是土壤中有机物质的一个平衡结果，并不能完全反映土地利用方式变化所带来的影响，要探究土地利用方式对土壤有机碳的影响还需要将对环境因子响应更为敏感的有机碳组分分离出来，反映土地利用变化所引起的土壤碳变化。

土壤活性有机碳是指易被矿化和分解，且稳定性不高的有机碳组分，具有较高植物和土壤微生物活性，虽然活性有机碳只占土壤有机碳总量的较小部分，却可以在土壤总有机碳变化之前反映土壤的变化，因此可以利用活性有机碳来反映土壤碳库的稳定性以及有机碳含量差异。

各土地利用方式下土壤有机碳组分含量随深度的变化如图6-6所示。

在不同土地利用方式下，由于地被类型的不同，地表植被数量所形成的表层凋落物数量也不同，通过凋落物的腐殖及植被根系分泌物对土壤有机物质的影响也不相同，并且由于土壤环境的差异，土壤有机碳的分解转化程度、土壤呼吸强度和有机碳矿化速率不同，

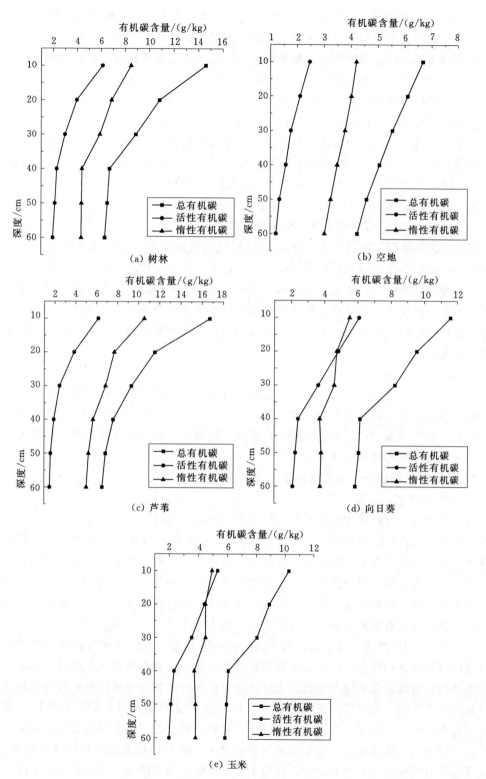

图 6-6　各土地利用方式下土壤有机碳组分含量随深度的变化

因此土壤的活性有机碳也产生巨大差异。由图6-6可以看出，5种土地利用方式下，活性有机碳含量都要小于惰性有机碳含量，南海湖湿地碳库总体呈现稳定现象。

在不同土层，由于土壤性质、植被根系分布和人类活动干扰等环境影响因素不同，不同类型土壤的活性有机碳在剖面的分布规律不同。本研究中表层含量明显高于中下层，0～10cm层活性有机碳含量较大，空地区活性有机碳含量为2.47g/kg，总有机碳含量为6.67g/kg，活性有机碳含量占总有机碳含量的37%；玉米区活性有机碳含量为5.32g/kg，总有机碳含量为10.26g/kg，活性有机碳含量占总有机碳含量的51.85%；向日葵区活性有机碳含量为6.58g/kg，总有机碳含量为11.08g/kg，活性有机碳含量占总有机碳含量的52.50%；树林区活性有机碳含量为6.12g/kg，总有机碳含量为14.60g/kg，活性有机碳含量占总有机碳含量的41.92%；芦苇区活性有机碳含量为6.17g/kg，总有机碳含量为16.71g/kg，活性有机碳含量占总有机碳含量的36.91%。

可以看出玉米区和向日葵区0～10cm层活性有机碳含量最大，虽然芦苇区总有机碳含量很大，但活性有机碳含量所占的比例很少，甚至低于空地区，因此，把湿地芦苇区开发为玉米和向日葵区不仅降低了总有机碳含量，还增加了活性有机碳所占比例，使得碳库趋于不稳定。而树林区活性有机碳含量所占比重小于玉米区和向日葵区，又大于芦苇区，同样也使得碳库趋于不稳定，但较之玉米区和向日葵区较好。由此也可以得知，湿地芦苇区碳库最为稳定。

0～10cm层活性有机碳所占比例相对稍大，南海湖湿地北靠景观大道公路，南邻黄河，致使南海湖湿地土壤含水率较高，表层土壤活性有机碳含量较高，尤其突出的是玉米区和向日葵区，更受耕作影响，使得0～10cm层活性有机碳含量高于惰性有机碳，随着植物生长，植物根系对碳的吸收和稳定，随深度增加活性有机碳含量下降幅度很大，以惰性有机碳为重，碳库整体呈现稳定。

6.3.2　土壤有机碳组分水平分布特征

1. 土壤总有机碳含量水平分布特征

各分层土壤总有机碳含量水平分布如图6-7所示。由图6-7可以看出，0～10cm层土壤总有机碳以芦苇区（点位5和点位6）最高，随着深度的增加，玉米区、向日葵区和树林区土壤总有机碳含量逐渐增加，慢慢与芦苇区持平，最后都趋于稳定含量状态，其中以空地区土壤有机碳含量为最低，并且总体芦苇区在土壤总有机碳含量为最高，5种土地利用方式下土壤有机碳含量表现为芦苇区＞树林区＞向日葵区＞玉米区＞空地区。这说明不同土地利用方式对湿地有机碳含量的影响差别主要体现于0～10cm层。

10～20cm层树林区土壤总有机碳含量增加幅度超过玉米区和向日葵区，这是由于树林区表层植被凋落物较多，以及表层植被根系的固碳作用使得树林区土壤总有机碳含量高于玉米和向日葵区，但土壤总有机碳含量还是要低于芦苇区。玉米区和向日葵区由于受人为耕作活动的扰动，有机碳含量在表层土0～20cm内无显著差异，但向日葵区土壤总有机碳含量要稍高于玉米区。可见，湿地转化为耕地不仅导致表层有机碳含量下降，可能是耕作措施使下层土壤不断翻至表层造成稀释的结果，而且使得表层有机碳变化幅度缩小，改变了表层有机碳的分布结构特征，使得土壤基础呼吸显著降低，有机碳含量下降。

湿地开垦为玉米和向日葵后，通过植物残体输入到土壤中的有机碳减少，土壤总有机

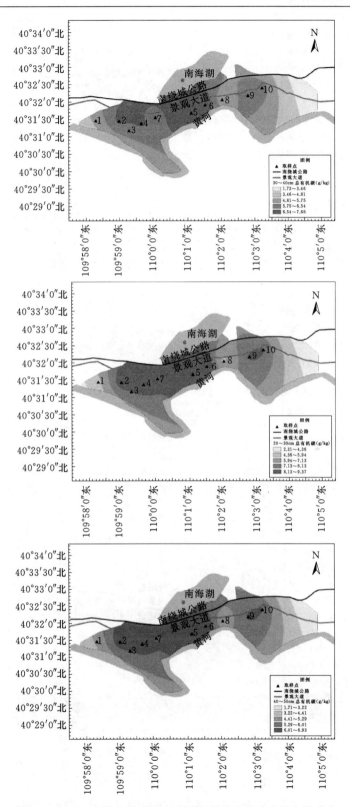

图 6-7（一） 5种土地利用方式下土壤总有机碳含量水平分布

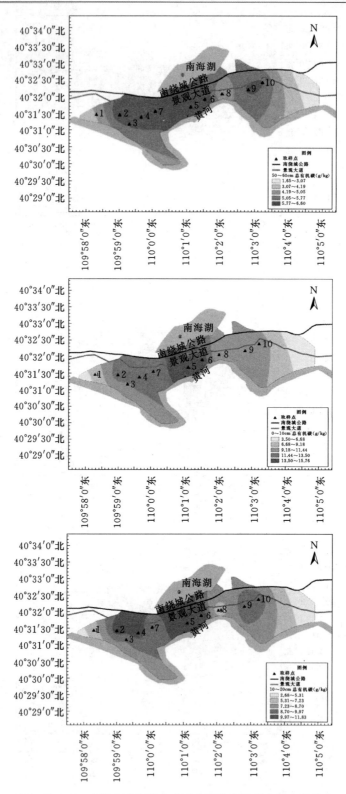

图6-7（二） 5种土地利用方式下土壤总有机碳含量水平分布

碳含量下降，虽然长期施肥能增加土壤有机碳含量，但南海湖湿地每年仅种一茬玉米和向日葵，施肥量较少，土壤有机碳含量增加较为有限，另外，耕作导致有机碳矿化分解也是原因之一，耕作使得土壤团聚体结构受到破坏，导致包裹在团聚体中的有机质遭到人为破坏，加快了有机碳矿化分解速度，使土壤有机碳含量降低，导致玉米和向日葵土壤总有机碳含量低于旱柳和芦苇。

树林区受人为影响相对较少，且表层土壤生有较多草类植物，其对土壤总有机碳也具有吸附作用，使得树林区土壤总有机碳高于玉米区和向日葵区。芦苇区大面积种植且极少有人为活动干扰，以及芦苇自身对有机碳的吸附和大量枯枝烂叶的腐烂分解使芦苇区总有机碳含量最高，对于南海湖湿地有机碳的储存起积极作用。

2. 土壤活性有机碳含量水平分布特征

各分层土壤活性有机碳含量水平分布如图6-8所示。由图6-8可知，0～10cm层除空地区外，其他4类土地利用方式土壤活性有机碳含量基本持平，随着深度增加，芦苇区土壤活性有机碳含量减小幅度大于玉米区、向日葵区和树林区，使土壤活性有机碳含量低于这三类土地利用方式区域，总体土壤活性有机碳含量表现为向日葵区＞玉米区＞树林区＞芦苇区＞空地区。

活性有机碳占总有机碳含量的比例分别为空地区28.73％～37％，平均值为32.06％；玉米区34.53％～51.85％，平均值为42.41％；向日葵区35.86％～52.5％，平均值为43.26％；树林区31.22％～41.92％，平均值为35.08％；芦苇区23.14％～36.91％，平均值为28.08％，表现为向日葵区＞玉米区＞树林区＞空地区＞芦苇区，向日葵区和玉米区平均值最高，碳库稳定性最低，芦苇区碳库稳定性最高，可以说明土壤有机碳稳定性表现为向日葵区＜玉米区＜树林区＜空地区＜芦苇区。

相对于玉米区和向日葵区，同属于耕作地区，但向日葵区更靠近北部公路，受人为影响较多，并且，向日葵区含水率较高，土壤容重低于玉米区，造成向日葵区表层土壤活性有机碳要稍高于玉米区。树林区受人为影响相对较少，且表层土壤生有较多草类植物，随着枯枝落叶的腐烂分解，使得树林区表层土壤活性有机碳含量较高，但随着深度增加，活性有机碳含量下降速度较大，10～20cm层小于玉米区和向日葵区。芦苇区大面积种植并且表层土壤芦苇残枝落叶较多，并且芦苇区含水量较高，更有利于微生物的生长环境，使得表层土壤活性有机碳含量也较高，随着深度增加，芦苇根系对有机碳的吸附作用使活性有机碳含量降低幅度很大，从10～20cm层开始小于树林区。

土壤活性有机碳主要来源于植物凋落物、土壤腐殖质和根系及其根系分泌物，旱柳和芦苇因其表层凋落物以及根系分泌物较多，使得表层活性有机碳含量较高，然而随着土壤深度增加，土壤容重增大，有机碳含量下降幅度较大，地下生物量也随之减少，因而土壤活性有机碳含量降低较为明显，并且旱柳和芦苇以凋落物输入土壤的有机碳除满足自身生长的需要外，大部分会以稳定的惰性有机碳形态储存下来，造成了旱柳和芦苇活性有机碳占总有机碳含量比例较低。

而湿地开垦为玉米和向日葵后，因其翻耕和其他耕作措施改变了土壤温度、空隙状况和土壤微生物活性，相对于旱柳和芦苇而言玉米和向日葵土壤更加疏松，更适合微生物活动，加速了土壤总有机碳的分解，使得总有机碳含量下降，活性有机碳含量升高，造成玉

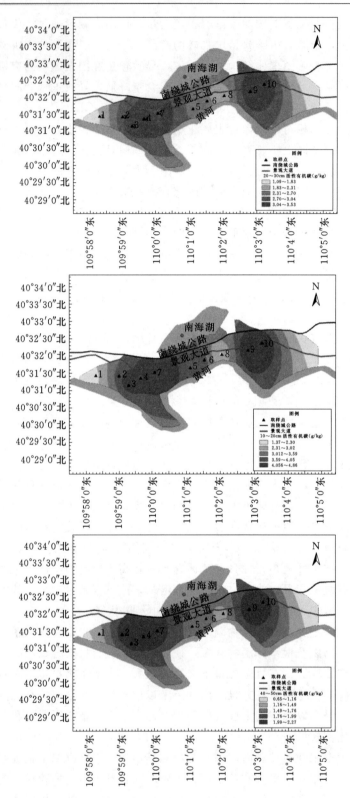

图 6-8（一） 5 种土地利用方式下土壤活性有机碳含量水平分布

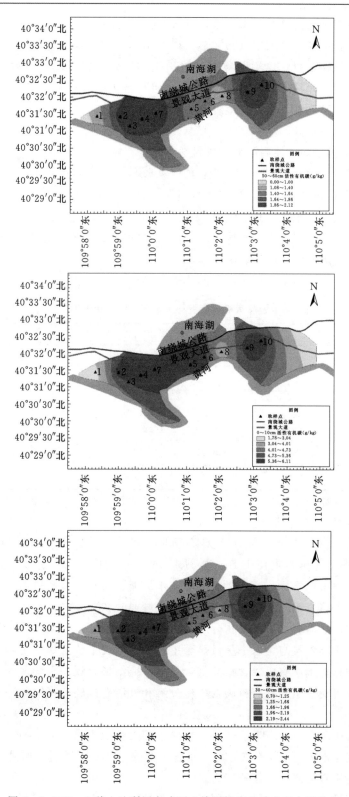

图 6-8（二） 5 种土地利用方式下土壤活性有机碳含量水平分布

米和向日葵活性有机碳占总有机碳含量比例较高。

结合土壤总有机碳含量水平分布明显可以看出，芦苇区具有较高的总有机碳含量，却有较低的活性有机碳含量，这说明芦苇区对于土壤碳库稳定性的影响要高于其他几个区域，芦苇区对土壤碳库稳定性较好。而树林区相对于土壤碳库稳定性的玉米区和向日葵区，稳定性较好，又低于芦苇区，也可以分析得出，树林区对于土壤碳库稳定性也有较高的影响，但稍低于芦苇区。

6.3.3　土壤理化因子与土壤有机碳相关性分析

对南海湖湿地土壤有机碳、pH、容重、含水率、和孔隙度的相关性检验表明（表6-5），有机碳含量与上述土壤理化因子均显著（$P<0.05$）或极显著（$P<0.01$）相关，其中，有机碳含量与含水率、孔隙度呈正相关；与容重、pH呈负相关。由各土壤理化因子之间的相关关系进一步说明，土壤容重、pH、含水率、孔隙度等各因子之间相互影响，并共同对土壤有机碳的累积产生影响。

土壤总有机碳含量与土壤理化因子的相关性详见表6-5。

表6-5　　　　　　　　　　　土壤总有机碳含量与土壤理化因子相关性

参数	相关性				
	有机碳含量	含水率	容重	孔隙度	pH
有机碳含量	1				
含水率	0.976[①]	1			
容重	−0.968[①]	−0.994[①]	1		
孔隙度	0.968[①]	0.994[①]	−1.000[①]	1	
pH	−0.950[②]	−0.892[②]	0.855	−0.855	1

① 在0.01水平（双侧）上显著相关。

② 在0.05水平（双侧）上显著相关。

湿地有机碳含量与土壤容重具有极显著的负相关关系，相关系数为−0.968（$P<0.01$）。研究区湿地土壤容重在1.16~1.51g/cm³，平均值为1.28g/cm³。土壤容重是反映土壤物理性质的重要指标，通过影响土壤持水性能、蓄水性能及植物生长来影响湿地土壤有机碳含量。土壤容重越小，孔隙度越大，土壤通气状况越好，更加有利于土壤动物和好气微生物活动，从而有利于枯落物分解，有机碳含量越高。

湿地土壤有机碳含量与含水率呈极显著正相关，相关系数为0.976（$P<0.01$），这与李鸿博等对3种林下土壤有机碳含量与水含量的研究结果一致。土壤水分条件通过影响土壤的通气性进而影响土壤固有有机碳的矿化分解和外源有机碳的降解，进而影响土壤持有的有机碳量。

湿地土壤有机碳含量与pH呈显著负相关，相关系数为−0.950（$P<0.05$）。本研究结果发现，不同层次土壤pH在8~9。pH是土壤的一个基本性质，通过影响微生物的活动而影响土壤有机碳的固定和累积能力。

土壤活性有机碳含量与土壤理化因子的相关性详见表6-6。

表 6-6   土壤活性有机碳含量与土壤理化因子相关性

参数	相 关 性				
	活性有机碳	含水率	容重	孔隙度	pH
活性有机碳	1				
含水率	0.794	1			
容重	−0.832	−0.994①	1		
孔隙度	0.832	0.994①	−1.000①	1	
pH	−0.434	−0.892②	0.855	−0.855	1

① 在 0.01 水平（双侧）上显著相关。

② 在 0.05 水平（双侧）上显著相关。

土壤有机碳库中活性有机碳是对环境因子变化最敏感的一种有机碳存在形式，活性有机碳易受到外界影响因素的干扰，是土壤有机碳组分中不稳定的一种形态，虽然活性有机碳只占土壤有机碳总量的一小部分，但是却可以在其他形式有机碳未受到环境因子影响的时候，对环境因子的变化做出改变，以反映土壤环境微小的变化，并且活性有机碳可以直接参与土壤生物化学转化过程，同时活性有机碳也可以称之为土壤微生物活动的能量源，因此对土壤活性有机碳含量与土壤理化因子的相关性分析可以得知土壤活性有机碳受何种理化因子影响较高，以便于更好地理解活性有机碳对土壤理化因子的影响。

由表 6-6 可知，活性有机碳与土壤含水率的相关性为 0.794，为正相关，说明土壤含水率越高，土壤活性有机碳含量越高，但两者相关性不是很高，并没有呈现极显著相关，土壤容重与活性有机碳含量相关性为 −0.832，呈负相关性，这说明土壤容重越高，土壤活性有机碳含量越低，其相关性略高于土壤含水率的相关性，也可以表明土壤活性有机碳受土壤容重的影响要高于含水率的影响。对比表 6-5 与表 6-6 可知，土壤总有机碳含量与土壤理化因子的相关性较高，而土壤活性有机碳含量与土壤理化因子的相关性较低，也可以看出，土壤总有机碳含量受土壤理化因子影响较高，而土壤活性有机碳受外界影响较高，更易感受土壤外界因子影响，也更能反映土壤受外界因素影响产生的变化优先于土壤总有机碳含量受外界因素影响所产生的变化。

6.4 土壤有机碳储量

6.4.1 土壤有机碳密度

土壤有机碳密度不仅是碳储量估算的一个主要参数，其本身也是反映不同生态系统有机碳蓄积特征的一项重要指标。由图 6-9 可以看出，随着深度增加，有机碳密度降低速度很快，尤其以 0～10cm、10～20cm 两层降低幅度很大。空地区、玉米区、向日葵区、树林区、芦苇区 0～10cm 层土壤有机碳密度为 8.07kg/m³、9.50kg/m³、9.70kg/m³、10.60kg/m³、11.18kg/m³；10～20cm 层土壤有机碳密度为 6.40kg/m³、7.52kg/m³、7.36kg/m³、7.75kg/m³、8.23kg/m³；0～60cm 层土壤有机碳密度为 26.33kg/m³、30.91kg/m³、30.30kg/m³、32.15kg/m³、33.90kg/m³；0～20cm 层占总土壤有机碳密度比例为 54.96%、55.06%、56.28%、57.06%、57.24%。从上述数据可以得出芦苇区开垦为玉米区和向日葵区后，有机碳密度有所下降。

各类土地利用方式下土壤有机碳密度随深度的变化如图 6-9 所示。

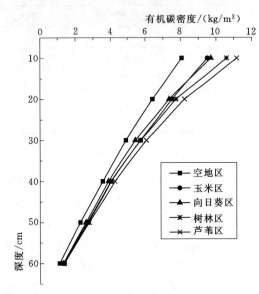

图 6-9　土壤有机碳密度随深度的变化

0～10cm 层玉米区和向日葵区有机碳密度较芦苇区小，树林区与芦苇区有机碳密度在 0～10cm、10～20cm 分层内差距较小，而玉米区和向日葵区之间有机碳密度在 0～10cm、10～20cm 分层内差异不明显，这说明开垦使有机碳密度在 0～10cm、10～20cm 的分布结构特征发生了改变。0～60cm 深度剖面内有机碳密度在数值上表现为芦苇区＞树林区＞向日葵区＞玉米区＞空地区，可见开垦降低了湿地有机碳密度，这主要是由于湿地开垦后，改变了土壤的水热条件、团聚体结构等物理指标，土壤厌氧环境消失，加快了土壤微生物对有机碳的分解。同时，开垦后植物残体输入数量及质量也显著减少，使得有机碳输入的来源减少，最终导致有机碳密度降低，而树林区由于具备长期的林地稳定性，受耕作影响少，因此与芦苇区有机碳密度差异较小。

土壤碳密度不仅是碳储量估算的一个主要参数，其本身也是反映不同生态系统有机碳蓄积特征的一项重要指标。与土壤有机碳含量相类似，土壤有机碳密度也同样受到土地利用的影响。由于不同土地利用方式下，植物根系分布、凋落物分解和人为扰动土壤的方式不同，导致土壤容重不同，因此，土壤有机碳密度存在一定的差异。

6.4.2　土壤有机碳储量

单位面积碳储量不仅能够反映不同类型生态系统的碳蓄积特征，而且其空间变异性的大小也能说明碳储量估算的不确定性。5 种土地利用方式下随深度增加有机碳储量为下降趋势，0～10cm 层有机碳储量分别为空地区 4.84kg/m²、玉米区 5.70kg/m²、向日葵区 5.82kg/m²、树林区 6.36kg/m²、芦苇区 6.71kg/m²；0～60cm 深度内有机碳储量分别为空地区 15.80kg/m²、玉米区 18.55kg/m²、向日葵区 18.18kg/m²、树林区 19.29kg/m²、芦苇区 20.34kg/m²。

5 种土地利用方式下土壤有机碳储量随深度的变化如图 6-10 所示。

相对而言，玉米区和向日葵区为有机碳储量类似区域，树林区和芦苇区为有机碳储量类似区域，并且高于玉米区和向日葵区。由此可见，开垦不仅导致有机碳储量降低，而且随着开垦扰动剖面内部有机碳储量的差异变小，改变了有机碳储量的垂直变异特征，较之而言在 0～60cm 深度内芦苇区有机碳储量比空地区、玉米区、向日葵区分别高 4.54kg/m²、1.80kg/m²、2.16kg/m²。这主要是由于湿地生态系统特殊的水热条件限制了分解者的活动，使得有机碳大量积累，而湿地开垦后限制分解活动的环境因子被清除，导致有机碳迅速分解，有机碳储量减少。湿地转换为农业用地后导致有机碳储量降低，湿地恢复后，有

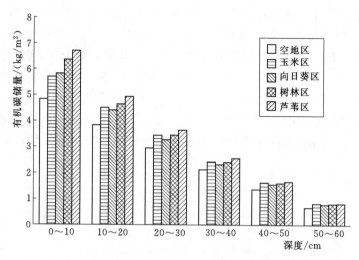

图 6-10　5 种土地利用方式下土壤有机碳储量随深度的变化

机碳储量缓慢增加。另外，玉米区有机碳储量高于向日葵区，这可能是由于向日葵区土地表面水分较多，湿润的环境导致作物残体分解缓慢，使得向日葵区土壤容重小于玉米区。

　　表层土壤对土地利用变化更加敏感，估计表层有机碳储量是揭示有机碳随土地利用变化动态的关键。0~10cm 深度内有机碳储量由大到小的顺序依次为芦苇区、树林区、向日葵区、玉米区、空地区，占 0~60cm 深度的比例位于 0.31~0.33，总体呈现为芦苇区＞树林区＞玉米区＞向日葵区＞空地区。在本文中芦苇区种植有大面积且密度较大的芦苇，在芦苇区土壤表层还存有大量湿地水带来的大量有机物，由此可见芦苇获得的生物量较多，因此该土层接收了更多的枯枝落叶，这种土地利用方式表层土壤有机碳含量远远高于其他 4 种土地利用方式也证明了此结果。

6.4.3　土壤理化因子与土壤碳储量相关性分析

　　对南海湖湿地土壤有机碳储量、pH、容重、含水率和孔隙度的相关性检验表明（表6-7），有机碳储量与上述土壤理化因子均显著（$P<0.05$）或极显著（$P<0.01$）相关。其中，有机碳储量与含水率、孔隙度呈正相关；与容重、pH 呈负相关。结果趋势与有机碳含量与土壤理化因子类似。

表 6-7　　　　　　　　　　　　　有机碳储量与理化因子相关性

参数	相关性				
	有机碳储量	含水率	容重	孔隙度	pH
有机碳储量	1				
含水率	0.950[②]	1			
容重	−0.956[②]	−0.994[①]	1		
孔隙度	0.956[②]	0.994[①]	−1.000[①]	1	
pH	−0.900[②]	−0.892[②]	0.855	−0.855	1

① 在 0.01 水平（双侧）上显著相关。

② 在 0.05 水平（双侧）上显著相关。

湿地有机碳储量与土壤容重具有极显著的负相关关系，相关系数为 -0.956（$P<0.05$）；与含水率呈正相关关系，相关系数为 9.50（$P<0.05$）；与孔隙度呈正相关关系，相关系数为 9.56（$P<0.05$）；与 pH 呈负相关关系，相关系数为 -9.00（$P<0.05$）。较之有机碳含量与土壤理化因子相关性略小，但整体趋势一致，即有机碳储量与上述土壤理化因子均显著（$P<0.05$）或极显著（$P<0.01$）相关。其中，有机碳储量与含水率、孔隙度呈正相关；与容重、pH 呈负相关。由各土壤理化因子之间的相关关系进一步说明，土壤容重、pH、含水率、孔隙度等各因子之间相互影响，并共同对土壤有机碳的累积产生影响。

参 考 文 献

［1］ 杨文焕，王铭浩，李卫平，樊爱萍，苗春林，于玲红. 黄河湿地包头段不同地被类型对土壤有机碳的影响 ［J］. 生态环境学报，2018，27 (6)：1034 - 1043.

［2］ 訾园园，郗敏，孔范龙，李悦，杨玲. 胶州湾滨海湿地土壤有机碳时空分布及储量 ［J］. 应用生态学报，2016，27 (7)：2075 - 2083.

［3］ 张俊华，李国栋，南忠仁，肖洪浪. 黑河绿洲区耕作影响下的土壤粒径分布及其与有机碳的关系 ［J］. 地理研究，2012，31 (4)：608 - 618.

［4］ 于玲红，王晓云，李卫平，孙岩柏，高静湉，樊爱萍，虞炜. 包头南海湖湿地冰封期水质特征 ［J］. 湿地科学，2016，14 (6)：810 - 815.

［5］ 田志强，李畅游，史小红，李卫平，赵胜男. 乌梁素海沉积物中有机碳的空间分布与储量特征 ［J］. 节水灌溉，2011 (3)：23 - 25，28.

［6］ 付绪金. 乌梁素海沉积物有机碳特征及碳储量研究 ［D］. 呼和浩特：内蒙古农业大学，2013.

［7］ 毛海芳，何江，吕昌伟，梁英，刘华琳，王凤娇. 乌梁素海和岱海沉积物有机碳的形态特征 ［J］. 环境科学，2011，32 (3)：658 - 666.

［8］ 栾军伟，崔丽娟，宋洪涛，王义飞. 国外湿地生态系统碳循环研究进展 ［J］. 湿地科学，2012，10 (2)：235 - 242.

［9］ 于玲红，王铭浩，李卫平，杨文焕，樊爱萍，苗春林. 包头南海湖沉积物有机碳空间分布特征 ［J］. 农业环境科学学报，2018，37 (3)：538 - 545.

［10］ 孙惠民. 乌梁素海富营养化及其机制研究 ［D］. 呼和浩特：内蒙古大学，2006.

［11］ 马维伟，王辉，黄蓉，李俊臻，李德钰. 尕海湿地生态系统土壤有机碳储量和碳密度分布 ［J］. 应用生态学报，2014，25 (3)：738 - 744.

［12］ 赵海超，王圣瑞，焦立新，杨苏文，崔超男. 洱海沉积物有机质及其组分空间分布特征 ［J］. 环境科学研究，2013，26 (3)：243 - 249.

［13］ 王毛兰，赖建平，胡珂图，张丁苓，赖劲虎. 鄱阳湖表层沉积物有机碳、氮同位素特征及其来源分析 ［J］. 中国环境科学，2014，34 (4)：1019 - 1025.

［14］ 张文菊，彭佩钦，童成立，王小利，吴金水. 洞庭湖湿地有机碳垂直分布与组成特征 ［J］. 环境科学，2005 (3)：56 - 60.

第 7 章

寒旱区湿地人工浮岛技术生态系统修复工程示范

7.1 人工浮岛技术

7.1.1 人工浮岛技术简介

人工浮岛技术是利用无土栽培的原理来实施的,其原理是把一些高等的水生植物或改良的陆生植物种植在泡沫板或塑料基盘上,植物的根部直接接触水面,利用植物根部的吸收吸附和根部微生物对污染物的分解同化作用,减少富营养化水中的氮、磷以及有机物,并且一定程度上能抑制藻类的生长。目前,人工浮岛技术在去除氮和磷方面具有很好的效果,人工浮岛技术可以预防高温季节藻类的爆发,在净化水体、绿化和美化环境方面也发挥着重要作用。人工浮岛分为湿式与干式两种。

1. 湿式浮岛

湿式浮岛按照有无框架可以分为两种模式,一种是有框架式浮岛,另一种是无框架式浮岛。有框架式浮岛结构稳定,抗风浪能力强,水力流动对浮岛的干扰小;而无框架式浮岛其结构属于开放式,植物没有固定的种植位置,可以随意栽种,适用于风浪比较小的地区。湿式浮岛的植物与水体直接接触,浮岛植物通过直接从水中吸收或分解水体中的氮、磷和有机物来改善水质,非常多的植物可以种植在湿式浮岛上,这使湿式浮岛具有非常广泛的适应性,因此湿式浮岛在生态环境修复和水质改善上得到了非常广泛的应用。

2. 干式浮岛

干式浮岛可以分为一体式和分体式两种模式,其依据是根据不同浮岛的载体基盘和植物的不同位置。干式浮岛的植物根系不能与水直接接触,植物与水之间存在一层介质,因此干式浮岛不具备直接净化水体的能力。干式浮岛一般有很多种功能价值,因其体积大的关系,往往产生的浮力也非常大,这就可以种植许多大型的植物,并且栽种的种类和数量也非常多,这就可以为鸟类和水生动物提供栖息地,而水下部分则可以作为鱼类的产卵场所。干式浮岛的应用非常广泛，其大多应用在景观美化、园林造景和渔业上，在一些农田紧张的地区，人们用干式浮岛来发展水上农田，种植一些简单易活并且有一定经济价值的农作物来丰富自己的生活。

7.1.2 人工浮岛技术的净化机理

（1）人工浮岛植物的存在可以一定程度减缓水流的流动，这也就使悬浮物有了更多的沉降时间。一些不溶性的颗粒和胶体会在植物根系吸附的作用下沉淀下来，并且一些菌体的内源呼吸会把一些悬浮颗粒凝集下来。

（2）浮岛植物会通过自身的根系向水体中吸收一些氮、磷等营养物质来满足自身的生长需求，再通过植物体内的代谢作用和矿化作用将氮磷等营养元素转化成水和其他的无机物，最后把这些物质储存在体内，通过植物的收割来降低水体中的污染物。

（3）氧气充足是植物和微生物必不可少的生存条件，植物会通过其自身的枝叶和根系来传送和释放氧气，植物吸收氧气的途径有两种，一种是直接从大气中吸收氧气，另一种是通过自身的光合作用向水中释放氧气。这两方面氧气会在根系形成一个氧化微环境，使根系的微生物有更好的生存环境，加强了微生物的生长和繁殖，加快了对有机物的降解，并且在氧气充足时，植物的根系分泌一种降解有机物的酶，进一步加快了对有机物的降解。

（4）水生植物和浮游藻类存在着天然的竞争关系，它们在营养物质和光能上相互竞争，因为水体中的营养物质有限，水生植物植株高大，生命力强，对营养物质的需求量更大，吸收营养物质的能力远远大于浮游藻类。水生植物生长茂密会在水面形成阴影区，使光能很难照入水体中，限制浮游藻类对光能的利用，并且水生植物在生长茂密时会向水体中分泌某种生物物质，这种生物物质能杀死或抑制藻类的生长。

（5）水生植物庞大的根系，可以为微生物和微型动物提供附着基质和栖息场所，植物呼吸和光合作用产生的氧气会通过根系排入水体中，一方面植物根系通过释放氧气，将自身周围的一些沉淀物进行氧化分解，另一方面这些氧气会在水体中形成很多的好氧和厌氧区域，使微生物有了更多的生存空间，增加了微生物的活性和数量，使微生物对氮磷以及有机物的分解能力进一步加强。

7.1.3 人工浮岛植物的选择原则

植物是人工浮岛技术中非常重要的一部分，并不是所有的陆地植物都可以在水中健康地成长，选错了植物会影响试验的去除效果。植物的成活率是我们首先要考虑的问题，其次因本试验在北方进行，植物的抗寒性和越冬性也是必须考虑在内的。因此，植物的筛选环节就变得非常重要。在选择浮岛植物时，我们要对植物的生理特性、抗寒性、耐旱性，对污染物的吸收能力都有一定的了解，结合当地的气候和水质条件，选择能适应当地气候和水质条件的浮岛植物。浮岛植物的选择应遵守以下几个原则。

1. 耐水性好

生态浮岛技术是将生长在陆地、湿地或者水中的植物移植到受污染的水面上，植物的生存环境发生了改变，那么就存在其是否能适应的问题。因为植物必须在水面上健康的生长，才能发挥植物对污染水体的净化作用。因此，良好的耐水性能是选择浮岛植物的首要原则。

2. 净化能力强

利用生态浮岛技术净化污染水体时还应主要考虑对氮磷等营养物有较强去除能力的植物，而且应根据不同的污水性质选择不同的浮床植物，如果选择不当可能会导致去污效果不佳或者植物死亡。在微污染水体中，植物不能够获得生长所需的足够的氮、磷量，生长受到抑制，生物量较低。而在重度污染水体中，过高的氮、磷浓度也会对植物的生长产生抑制作用。因此，需要选择既能在不同污染程度条件下能够良好生长，又有较强净化能力的植物。

3. 根系发达

浮岛植物的净化功能与其根系的发达程度和茎、叶生长状况（密度和速度）密切相关，因此选择浮床植物时，必须全面考虑它的根系状况。在正常运行的生态浮岛系统中，附着生长在浮岛植物根际区表面及附近的微生物对污染物的降解去除起着重要作用。一般而言，根系越发达，浮岛的去污效果越好。而且选择根系比较发达、根系较长的浮岛植物，能够大大扩展生态浮岛净化污水的空间，提高其净化污水的能力。在考虑根系密度的同时，还必须充分考虑根系表面积和水下茎，因为它们也是选择植物的主要衡量指标。

4. 适应性

所选的物种应对当地气候、水文等条件有较好的适应能力，否则难以得到理想的净化效果，在相同条件下，最好选择当地种类。

5. 可操作性

所选物种应具备繁殖、竞争能力强，栽培容易，管理、收获方便，同时有一定的经济价值和景观效应等特点。

7.2 南海湖湿地人工浮岛工程构建

7.2.1 南海湖湿地人工浮岛的场地选择

人工浮岛所选场地为南海湖鸟类博物馆附近水域，因岸边和湖中芦苇比较密集，因此浮岛整体布置分布于距两边芦苇都有一定距离的水域，以减小芦苇等水生植物的腐烂分解作用影响浮岛水域的水质监测准确度。水质检测指标及检测方法见表7-1。

表7-1　　　　　　　　　　水质检测指标及检测方法

水质项目	测 试 方 法	水质项目	测 试 方 法
总氮	碱性过硫酸钾消解—紫外分光光度法	化学需氧量	重铬酸钾消解法
总磷	硫酸钾消解—钼酸铵分光光度法	透明度	塞氏盘法

7.2.2 南海湖湿地人工浮岛的植物选择

根据不同植物对南北气候的适应程度，本试验选用了水葱、风车草、千屈菜3种单一植物，以及风车草＋水葱＋千屈菜、风车草＋水葱、风车草＋千屈菜、水葱＋千屈菜的混合植物。

1. 千屈菜

千屈菜（学名：*Lythrum salicaria L*）为多年生草本植物，高 30～100cm，全体具柔毛，有时无毛。茎直立，多分枝，有四棱。叶对生或 3 片轮生，狭披针形，长 4～6cm，宽 8～15mm，先端稍钝或短尖，基部圆或心形，有时稍抱茎。总状花序顶生；花两性，数朵簇生于叶状苞片腋内；花萼筒状，长 6～8mm，外具 12 条纵棱，裂片 6，三角形，附属体线形，长于花萼裂片，1.5～2mm；花瓣 6，紫红色，长椭圆形，基部楔形；雄蕊 12，6 长 6 短；子房无柄，2 室，花柱圆柱状，柱头头状。蒴果椭圆形，全包于萼内，成熟时 2 瓣裂；种子多数，细小。花期为 7—8 月。千屈菜原产欧洲和亚洲暖温带，因此喜温暖、光照充足、通风好的环境，喜水湿，我国南北各地均有野生，多生长在沼泽地、水旁湿地和河边、沟边，现各地广泛栽培，比较耐寒，在我国南北各地均可露地越冬。在浅水中栽培长势最好，也可旱地栽培。对土壤要求不严，在土质肥沃的塘泥基质中花艳，长势强壮。

2. 水葱

水葱（学名：*Scirpus validus Vahl*）别名管子草、翠管草、冲天草等。莎草科莎草属。多年生挺水植物。株高 1～2m，具粗壮的根状茎；茎秆直立，圆柱形，中空，粉绿色。其变种花叶水葱，为水葱的珍贵品种，茎秆黄绿相间，非常美丽，比普通水葱更具观赏效果。在自然界中常生长在沼泽地、沟渠、池畔、湖畔浅水中。最佳生长温度 15～30℃，10℃以下停止生长。能耐低温，北方大部分地区可露地越冬。

3. 风车草

风车草［学名：*Cyperus alternifolius L. subsp. flabelliformis (Rottb.) KüKenth.*］为多年生草本。根状茎短，粗大，须根坚硬。秆稍粗壮，高 30～150cm，近圆柱状，上部稍粗糙，基部包裹以无叶的鞘，鞘棕色。苞片 20 枚，长几相等，较花序长约 2 倍，宽 2～11mm，向四周展开，平展；多次复出长侧枝聚缬花序具多数第一次辐射枝，辐射枝最长达 7cm，每个第一次辐射枝具 4～10 个第二次辐射枝，最长达 15cm；小穗密集于第二次辐射枝上端，椭圆形或长圆状披针形，长 3～8mm，宽 1.5～3mm，压扁，具 6～26 朵花；小穗轴不具翅；鳞片紧密的复瓦状排列，膜质，卵形，顶端渐尖，长约 2mm，苍白色，具锈色斑点，或为黄褐色，具 3～5 条脉；雄蕊 3，花药线形，顶端具刚毛状附属物；花柱短，柱头 3。小坚果椭圆形，近于三棱形，长为鳞片的 1/3，褐色。风车草在我国南北各省均见栽培，原产马达加斯加。风车草广泛分布于森林、草原地区的大湖、河流边缘的沼泽中。喜温暖湿润和腐殖质丰富的黏性土壤，耐阴不耐寒，冬季温度不低于 5℃。

7.2.3 南海湖湿地人工浮岛的搭建

自 2018 年 7 月 1 日—9 月 30 日，历时 92 天。期间水温 18～32℃，设置 7 块浮岛组合，每块浮岛的面积为 16m²，采用 0.3m×0.3m 的正方形高密度聚乙烯空心塑料基盘作为浮床材料，各浮岛基盘用螺母连接，每个基盘有一个种植孔，种植密度为 9 株/m²，分别在 7 块浮岛中种植千屈菜、风车草、水葱 3 种单一植物和风车草+水葱+千屈菜、风车草+水葱、风车草+千屈菜、千屈菜+水葱的混合植物。混合植物浮岛中所有植物的种植比例为 1∶1。浮岛搭建如图 7-1 所示。

图7-1　浮岛搭建流程图

7.3　单一植物人工浮岛改善南海湖湿地水质效果

7.3.1　植物的生长状况

植物是否能健康地成活是本试验的前提条件，植物的长势也决定着该植物对氮、磷等营养元素的吸收状况，并且植物所营造出的景观效果也是评价植物能否被利用的一个标准，图7-2~图7-4分别为3种植物7—9月的生长状况。

从图7-2~图7-4可以看出7—9月试验浮岛上植物的生长状况，在试验期间，植物生长状况明显，都有较大的改观。在7—8月，由于浮岛系统刚刚建立，各植物还未适应南海水质，因此植物生长速度较慢。8—9月，由于气候适宜，光照充足，水中的各种营养盐含量十分充足，植物和微生物可以吸收更多的养分，因此植物开始快速生长，植物株高增长明显，植株开始变的密集。9月以后，由于天气越来越冷，水中营养物质有所消耗，因此植物生长开始变慢，一些植物茎、叶开始变黄变蔫。

3种水生植物平均株高见表7-2，3种植物都有较高的成活率，并且都长势良好，根系发达，枝繁叶茂。风车草是三种水生植物中长势最好的一种，长势稳定后其叶呈六边形，风车草长势最好的原因是，其发达的根系能够从水中吸收更多的营养元素供自身生长发育，并且其发达的根系也为微生物提供了更好的生存环境。千屈菜的生存能力非常强，也是最早开出花朵的，千屈菜在8月开出了紫色的花朵。水葱是三种植物中长势最高的一种植物，其最高茎可达110cm，并且水葱的根系非常发达。3种植物不仅对水体中的氮磷

图7-2 7月植物生长状况

图7-3 8月植物生长状况

等营养元素有一定的净化能力,还能够在水中形成一道错落有致的景观效果,因此在考虑采用人工浮岛技术净化水质时,植物的选取非常重要。

图 7-4 9月植物生长状况

表 7-2 全生长周期内的株高 单位：cm

植物	平 均 株 高		植物	平 均 株 高	
	试验前	试验后		试验前	试验后
风车草	25.2	62.3	水葱	40.6	110.2
千屈菜	15.8	48.6			

7.3.2 对化学需氧量的去除效果

由图 7-5 可知，3 组单一植物浮岛都能降低水体中的化学需氧量浓度，各组浮岛的化学需氧量浓度变化曲线大体一致，都呈现出先慢后快然后趋于稳定的趋势。在试验初期，整个人工浮岛尚处于适应阶段，化学需氧量没有明显的变化，随着植物根系的不断生长，植物根系对化学需氧量的截留和吸附作用逐渐增强，加上附着在根系上的微生物的分解作用，化学需氧量开始快速下降。

3 组浮岛对水体中化学需氧量的最终去除效果差异并不明显，试验结束时各组浮岛对化学需氧量的平均去除率为 22.51%，对照组为 7.51%。3 组浮岛中风车草去除化学需氧量的效果最好，去除率为 26.87%。3 组浮岛都没能使化学需氧量浓度降低到 40mg/L 以下，没能使水质提高到 V 类或更高的标准。在试验的前 22 天，化学需氧量的浓度并没有减少，反而有了一定程度的增加，这是因为在浮岛建立初期，整个浮岛尚处于适应阶段，由于一些未能成活的植物以及水体中浮游植物的死亡，水体中的化学需氧量没有明显变化。随着植物的迅猛生长，植物为了满足自身的生长需求开始在水中吸收一些有机物供自身使用，并且植物根系越发的茂密，微生物有了更好的生存环境，而水体中的另一部分有机物就是通过植物根部的微生物通过吸附，同化和异化作用来去除。植物的光合作用可以

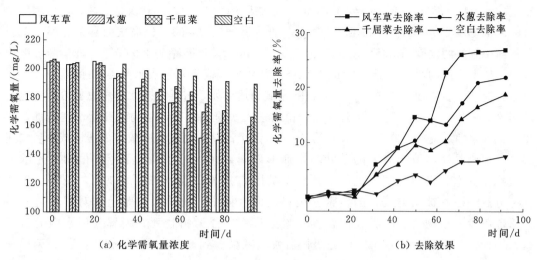

图 7-5　对化学需氧量的去除效果

为微生物提供大量的氧气，来增加微生物对污染物的去除效率。另外，植物根部可以分泌大量的酶来促进水中有机物的分解。微生物的分解是对化学需氧量的有效去除途径，而水生植物发达的根系会为微生物提供十分舒适的生存环境，伴随着适宜的温度，对化学需氧量去除作用良好的细菌、放线菌会大量繁殖，在植物的吸收和微生物的分解下，化学需氧量的浓度逐渐降低。试验后期由于受到温度以及微生物数量及活跃程度均有所下降原因的影响，化学需氧量的去除效率逐渐变缓。

7.3.3　对总氮的去除效果

由图 7-6 可知，试验期间，总氮的变化由先缓慢减少后快速减少到再缓慢减少。第 22 天各试验组总氮平均去除率仅为 1.91%，对照组没有明显变化，第 22 天以后总氮下降速度明显加快，第 79 天时各试验组总氮平均去除率为 27.45%，对照组总氮去除率为 8.27%。第 92 天时，对总氮去除效果最好的是风车草，好于其他两组，风车草的水体中

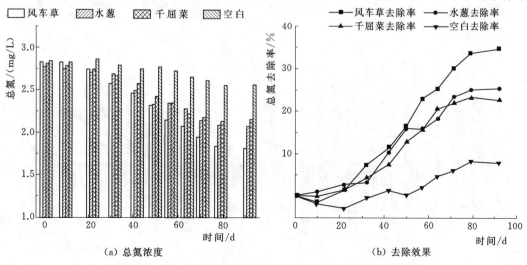

图 7-6　单一植物浮岛对南海湖湿地水体中总氮的去除效果

总氮的浓度由 2.83mg/L 下降到 1.81mg/L，去除率为 34.9%；其次是水葱，水葱水体中总氮的浓度由 2.77mg/L 下降到 2.07mg/L，去除率为 25.53%；最次的是千屈菜，千屈菜水体中总氮的浓度由 2.81mg/L 下降到 2.15mg/L，去除率为 22.66%。风车草可以使南海水质中总氮的浓度降低到 2mg/L 以下，使水质提高到了地表水 V 类水标准。

　　各浮岛试验初期由于植株处于对试验水域的适应期，各浮岛对水体中总氮浓度变化并不明显，试验 10 天后，进入 7 月中旬，植物进入快速生长期，生物量开始快速增加，水质净化效率随之提升，在第 10 天至第 71 天，各个浮岛的总氮去除效率先缓慢减少后快速减少，原因是浮岛植物高大的茎叶在水面形成阴影区，阻挡了水下浮游植物对光源的摄取，使其生长得到限制，也使得部分藻类因为光源和营养物质的缺失，最终丧失活性并分解，原本被藻类吸收的氮素又被释放回水体中，此阶段又是植株对营养盐的最佳摄取阶段，植物从水中吸收的营养元素远远大于浮游植物死亡所释放回水中的氮元素，因此总氮的浓度在这个阶段先缓慢后快速减少。到 9 月中旬即试验持续 71 天后进入秋季，各植株对氮元素的吸收已相对稳定，黏附于植物根系的营养物质效能有所下降，此时各浮床对总氮的去除已由植物吸收逐渐转变为微生物的吸附降解，在水温的影响下，植物的生长速率、微生物的活性及数量均有所削减，致使各浮岛水体总氮浓度变化速率相对变缓。

7.3.4　对总磷的去除效果

　　各组浮岛的总磷浓度变化曲线大体一致，如图 7-7 所示，总磷的含量都随着时间的延长逐渐减少，种植水生植物的 3 组浮岛对水体中总磷的去除效果都显著高于空白组。第 92 天时，千屈菜对总磷的去除效果最好，总磷浓度由 0.153mg/L 下降到 0.092mg/L，去除率为 38.25%；其次是水葱，使水体中的总磷浓度由 0.151mg/L 下降到 0.11mg/L，去除率为 26.17%；最次的是风车草，风车草水体中总磷的浓度由 0.148mg/L 下降到了 0.113mg/L，去除率为 23.49%。千屈菜可以使南海湖湿地水质中总磷的浓度从地表水 V 类水标准提高到 IV 类水标准。

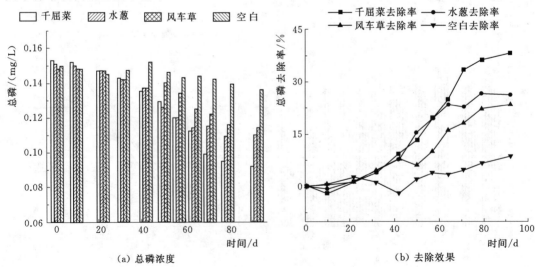

图 7-7　单一植物浮岛对南海湖湿地水体中总磷的去除效果

　　人工浮岛去除水体中的磷元素主要有两个途径，一个是植物的吸收和同化作用，另一个是微生物对磷的过量积累作用。试验第 22 天到第 64 天，由于千屈菜的自身优势，千屈菜对磷的吸收速率和吸收量开始加大。在此过程中植物根系的生长越发茂密，植株通过光合作用将部分氧气从上至下释放到水中，在根系附近形成了一个氧化微环境，为微生物的生存和繁殖创造了良好的生存条件，附着在根系上的聚磷菌在好氧条件下在数量上远远超过其本身生理所需的过量磷，并将磷以聚合态形式储藏于菌体内，再加上温度适宜和光照充足因素的共同作用，使得总磷在这个阶段开始快速下降。随着试验后期天气转冷，温度降低，虽然植物的生物量仍在增长，但微生物的活性开始减弱，各植株对总磷的吸收处于饱和状态，总磷的去除变化也相对平缓。至试验结束时，由于各植株生长规律、营养盐需求量及其根部聚磷菌活性及数量存在差异，使得浮床整体总磷去除总量各有不同。

7.3.5　对水体透明度的影响

　　水是一种无色无味的液体，在光照的条件下，具有透明的性能。但是，在江河、湖泊、池塘等水域，由于太阳角度的不同，有机物、无机物、泥沙以及浮游生物生存在水域之中，这就导致了会有不同的水体透明度。水中悬浮或溶解的物质越多，透明度越小，相反则透明度越大。透明度是最能直接反映水体质量好坏的，透明度下降可以加深生态系统的损坏，破坏生态平衡，并且透明度的变化还能表示不同植物生长状况的好坏。

　　原水水质呈绿黑色，比较浑浊，并且伴有轻微的臭味，经过 42 天的浮岛净化后，绿黑色的水面开始变淡，散发的微臭其他也开始变淡，经过 92 天的浮岛净化后，三组单一浮岛的透明度都有了较大的改变，可见度由原来的平均 20cm，提高到了 48cm，水面变得透明了许多，能清楚地看到水体中的鱼类和一些水体中的动物。经过 92 天，无浮岛水域水质的透明度稍微有些改变，但是水面依然呈绿黑色，依旧伴有微臭气味。无植物浮岛水域水体透明度有一定改变的原因是水体中一些大颗粒的悬浮物质和胶体的自然沉降和微生物的分解作用，而植物浮岛则可以通过植物本身的吸收作用加上微生物的分解和自然沉降作用结合来改善水体的透明度，并且降低南海湖湿地水体中氮磷等营养元素的含量。单一植物对南海湖湿地水体透明度的影响如图 7-8 所示。

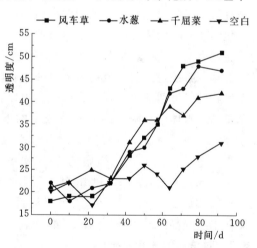

图 7-8　单一植物对南海湖湿地水体透明度的影响

7.4　混合植物人工浮岛改善南海湖湿地水质效果

7.4.1　对化学需氧量的去除效果

　　为了研究风车草、水葱、千屈菜在不同组合的情况下，对化学需氧量的去除情况，试验设置 4 种不同的植物组合，分别是风车草＋水葱＋千屈菜、风车草＋水葱、风车草＋千屈菜、水葱＋千屈菜，以及空白对照，各组浮岛对南海湖湿地水体中化学需氧量的去除效果如图7-9所示。

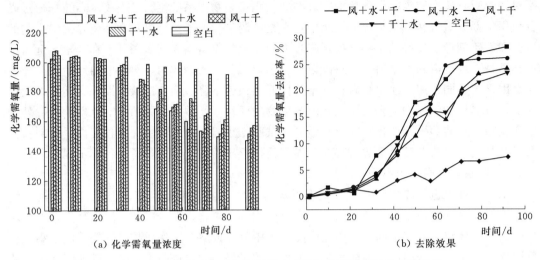

（a）化学需氧量浓度　　　　　　（b）去除效果

图7-9　混合植物浮岛对南海湖湿地水体中化学需氧量的去除效果

由图7-9可以看出，空白组的去除率仅为7.51%，这主要是水体自净的作用。各个混合浮岛组合在整个试验过程中都能稳定地适应南海湖湿地的水质环境，对南海湖湿地的水质具有良好的净化效果。各个混合植物浮岛水体中化学需氧量都呈现下降的趋势，整个过程化学需氧量的浓度都低于空白对照组，整体下降速率呈现出先缓慢到快速再到缓慢的趋势。这表明开始有些植物不能快速地适应水体环境，因此试验初期化学需氧量下降缓慢，待浮岛系统稳定后，植物进入迅速生长阶段，植物的根系越来越发达，发达的根系会为微生物提供舒适的生存环境，微生物可以在根系的微环境中快速地生长繁殖。到了试验后期，随着水体中易降解的有机物浓度的下降，有机物的降解速率也随之下降。试验第92天后，风车＋水葱＋千屈菜、风车＋水葱、风车＋千屈菜、水葱＋千屈菜浮岛水体中化学需氧量的浓度分别从初始的199.82mg/L、201.83mg/L、207.34mg/L、208.25mg/L下降到146.84mg/L、151.11mg/L、155.27mg/L、157.02mg/L，去除率分别为28.3%、26.21%、24.18%、23.33%。4组浮岛都没能使化学需氧量浓度降低到40mg/L以下，没能使水质提高到Ⅴ类或更高的标准。

7.4.2　对总氮的去除效果

为了研究风车草、水葱、千屈菜在不同种组合的情况下，对总氮的去除情况，试验设置4种不同的植物组合，分别是风车草＋水葱＋千屈菜、风车草＋水葱、风车草＋千屈菜、水葱＋千屈菜，以及空白对照，各组浮岛对南海湖湿地水体中总氮的去除效果如图7-10所示。

从图7-10中可以看出，在试验开始阶段总氮浓度下降速度较慢，中期下降速度较快，后期下降速度又开始变慢，整体变化趋势呈先慢后快再慢。在试验的前22天4组混合植物浮岛对总氮的去除效果都不好，反而总氮的浓度还有一定的增加，总氮去除率的趋势是几乎不变到缓慢的增长，第22天至79天，总氮浓度开始快速减少，去除率开始逐渐

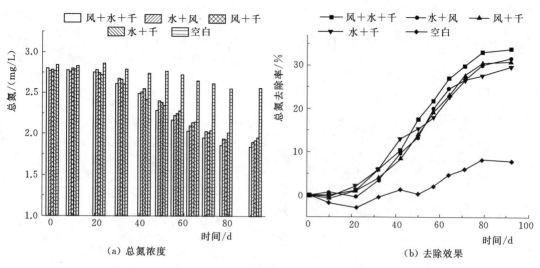

图 7-10 混合植物浮岛对南海湖湿地水体中总氮的去除效果

增加。试验进行到第 79 天以后，总氮去除率开始变得继续增加，但曲线变化变得相对平缓。从图 7-10 中可知，各浮岛中总氮的起始浓度均为 2.80mg/L，在各组浮岛净化后，水体中总氮的含量在 1.84～1.95mg/L，平均去除率达到了 31.56%，空白对照对总氮去除率仅为 7.91%，由此可以得知混合植物人工浮岛对南海湖湿地水体中的总氮有较好的去除效果，各混合浮岛均可以使南海水质中总氮的浓度降低到 2mg/L 以下，使水质提高到了地表水 V 类水标准。

经过 92 天的试验处理，风车草＋水葱＋千屈菜混合人工浮岛对总氮的去除率为 33.81%，风车草＋水葱混合人工浮岛对总氮的去除率为 31.65%，风车草＋千屈菜混合人工浮岛对总氮的去除率为 30.94%，水葱＋千屈菜混合人工浮岛对总氮的去除率为 29.86%。通过对去除率的比较，3 种植物组成的人工浮岛对总氮的去除效果要好于两种植物组成的浮岛，这是因为 3 种植物混合会促进每一种植物的生长，3 种植物组成的浮岛中的植物生长状况要好于单一浮岛的植物生长状况，很可能 3 种植物混合会有一种相互促进的关系，并且 3 种植物混合的微生物环境可能会更好。这就大大加大了对总氮的去除能力。由两种植物的去除率对比可知，风车草＋水葱的去除效率大于风车草＋千屈菜，水葱＋千屈菜对水体中总氮的去除能力最差，这可能是因为单一风车草生长的更好，对总氮的去除更好，千屈菜对总氮的去除较差，出现了生态位的竞争，影响其净化效果。

7.4.3 对总磷的去除效果

为了研究风车草、水葱、千屈菜在不同组合情况下，对总磷的去除情况，试验设置 4 种不同的植物组合，分别是风车草＋水葱＋千屈菜、风车草＋水葱、风车草＋千屈菜、水葱＋千屈菜，以及空白对照，各组浮岛对南海湖湿地水体中总磷的去除效果如图 7-11 所示。

从图 7-11 中可以看出，总磷的含量都随着时间的延长逐渐减少。在试验前 71 天，4 组混合植物浮岛对总磷的去除一直平稳地增加，总磷去除率曲线的趋势是快速的增加，71 天后，总磷的浓度变化开始减缓，总磷去除率也开始变得缓慢，去除率曲线也变得相对平

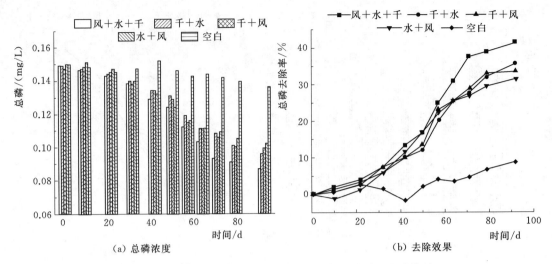

图 7-11　混合植物浮岛对南海湖湿地水体中总磷的去除效果

缓。由图 7-11 可知，各混合浮岛中总磷的起始浓度均为 0.149mg/L，在各组浮岛净化后，水样中总磷的含量 0.087~0.102mg/L，平均去除率达到了 35.57%，空白对照组的总磷去除率仅为 8.72%，由此可知，混合植物人工浮岛对南海湖湿地水体中的总磷有较好的去除效果。各混合植物浮岛中风车草＋水葱＋千屈菜、千屈菜＋水葱、风车草＋千屈菜均可以使南海湖湿地水质中总磷的浓度从地表水 V 类水标准提高到了 IV 类水标准。

经过 92 天的试验处理，风车草＋水葱＋千屈菜混合人工浮岛对总磷的去除率为41.61%，千屈菜＋水葱混合人工浮岛对总磷的去除率为 35.57%，风车草＋千屈菜混合人工浮岛对总磷的去除率为 33.56%，水葱＋风车草混合人工浮岛对总磷的去除率为31.54%。通过对去除率的比较，3 种植物组成的人工浮岛对总磷的去除效果要好于两种植物组成的浮岛。由两种植物的去除率对比可知，千屈菜＋水葱植物组合的去除率要高于另外两组，水葱＋风车草组合的去除效率最低，可能是由于千屈菜自身对磷元素亲和的优势，使带千屈菜组合的去除效果要好于无千屈菜的组合，再加上人工浮岛结构稳定，植物长势良好，基盘加植物可以减小风对水体的干扰，有利于悬浮颗粒的自然沉降，提高水体的透明度。

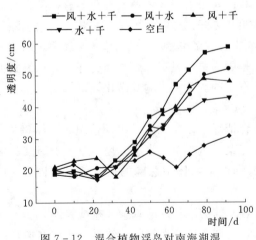

图 7-12　混合植物浮岛对南海湖湿
地水体透明度的影响

7.4.4　对水体透明度的影响

透明度是人们对水质好坏最直接的一个判断方式，透明度是表示水体能见度的一种量度，通过透明度的好坏可以简单地判断该地区水质的情况。

由图 7-12 可知，4 种混合植物浮岛对水体透明度的改善都有一定的效果，原水水质呈绿黑色，比较浑浊，并且伴有轻微的臭味，经过 92 天的混合浮岛净化后，各组浮岛下的水质都变得清澈了许多，水体的绿黑色变淡了很多，其微臭味气体也基本消失不见，能清楚地看到水体中的鱼类和一些水体中的浮游动物。其中风车草＋水葱＋千屈菜浮岛使水体的透明度由 19cm 提高到了 59cm，整体提高了 40cm。风车草＋水葱浮岛使水体的透明度由 19cm 提高到了 52cm，整体提高了 33cm。风车草＋千屈菜浮岛使水体的透明度由 21cm 提高到了 48cm，整体提高了 27cm。水葱＋千屈菜浮岛使水体的透明度由 20cm 提高到了 43cm，整体提高了 23cm。而空白对照仅使水体的透明度由 20cm 提高到 31cm，整体提高了 11cm。由此可以得知，混合植物人工浮岛对南海湖湿地水体透明度的提升好于水体的自然沉降，并且由图可以看出，混合植物浮岛对透明度的提升要好于单一植物浮岛，总体来说植物浮岛对水体透明度的提升有很大的帮助。

7.4.5 人工浮岛对优势种浮游藻类细胞密度的影响

试验开始前试验区域中共鉴定出浮游植物 7 门 69 种，其中绿藻门的种类最多有 23 种，其次是蓝藻门和硅藻门分别为 21 种和 19 种，裸藻门和金藻门各有 3 种，黄藻门仅有 2 种，隐藻门只有 1 种。如将优势度大于 0.02 定义为优势种，试验期间，各浮游植物优势度见表 7－3。

表 7－3　　　　　　　　　　　　浮游植物优势种的优势度

浮游植物	优 势 种	优 势 度		
		7 月	8 月	9 月
绿藻门	四尾栅藻（*Scenedesmus quadricauda*）	0.217	0.186	0.145
	镰形纤维藻（*Ankistrodesmus falcatus*）	0.169	0.226	0.133
	螺旋弓形藻（*Schroederia spiralis*）	—	0.095	
蓝藻门	水华束丝藻（*Aphanizomenon flosaquae*）	0.175	0.164	0.129
	微小平裂藻（*Chroococcus limneticus*）	0.127	0.132	0.083
硅藻门	近缘针杆藻（*Synedra affinis*）	0.118	—	
	普通等片藻（*Diatoma vulgare*）		0.058	0.046
裸藻门	多形裸藻（*Euglena polymorpha*）	0.083	0.125	0.077

其中微小平裂藻和水华束丝藻作为蓝藻门中的优势种，数目较多，对微小平裂藻和水华束丝藻的细胞密度进行检测计算，来观察各个浮岛对南海湖湿地优势种的抑制效果。

由图 7－13、表 7－4 可知，人工浮岛可以有效地抑制两种优势藻的生长，各组浮岛对两种优势藻的抑制效果都好于空白组。其中，风车草对于水华束丝藻的抑制效果最为显著，并且从抑制率的角度来看，风车草对水华束丝藻的抑制效果要好于微小平裂藻，风车草对水华束丝藻的抑制率为 35.1%，而对微小平裂藻的抑制率为 24.22%。图 7－13（a）中，含有风车草的浮岛，对水华束丝藻的抑制要好于其余的几组浮岛，其中单独的风车草浮岛对水华束丝藻的抑制效果最好。而水葱与千屈菜对水华束丝藻的抑制效果相差不大。水葱＋千屈菜的抑制效果略好于水葱与千屈菜，但整体差异不大。图 7－13（b）中，结合抑制率来看，各组浮岛之间对微小平裂藻的抑制效果差异不大，平均抑制率为 24.05%。

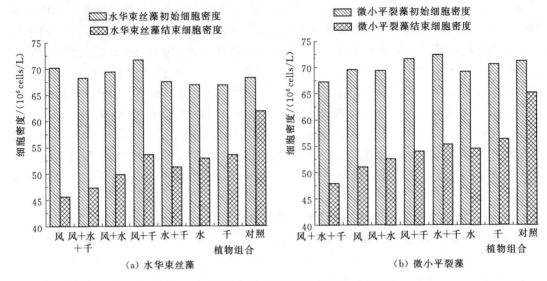

图 7-13　人工浮岛对浮游植物细胞密度的影响

表 7-4　　　　　　　　　　　植物浮岛对两种藻类的抑制率

植物组合方式	水华束丝藻抑制率/%	微小平裂藻抑制率/%
风车草	35.1	24.22
水葱	20.91	21.11
千屈菜	18.24	20.05
风车草＋水葱	28.14	26.61
风车草＋千屈菜	25.14	24.01
水葱＋千屈菜	22.42	23.56
风车草＋水葱＋千屈菜	30.56	28.78
空白	9.23	8.51

　　水生植物和浮游藻类存在着竞争机制，水生植物和浮游植物都需要吸收水体中的营养物质来维持自身的生长，而对于藻类而言，水生植物根系发达，有利于微生物的附着，微生物通过与藻类竞争水体中的营养元素，在一定程度上抑制了藻类的生长，并且水生植物高大的茎、叶阻挡阳光进入水中，这就限制了浮游藻类自身的光合作用。高等植物在自身生长过程中会向水体中分泌一种生化物质，而这种物质会对藻类起到杀死或抑制的作用。通过对比风车草对两种藻类的抑制效果发现，在水环境营养盐与光源相同的条件下，风车草对水华束丝藻有更好的抑制效果，并且远好于对微小平裂藻的抑制效果，而千屈菜和水葱对两种藻类的抑制效果则相差不多。因此，可以判断出，风车草会向水体中分泌一种生化物质，这种生化物质可以破坏水华束丝藻细胞膜的超微结构，对水华束丝藻有很好的抑制作用，而这种生化物质却对微小平裂藻没有影响，所以在水葱、千屈菜对两种藻类的抑制效果大体相同的情况下，含有风车草的各个浮岛组合对水华束丝藻有更好的抑制效果。

7.5 几种影响因素对人工浮岛净水效果的研究

影响人工浮岛净水效果的因素有很多，例如，天气、气候、风力、水体流动等因素。但是这些影响因素并不能受人控制，并且这些因素之间到底谁起主导作用也说不清楚，但又都会对浮岛的净水能力产生影响。而水力停留时间、覆盖率和温度这三个影响因素相对容易控制，并且对浮岛的净水效果起到非常重要的作用。因此，本章试验排除那些不可控制的因素，在试验前期已经初步掌握风车草浮岛对水质净化能力的基础上，在静态试验下研究水力停留时间、覆盖率和温度对浮岛系统的影响，找出最佳的水力停留时间、覆盖率和温度。

7.5.1 水力停留时间对浮岛系统改善水质效果的影响试验

水力停留时间是水处理工艺中比较常见的指标，也是影响人工浮岛系统去除氮、磷等营养元素的重要因素。一般情况来说，水力停留时间越长，水力负荷就越大，处理效果就越好。因此，本试验设置不同的水力停留时间判断是否水力停留时间越长，处理效果越好。

1. 试验材料和方法

为了突出单一水力停留时间对浮岛系统的影响，本段试验在室内进行。试验所采用的水桶参数为 60.00cm×40.00cm×35.00cm（长×宽×高），材质为 PP 塑料。浮岛载体采用聚苯乙烯泡沫板，其外形参数为 40.00cm×25.00cm×3.00cm/（长×宽×高）。泡沫板上均匀打 10 个直径为 4.00cm 的植物锚固孔，种植密度为 10 株/板。在各植株间隙中均匀打通 6 个直径为 4.00cm 的浮岛通风孔，增大水面与空气的接触面积，以提高水体复氧能力。风车草浮岛的覆盖率则通过泡沫板上通风口的开闭来控制。

水力停留时间对浮岛的净水效果影响试验共设置了 5 种水力停留时间，分别为 1 天、2 天、3 天、4 天和 5 天，把每个水力停留时间的数据进行统计记录。试验期间，保持浮岛系统中水深为 15～25.00cm。分析上述几种水力停留时间对风车草浮岛水质净化效果的影响。浮岛系统覆盖率设置约为 40%。浮岛稳定运行 7 天后开始检测水样，水样采自浮岛系统进水、出水处水面下 10～15cm，体积均为 500mL，分别测定化学需氧量、总氮、总磷浓度，考察水力停留时间对上述各指标的影响。

2. 试验水质

室内试验于 9 月 6 日开始进行，在浮岛系统稳定运行 7 天后即 9 月 13 日开始测样。供试水源采用 25L 的取水桶在南海取水。试验期间水质指标详见表 7-5。

表 7-5 原 水 水 质 指 标

项目	化学需氧量 /(mg/L)	总氮 /(mg/L)	总磷 /(mg/L)	pH	水温 /℃
范围	136.8～222.8	2.291～2.808	0.129～0.215	8.05～9.21	13～19

3. 试验结果及分析

如图 7-14 所示，当进水总氮浓度为 2.75mg/L 时，在水力停留时间分别为 1 天、2 天、

3 天、4 天和 5 天，出水总氮浓度依次为 2.42mg/L、2.24mg/L、2.13mg/L、2.04mg/L、1.99mg/L，在试验初期，浮岛系统对总氮的处理效果非常好，随着水力停留时间的增加出水总氮浓度逐渐降低，总氮浓度的整体速率开始缓慢下降，当水力停留时间为 4 天时，出水总氮浓度的变化已经不明显，下降速率变得十分缓慢。总的来说，随着水力停留时间的增加，浮岛系统对总氮的去除率也相应增加，但是其增长速率却是逐渐放缓的。

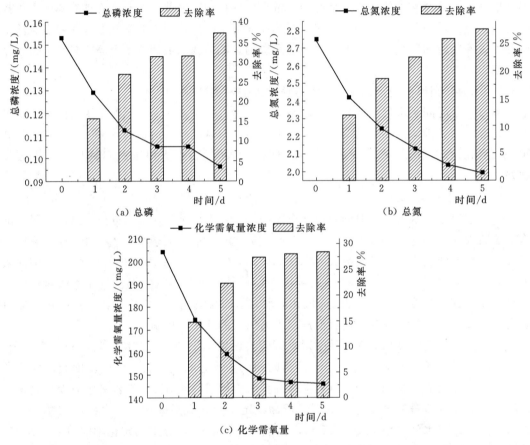

图 7-14　各水力停留时间出水总氮、总磷和化学需氧量的出水水质

当进水总磷浓度为 0.153mg/L，水力停留时间分别为 1 天、2 天、3 天、4 天和 5 天，总磷去除趋势与总氮大体一致，在试验初期总磷浓度有明显降低，随着水力停留时间的增加总磷的出水浓度逐渐降低，出水总磷浓度的速率开始缓慢下降，当水力停留时间为 3 天时，出水总磷浓度的变化已经不明显，下降速率变得十分缓慢。总的来说，随着水力停留时间的增加，总磷的去除率也逐渐增加，但其增长速率却是逐渐放缓。

当进水化学需氧量浓度为 204.31mg/L 时，随着水力停留时间的增加，出水化学需氧量的浓度逐渐变低，去除率逐渐升高，去除速率逐渐变缓。在试验初期，浮岛系统对化学需氧量的去除效果较好，当水力停留时间为 3 天时，出水化学需氧量的浓度变化已经不明显。总的来说，水力停留时间的多少对化学需氧量的去除效果并没有多大影响。

7.5.2　覆盖率对浮岛系统改善水质效果的影响试验

覆盖率是人工浮岛运行性能的重要指标，覆盖率的选取直接关系到水质净化效果及工程实施水体的景观效果。

浮岛植物覆盖率的选择不宜过大也不宜太小，覆盖率选取得过大就需要更大的基盘载体面积，也就可以种植更多的水生植物来改善水质，水生植物种类过多，其浮岛系统就会更茂密，根系表面积就会更大，从而微生物就会有更多的生存空间和更好的生存环境，也就加大了微生物对水体中污染物的吸附和同化作用，并且过高的覆盖率会阻碍水体中植物对氧的吸收和浮游植物的光合作用，覆盖率过高，会降低大气的复氧速率，造成水体中溶解氧浓度的下降，不利于水体中溶解氧的恢复，抑制植物的生长。而抑制光合作用对于浮游植物来说，也就一定程度抑制了藻类生长。而相反覆盖率过低，将会导致植物数量不足，从而导致净水效果达不到预期。因此，覆盖率对浮岛系统水处理效果的影响显而易见。

覆盖率的试验总共设置 3 种不同的覆盖率，分别为 20％、30％、40％。通过改变泡沫板上孔隙的开闭来控制试验的覆盖率，控制水力停留时间为 3 天，在每种覆盖率下测样三次，取其平均值。

如图 7 - 15 所示，总氮和总磷在不同覆盖率下的出水水质变化情况相差不大，浓度随

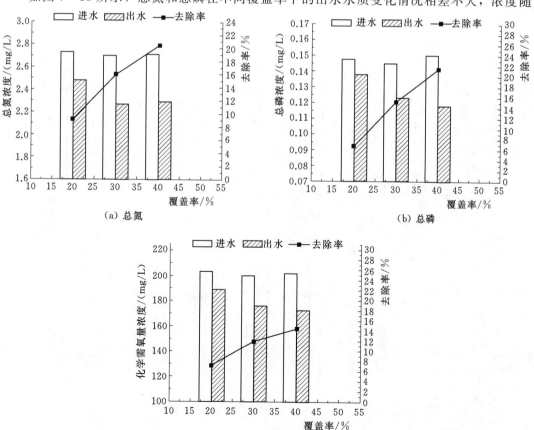

（a）总氮　　　（b）总磷

（c）化学需氧量

图 7 - 15　各覆盖率下总氮、总磷和化学需氧量的出水水质

着覆盖率的增加而减少，去除率随着覆盖率的增加而增加，但是去除率的增长速率却是在逐渐减小。而对于化学需氧量来说，覆盖率的增加对化学需氧量的浓度变化影响不大，虽然去除率有一定的增加，但增加的并不明显。

7.5.3 温度对浮岛系统改善水质效果的影响试验

温度能够影响微生物的增长数量和增长速度，从而影响污染物的去除率。对于大部分微生物而言，生长温度为 25～37℃时，生长速度减慢；当温度大于 43℃时，微生物因温度过高而大量死亡，处理效果下降。

水力停留时间和覆盖率对人工浮岛技术在南海实施有很大影响关系，因此根据试验期间内的水温，在室内模拟试验时的三种水温，来判断温度对人工浮岛净化效果的影响。温度设计分别为 20℃、26℃、32℃。控制水力停留时间为 3 天，在每种温度下测样三次，取其平均值。

由图 7-16 可知，当温度在 20～26℃范围内时，随着温度的升高，总氮和总磷的出水浓度逐渐降低，其去除率逐渐升高，而化学需氧量的变化则不明显。当温度在 26～32℃范围内时，随着温度升高，总氮和总磷的出水浓度又有了一定的升高，其去除率也开始降低，而化学需氧量的变化依旧不明显。总氮、总磷和化学需氧量的去除主要是由于植

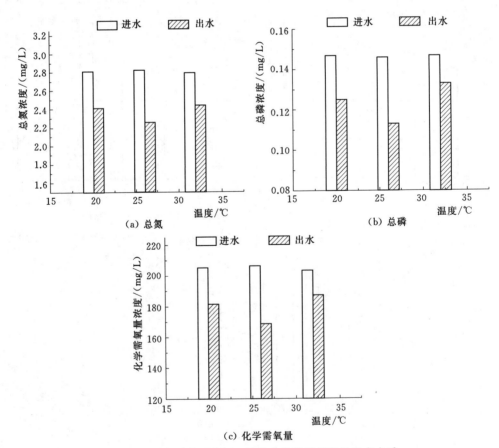

图 7-16 各温度下总氮、总磷和化学需氧量的出水水质

物本身的吸收作用和微生物的分解作用。在适宜的温度下，植物的呼吸作用会得到加强，对水中的氮、磷等营养物质的吸收能力也会加强。但当温度过高时，过高的温度会抑制植物的生长，并且微生物的活性也会降低，微生物的分解作用也会受到影响。因此，经试验数据分析可知，对总氮、总磷和化学需氧量去除的最适温度为 26℃。

参 考 文 献

［1］ 缪晨霄. 人工浮岛技术对包头南海湖湿地水体净化作用的试验研究［D］. 包头：内蒙古科技大学，2019.

［2］ 王智超. 4种植物混合浮床对包头南海湖湿地富营养化水体修复的研究［D］. 包头：内蒙古科技大学，2019.

［3］ 杨文焕，缪晨霄，王智超，张明钰，菅广林，李卫平. 人工浮岛种植水生植物对包头南海湖湿地水质净化效果研究［J］. 灌溉排水学报，2019，38（9）：122－128.

［4］ 王志超，王智超，缪晨霄，杨文焕，于玲红，张明钰，宋嘉乐，李卫平. 混合浮床对南海湖湿地富营养化水体修复的作用［J］. 水土保持通报，2019，39（4）：120－126＋133.

［5］ 吴伟，胡庚东，金兰仙，杨琳. 浮床植物系统对池塘水体微生物的动态影响［J］. 中国环境科学，2008（9）：791－795.

［6］ 吴建强，王敏，吴健，蒋跃，孙从军，曹勇. 4种浮床植物吸收水体氮磷能力试验研究［J］. 环境科学，2011，32（4）：995－999.

［7］ 屠清瑛，章永泰，杨贤智. 北京什刹海生态修复试验工程［J］. 湖泊科学，2004（1）：61－67.

［8］ Yiming Guo，Yunguo Liu，Guangming Zeng，Xinjiang Hu，Xin Li，Dawei Huang，Yunqin Liu，Yicheng Yin. A restoration－promoting integrated floating bed and its experimental performance in eutrophication remediation［J］. Journal of Environmental Sciences，2014，26（5）：1090－1098.

［9］ Wen Huai Wang，Yi Wang，Zhi Li，Cun Zhi Wei，Jing Chan Zhao，Lu qin Sun. Effect of a strengthened ecological floating bed on the purification of urban landscape water supplied with reclaimed water［J］. Science of the Total Environment，2018，622－623.

［10］ 邢春玉，吴运刚，乔镜澄，张妍. 水生植物群落对水华藻类的化感抑制研究［J］. 环境科学与技术，2018，41（3）：35－41.

［11］ 张洪刚，洪剑明. 人工湿地中植物的作用［J］. 湿地科学，2006（2）：146－154.

［12］ 何勇凤，王亚龙，王旭歌，朱永久，杨德国. 生物浮岛对长湖水质和浮游植物的影响［J］. 环境工程，2016，34（12）：58－63.

第 8 章

寒旱区湿地生态沟渠技术生态系统修复工程示范

8.1 生态沟渠技术

8.1.1 生态沟渠技术简介

为了验证生态浮岛对南海水质的净化效果，研究人员在包头市赛汗塔拉城中草原进行了好氧－缺氧型生态沟渠协同控污技术的相关实验。该技术在传统的生态浮岛的基础上，与微生物耦合净化水体污染物，拟解决该技术在中国北方寒旱区的应用推广问题。

生态沟渠是一种随着生态水利的发展而提出的针对面源污染的生态拦截系统。生态沟渠兼有集水和排水的功能，是截留氮、磷等面源污染物的关键场所，其主要是通过人工构建的护坡、填充基质、植物种植的方式，对传统农田沟渠及低洼湖泊进行改造。生态沟渠独特的植物－基质－微生物系统可通过植物吸收、底泥吸附、微生物降解等方式一定程度上降低地表径流所携带的氮磷污染物浓度。与人工湿地、植物缓冲带等工程措施相比，具有结构相对简单、基建投资较少，占地面积相对较小以及适宜应用范围广等优点，推广应用前景较好。

中国北方寒旱地区，昼夜温差大，年均降水量少，年均蒸发量大，水资源紧张，城市内湖、河道等水体由于不能使用地下水作为补充水源，其补水大多通过补水渠道引用城市降雨排水，面源污染较为严重。由于补水渠道大多存在非降雨期补水量较小，水力停留时间（HRT）较长，水体自净能力差，渠道易淤积，降雨期大量地表污染物进入城市水体，严重污染渠道下游水质的问题，在外源污染物经补水渠道持续输入的情况下，城市内湖、河道存在富营养化甚至黑臭的风险。因此，对其进行研究，主要通过采取合理的污染物阻控措施，改进生态沟渠技术，并将其应用于拦截城市景观水体进水渠道的污染物，探究好氧－缺氧型生态沟渠技术应用于城市水体面源污染中的阻控效果，进而提出应对策略。

8.1.2 生态沟渠技术的净化机理

鉴于生态沟渠内溶解氧变化对水体微生物的脱氮除磷及有机质等去除效果具有较大影

响，必须在传统沟渠合适的渠段内进行人工改造，调节渠道内溶解氧的分布位置，进而有效提高生态沟渠对污染物的处理效果，降低氮、磷等污染物向下游水体的排放。针对现有生态沟渠研究的不足，可选择采用前置好氧区提高溶解氧水平，使好氧微生物在沟渠好氧区顺利进行硝化反应并降解有机质，而将沟渠后端作为缺氧区促进反硝化作用，从而有效提高生态沟渠系统处理效率。以往的生态沟渠技术大多以组合基质搭配植物以达到控制污染物的目的，但由于在组合基质中设置好氧区需要使用曝气装置，并且需要从基质底层铺设曝气管道，在实际应用中工程规模较大，基质的厚度、粒径大小、曝气的强度等均对溶解氧水平影响较大，且基质的堵塞容易造成曝气不均匀，氧扩散效率降低，系统溶解氧分布不均，导致温室气体一氧化氮（N_2O）的排放量增加等问题，因此需要采用构造简单且不易堵塞的处理系统作为沟渠的好氧区。复合浮床系统由于去污性能较佳，且调节溶解氧水平较为简单，在选择传质布气效果好的生物填料情况下既可以减少基质填充规模，又可以提高好氧微生物活性，适宜作为生态沟渠系统的好氧区。组合基质型沟渠由于自身存在易堵塞特性，其缺氧环境容易形成，故组合基质作为缺氧区使用较为合适，并且溶解氧对组合基质吸附、沉淀磷污染物的性能影响较小，易于实现沟渠内同步脱氮除磷。因此，本研究通过使用好氧型生态沟渠组合缺氧型生态沟渠技术，对好氧—缺氧型生态沟渠协同控污技术进行系统性探讨，并将其应用于城市面源污染防治中，以期为生态沟渠技术的进一步推广应用奠定理论基础。

8.1.3　生态沟渠技术拟解决的问题

本研究以遭受面源污染的城市水体为研究对象，通过资料收集、现场勘察、应用研究、数据监测，运用科学的手段进行检测，为今后对阻控城市内湖、河道等水体污染物提供科学依据。

1. 生态沟渠运行参数研究

根据生态沟渠在不同水力停留时间、水位高度条件下的试验研究，分析不同影响因素下的污染物去除效果，揭示不同情况下生态沟渠对污染物的降解性能，确定最佳运行参数。

2. 好氧-缺氧型生态沟渠降解污染物效果及其经济效益分析

根据生态沟渠不同影响因素的试验，在最佳运行条件下长期运行，通过长期的数据监测获得各项水质指标参数，探求好氧—缺氧型生态沟渠中基质—植物—微生物共同作用下对污染物的降解效果，分析其经济性，揭示好氧—缺氧型生态沟渠在长期运行情况下的稳定性与可持续性。

3. 微生物群落结构分析

通过高通量测序技术解读好氧—缺氧型生态沟渠中基质、植物根系、生物填料附着微生物与进水渠道底泥微生物群落结构与多样性，对各部微生物群落的丰度和多样性之间的差异进行分析，并解析其产生差异的原因。

8.2　生态沟渠野外工程构建

8.2.1　生态沟渠的场地选择

本研究选用遭受城市面源污染的赛汗塔拉城中湿地草原作为试验场地，该区域位于中国中西部内蒙古自治区包头市，是包头市区原始草原湿地生态系统，位于包头5个城区之间，总面积770hm²，南北狭长约4.1km，东西宽约2.2km；海拔1034～1058m；南北高差8～10m，是全国城市中最大的天然草原园区，在包头市的政治、经济、文化方面具有重要影响作用。

赛汗塔拉城中湿地草原的水源主要通过沟渠补水，其补水渠道对湿地草原生态环境建设具有重要意义。其进水沟渠具体位置如图8-1所示。

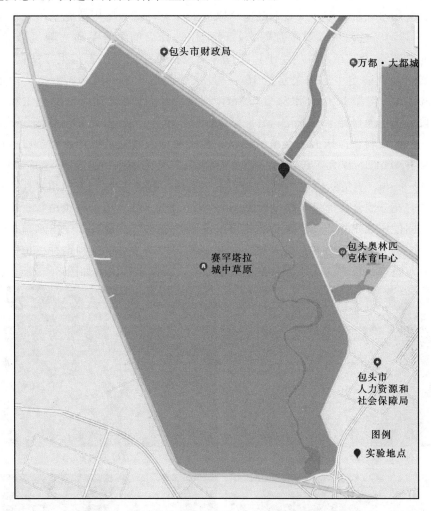

图8-1　赛汗塔拉城中湿地草原进水沟渠位置示意图

目前，其进水沟渠主要接纳上游四道沙河蓄水期的溢流水与降雨期的地表汇集雨水，四道沙河蓄水期溢流排水流量较小，湿地草原补水水源不足，进水沟渠水流流速缓慢，水体发黑发臭；降雨初期地表径流从城市雨水管道汇集至四道沙河，继而排入赛汗塔拉城中湿地草原进水沟渠，大量地表污染物通过沟渠进入湿地草原，水质浑浊，属于典型的城市面源污染；其进水大多为《地表水环境质量标准》（GB 3838—2002）劣Ⅴ类水，试验期间具体水质指标见表8-1。

表 8-1   沟 渠 进 水 水 质

指标	总氮 /(mg/L)	化学需氧量 /(mg/L)	氨氮 /(mg/L)	总磷 /(mg/L)	溶解氧 /(mg/L)	pH
试验范围	3.125~10.376	48.0~66.4	0.412~3.473	0.134~0.404	5.36~6.34	8.31~8.69

8.2.2　生态沟渠的搭建

该生态沟渠位于湿地草原进水沟渠源头端，在湿地草原进水沟渠旁侧新建集水池与试验沟渠，试验用水取自赛汗塔拉城中湿地草原进水沟渠，试验所用填充基质、植物等如图8-2所示，其均经过研究人员前期筛选，经配比选择后的组合基质去除氮磷性能较好，所用鸢尾植物景观效果好，耐寒性佳。试验沟渠包括集水池与生态沟渠，根据水力特性、经济效益等分析，确定生态沟渠总长 15m，过水断面形状为倒梯形，上、下口宽分别为0.85m 和 0.5m，沟深 1.2m，水深为 0.7m，沟渠底部铺设 PE 防渗膜和土工布。试验沟渠分为两段，第一段（即第一单元）为好氧（Oxic）单元，长 7m，使用浮床，下方捆绑螺旋形辫带式生物填料，浮床上方种植植物，并在水中加入缓释氧颗粒；第二段（即第一单元）为缺氧（Anoxic）单元，长 7m，铺设碎砖块（粒径 10~20mm，质量 0.3t）、天然沸石（粒径 4~6mm，质量 0.3t）、炉渣（粒径 2~5mm，质量 0.9t），按照质量比 1:1:3 组成组合基质，充分混合后铺设，厚度为 0.4m，其上覆土 0.1m 用于种植植物；第一单元与第二单元之间使用透水坝连接。在试验沟渠最前端设进水口，最后端设出水口，长度均为0.5m，使用透水坝与沟渠连接。为了使沟渠具有景观性，整个试验沟渠种植植物均为北方耐寒水生景观植物黄花鸢尾，种植密度为 27 株/m²，具体试验沟渠如图 8-3 所示。

(a) 天然沸石   (b) 碎砖块

(c) 炉渣   (d) 螺旋形辫带式生物填料

图 8-2　试验材料图

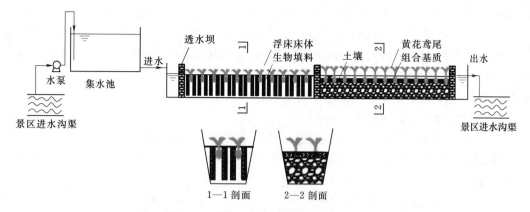

图8-3 好氧—缺氧型生态沟渠示意图

8.2.3 生态沟渠的水样及微生物采集

自6月15日至7月4日,为了减少影响因素,在生态沟渠各取样点(图8-4)的水面以下30cm处使用聚乙烯瓶各取水样500mL,开展前期运行参数确定试验。待生态沟渠稳定运行后,自7月5日至9月30日,每一个进出水周期取样1次。微生物样品于9月1日取样并编号,具体编号见表8-2。其中螺旋形辫带式生物填料附着污泥(L2)、组合基质(L3)样品取各单元中部区域的上、中、下三层样品充分混合,黄花鸢尾根系附着污泥(L4)样品取第一单元与第二单元中部区域样品充分混合,将各样品分别装入塑封袋中,运回实验室用于微生物群落结构组成分析。

表8-2 各部样品编号表

编号	取样部位	编号	取样部位
L1	赛罕塔拉进水沟渠底泥	L3	组合基质
L2	螺旋形辫带式生物填料附着污泥	L4	黄花鸢尾根系附着污泥

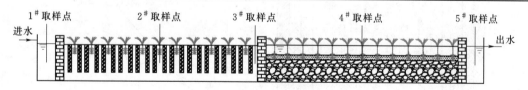

图8-4 好氧—缺氧型生态沟渠取样布点图

8.3 不同运行参数下生态沟渠对污染物的阻控作用

8.3.1 水力停留时间对污染物的去除影响

8.3.1.1 试验设计

选用赛罕塔拉进水沟渠表层底泥为微生物种原进行挂膜启动,为了确定沟渠运行参数,考虑到水力停留时间(HRT)对微生物硝化与反硝化反应、降解有机质等方面影响较大,在进水沟渠水质较稳定的情况下开展不同水力停留时间(24h、48h、72h)试验,试验期间生态沟渠氨氮、总氮、化学需氧量、总磷进水浓度范围分别为 2.049～2.265mg/L、4.832～5.426mg/L、51.2～57.6mg/L、0.238～0.300mg/L，在生态沟渠取样点 1#、2#、3#、4#、5# 处设置取样断面采集沟渠水样，测定动态条件下生态沟渠中污染物的沿程浓度。

8.3.1.2　不同水力停留时间情况下各污染物沿程变化

1．不同水力停留时间氨氮沿程变化

图 8-5 表示动态条件下生态沟渠沿程氨氮的浓度及去除率随水力停留时间的变化。氨氮的去除主要靠微生物的硝化作用与基质的吸附作用，由图可知生态沟渠在不同水力停留时间情况下，其去除效果也存在差异性。

在氨氮进水浓度范围为 2.049～2.265mg/L，水力停留时间为 24h、48h 时，生态沟渠对氨氮的处理效果较好，其氨氮质量浓度分别可以降低到 1.474mg/L、1.372mg/L，去除率分别为 30.99% 和 37.04%，去除效果稳步提高。并且在 3# 取样点时，水力停留时间为 24h、48h 时的氨氮去除率分别已经占各自总去除率的 62.98%、82.51%，表明生态沟渠进水中的大多氨氮污染物在第一单元溶解氧含量较高的情况下，经好氧微生物作用，顺利发生硝化反应转化为硝态氮。

而当水力停留时间为 72h 时，生态沟渠对氨氮污染物去除率仅为 20.80%，并且由图 8-5 可知氨氮质量浓度在 3# 取样点呈现较大幅度上升，这是由于水力停留时间较长，第一单元的溶解氧被消耗后无法得到及时有效补充，硝化反应受到抑制，并且底泥、填料等对氮污染物的吸附反应大多是物理吸附，其吸附是可逆性的，当水中氮污染物浓度较低且水力停留时间较长时被吸附的氮污染物将会重新释放到水中。综上所述，针对降低氨氮浓度的生态沟渠最佳水力停留时间选择为 48h 较为合适。

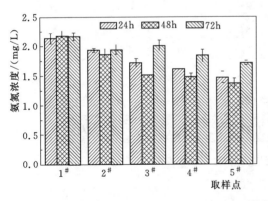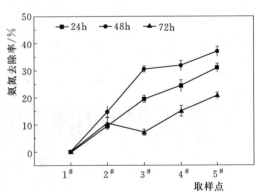

图 8-5　不同水力停留时间下氨氮沿程变化

2．不同水力停留时间总氮沿程变化

在生态沟渠系统中，氮污染物的去除与水力停留时间密切相关。图 8-6 表示动态条件下生态沟渠沿程总氮的浓度及去除率随水力停留时间的变化，由图可知在不同水力停留时间下生态沟渠中总氮浓度整体呈下降趋势。

在总氮进水浓度范围为 4.832～5.426mg/L 的情况下，水力停留时间为 24h 的生态沟渠总氮出水质量浓度为 3.531mg/L，去除率为 31.14%；而在水力停留时间延长至 48h

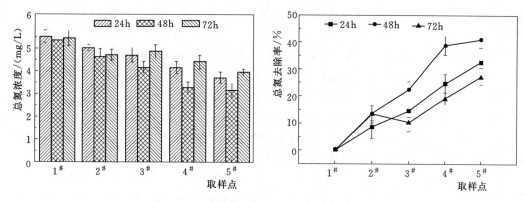

图 8-6 不同水力停留时间下总氮沿程变化

时，生态沟渠出水总氮质量浓度为 3.215mg/L，去除率达 38.36%，其去除总氮效果得到提高。这表明较小的水力停留时间不利于总氮的去除，究其原因主要是由于水力停留时间较短，水体中大多硝态氮尚未被微生物反硝化即排出沟渠，造成水力停留时间为 24h 的生态沟渠脱氮效果劣于 48h 的生态沟渠。

水力停留时间为 72h 的生态沟渠对总氮去除效果较差，总氮出水质量浓度为 3.742mg/L，去除率仅为 25.34%，表明长时间的水力停留时间不利于总氮的去除，并且其在 3# 取样点出现了总氮浓度几乎无变化的现象。究其原因主要是由于填料等吸附的氨氮出现反释引起总氮浓度上升。因此，针对降低总氮浓度的生态沟渠水力停留时间选择为 48h 较合适。

3. 不同水力停留时间化学需氧量沿程变化

图 8-7 表示动态条件下生态沟渠沿程的化学需氧量浓度及去除率随水力停留时间的变化。由图 8-7 可知，生态沟渠在化学需氧量进水浓度为 51.2~57.6mg/L 的情况下，其水力停留时间为 24h、72h 时，虽然生态沟渠对化学需氧量的去除效果整体呈上升趋势，但最终去除率均较低，出水化学需氧量浓度分别为 37.2mg/L、39.6mg/L，去除率分别为 32.61%、27.21%，处理效果较差。这是因为在水力停留时间为 24h 时，由于反应时间过短，大量有机质尚未被分解利用就已经排出沟渠，故化学需氧量去除效果相对较差；而在水力停留时间为 72h 时，由于生物填料中吸附的有机质脱落以及死亡微生物、植

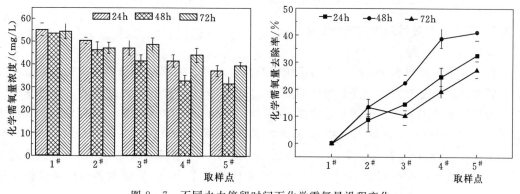

图 8-7 不同水力停留时间下化学需氧量沿程变化

物残体在高温下的分解，造成水体化学需氧量浓度升高，使其整体上化学需氧量去除效果较差。

水力停留时间为 48h 时生态沟渠出水化学需氧量浓度为 31.6mg/L，去除率达 41.04%，对化学需氧量的去除效果较好。一方面是由于植物吸收、填料吸附拦截作用，其中螺旋形生物填料在常温低填充比条件下的传质布气效果较好，有机质去除效果增强；另一方面则是在较为合适的水力停留时间情况下，异养型反硝化菌以硝酸盐作为最终的电子受体，通过消耗大量的有机质作为碳源和能源使其生长繁殖，因此，针对降低化学需氧量浓度的生态沟渠水力停留时间选择为 48h 较合适。

4. 不同水力停留时间总磷沿程变化

水体中磷的去除主要通过基质吸附共沉淀、微生物代谢、植物吸收以及沉积截留作用实现，其中基质是除磷的主要原因。图8-8表示动态条件下生态沟渠沿程总磷的浓度及去除率随水力停留时间的变化。

由图8-8可以看出，生态沟渠中第一单元对总磷的去除效果较差，其在3#取样点的平均总磷去除率占总去除率的30%左右，而第二单元对总磷去除效果较好，表明组合基质在对水体磷污染物的去除过程中起到主要作用。其中，水力停留时间为72h与48h的生态沟渠对总磷去除效果较好，差异较小（$P > 0.05$），最终去除率分别为40.89%、39.23%，而水力停留时间为24h的生态沟渠对总磷的处理效果相对较差，去除率为34.22%，可见较短的水力停留时间不利于生态沟渠对总磷的处理效果。

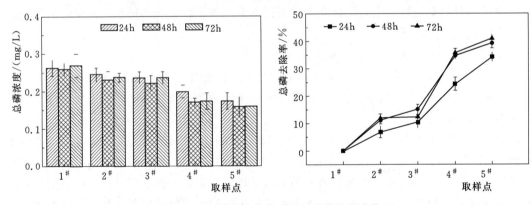

图8-8 不同水力停留时间下总磷沿程变化

8.3.2 水位高度对污染物的去除影响

8.3.2.1 试验设计

在水力停留时间为48h时，生态沟渠对总氮、氨氮、有机质及总磷污染物去除效果较好，因此确定生态沟渠水力停留时间为48h，为了进一步明确沟渠运行参数，在进水沟渠水质较稳定的情况下开展不同水位高度（0.7m、0.9m、1.1m）试验，试验期间沟渠进水氨氮、总氮、化学需氧量、总磷进水浓度范围分别为 2.116～2.337mg/L、5.105～5.510mg/L、52.8～62.6mg/L、0.266～0.279mg/L，考虑到水深对生态沟渠氧传递效率的影响，故选择在沟渠水面以下 10cm 处、沟渠底部以上 10cm 处以及各水位高度的中层处采集沟渠水样，测定动态条件下生态沟渠中污染物沿程平均浓度。

8.3.2.2   不同水位高度情况下各污染物沿程变化

1. 不同水位高度氨氮沿程变化

图8-9表示动态条件下生态沟渠沿程氨氮的浓度及去除率随水位高度的变化。由图8-9可知,生态沟渠在水位高度不同的情况下,其对氨氮处理效果也不相同,在氨氮进水浓度为2.116～2.337mg/L时,水位高度为0.7m的生态沟渠氨氮出水浓度为1.343mg/L,总去除率为40.00%,去除效果较好,其中生态沟渠第一单元对氨氮去除效率较高,在3#取样点时去除率已达到27.35%,占生态沟渠氨氮总去除率的68%左右,表明第一单元的生态条件有利于微生物的硝化作用。

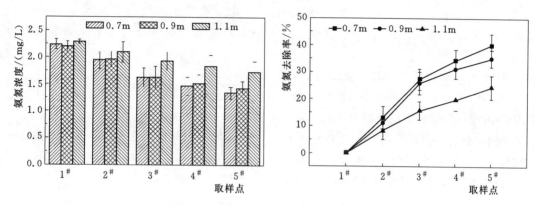

图8-9   不同水位高度下氨氮沿程变化

水位高度为0.9m的生态沟渠对氨氮的去除趋势与水位高度0.7m的生态沟渠相似,但处理效果相对较差,出水氨氮浓度为1.429mg/L,去除率为35.13%。水位高度为1.1m的生态沟渠对氨氮处理效果较差,出水氨氮浓度为1.731mg/L,去除率为24.44%。该结果表明,随着水位高度的升高,氨氮处理效果反而变差,这是由于随着水深加大,生态沟渠底层区域溶解氧无法得到及时有效补充,缺氧状况加重,造成微生物硝化反应受到限制,导致氨氮去除率降低。因此,针对降低氨氮浓度的生态沟渠水位高度选择为0.7m较合适。

2. 不同水位高度总氮沿程变化

图8-10表示动态条件下生态沟渠沿程总氮的浓度及去除率随水位高度的变化,由图可知生态沟渠在水位高度不同的情况下,其对总氮的最终处理效果差异较大($P<0.05$)。

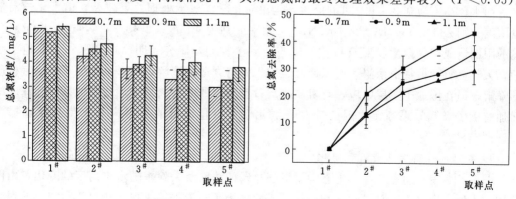

图8-10   不同水位高度下总氮沿程变化

由于水位越高，生态沟渠中缺氧部分越多，硝化反应成为去除氮污染物的限制步骤，造成水位高度为0.9m和1.1m的生态沟渠对总氮的处理效果相对于0.7m的生态沟渠较差。在水位高度为0.7m时，生态沟渠第一单元与第二单元对总氮的去除效果均较好，且在进入第二单元以后，由于水位较低，大气复氧与植物泌氧可以继续为基质层提供氧气来源，使得第二单元具有较好的好氧—缺氧—厌氧环境，故其出水总氮浓度为3.017mg/L，总去除率为43.52%。水位高度为0.9m的生态沟渠，其对总氮的去除效果在2#取样点之前与水位高度1.1m的生态沟渠相似，去除率为13%左右，但随后对总氮处理效果相对于水位高度为1.1m的生态沟渠较好，其最终出水总氮浓度为3.328mg/L，去除率为36.21%。水位高度为1.1m的生态沟渠对总氮处理效果相对较差，出水总氮浓度为3.819mg/L，去除率为29.40%。因此，针对降低总氮浓度的生态沟渠水位高度选择为0.7m较合适。

3. 不同水位高度化学需氧量沿程变化

水体中化学需氧量的去除与微生物的生长代谢状况有关，图8-11表示动态条件下生态沟渠沿程化学需氧量的浓度及去除率随水位高度的变化。由图8-11可知，水位高度为0.7m的生态沟渠对化学需氧量去除效果较好，出水化学需氧量浓度为32mg/L，去除率为44.45%，表明生态沟渠中好氧菌、兼氧菌、厌氧菌代谢能力较强，生存环境较好，可以顺利完成对有机质的分解及氮磷污染物的去除。

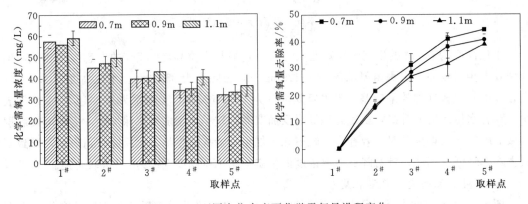

图8-11 不同水位高度下化学需氧量沿程变化

而水位高度为0.9m和1.1m的生态沟渠对化学需氧量处理效果较差，出水化学需氧量浓度分别为33.2mg/L、36.4mg/L，去除率分别为40.71%、38.85%，这是由于氧环境的限制造成部分微生物对有机质的降解受到了抑制，研究表明，在未曝气的湿地系统中，大气复氧和植物根系泌氧可以使湿地表层保持合适的溶解氧水平，保证了表层有机质的降解，但在湿地中下层区域，有机质降解过程所需的溶解氧缺少，使湿地系统随深度的增加有机质降解效果渐差，因此针对降低化学需氧量浓度的生态沟渠水位高度选择为0.7m较合适。

4. 不同水位高度总磷沿程变化

图8-12表示动态条件下生态沟渠沿程总磷的浓度及去除率随水位高度的变化，由图可知，水位高度对去除总磷的影响较小，且总体上生态沟渠第一单元相对于第二单元对总

磷的去除作用较小，其对总磷去除量仅占总量的 30% 左右，这是由于基质作为生态沟渠中的重要组成部分，是生态沟渠去除磷污染物的主要途径，并且目前基质已由单一基质向组合基质转变，组合基质中的各类基质可以形成对污染物的吸附优势叠加互补，所以第二单元对总磷的去除率升高较明显。在生态沟渠水位高度为 0.7m、0.9m、1.1m 时，其出水总磷去除率分别为 40.44%、38.71%、37.97%，水位高度为 0.7m 的生态沟渠对总磷的去除效果相对较好。

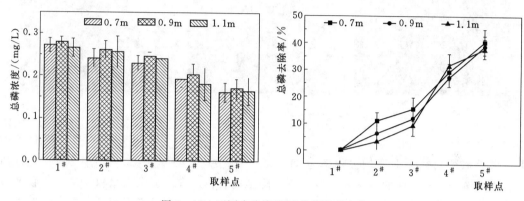

图 8-12 不同水位高度下总磷沿程变化

8.4 好氧—缺氧型生态沟渠工程控污性能

8.4.1 试验工程设计

在确定生态沟渠水力停留时间为 48h，水位高度 0.7m 的情况下，为了明确好氧—缺氧型生态沟渠工程控污能力的稳定性与可持续性，从 2019 年 7 月 5 日至 2019 年 9 月 30 日，综合分析进水水质特征、污染物处理效率等后确定试验参数，具体工程参数设计见表 8-3。工程现场如图 8-13 所示。对于生态沟渠好氧单元的增氧方式可以选择机械曝气等传统曝气方法，也可选择投加释氧材料以达到补充溶解氧的目的，本研究使用常见的缓释氧颗粒作为增氧手段，在好氧—缺氧型生态沟渠第一单元每 3 天投加定量缓释氧颗粒（250g）以达到沟渠所需要的好氧条件（溶解氧大于 2mg/L）。

表 8-3　　　　　　　　　　好氧—缺氧型生态沟渠工程设计参数表

进水流量 /(m³/h)	有效水深 /m	有效长度 /m	有效断面面积 /m²	有效容积 /m³	表面水力负荷 /[m³/(m²·d)]	水力停留时间 /h
0.123	0.70	14	0.42	5.88	0.33	47.80

8.4.2 好氧—缺氧型生态沟渠工程对景观水中污染物的处理效果

1. 对氨氮的去除效果

好氧—缺氧型生态沟渠进出水污染物质量浓度及去除率受温度、降雨和溶解氧等外界因素影响而出现较大幅度波动，由图 8-14 可知，试验期间氨氮进水质量浓度范围为 0.412~3.473mg/L，大部分时间进水为劣Ⅴ类水，经好氧—缺氧型生态沟渠处理后的污

图8-13　好氧—缺氧型生态沟渠工程现场图

染物出水浓度变化范围为 0.510～1.991mg/L，其7月平均去除率为 53.28％，8月平均去除率为 47.11％，9月平均去除率为 31.49％，总平均去除率为 43.75％。其中，7月初到9月中旬，在寒旱区的特殊气候条件下，降雨期城市地表径流中大量氮、磷污染物及有机质被冲刷后通过排水管道等进入排水河道，继而进入湿地草原沟渠系统，非降雨期温度较高，水体中微生物活性较高，部分污染物在进入沟渠系统之前已被去除，因此造成进水污染物质量浓度波动幅度较大。

从结果可以看出，在氨氮进水污染物浓度值达到 3.473mg/L 时，其去除率为 54.82％，高于氨氮污染物平均去除率，而氨氮进水污染物浓度值为 0.691mg/L 时，其去除率仅为 37.48％，且氨氮的去除率整体上随着氨氮进水浓度变化，表明好氧—缺氧型生态沟渠对寒旱区城市遭受高浓度氨氮污染的水体处理效果较好。这是由于基质的外部环境条件如污染物浓度、pH、温度、溶解氧、生物和水文气象条件等以及基质自身的粒级分布、重金属含量等内部条件都会对氨氮的吸附产生影响，且除了外源的氨氮污染负荷和相

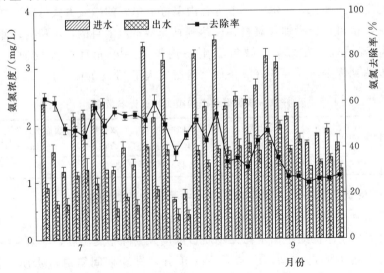

图8-14　好氧—缺氧型生态沟渠对氨氮的处理效果

对应的外界环境条件等，水动力特性也影响着基质—水界面氨氮的吸附效果，而生态沟渠中基质—水界面存在高氨氮浓度梯度差的情况下，较大的压力差促使基质对氨氮吸附性能的增强。因此好氧—缺氧型生态沟渠对高浓度氨氮去除效果较好。

2. 对总氮的去除效果

好氧—缺氧型生态沟渠对总氮的去除主要通过植物吸收、基质吸附和微生物的硝化与反硝化共同作用，其中微生物的硝化与反硝化作用是去除水体总氮的主要原因，其去除的氮污染物含量达到去除总量的70%左右。由图8－15可知，总氮进水浓度变化范围分别为3.125～10.376 mg/L，进水含氮污染物超过地表Ⅴ类水标准，经好氧—缺氧型生态沟渠对寒旱区景观水处理后，总氮出水浓度变化范围分别为0.775～4.691 mg/L，其7月平均去除率为58.92%，8月平均去除率为66.17%，9月平均去除率为36.43%，总平均去除率为54.08%。其中，生态沟渠在7月、8月对总氮污染物的处理效果较好，最高去除率达76.59%，大部分时间达到地表Ⅴ类水标准，而进入9月后生态沟渠对总氮污染物的处理效果相对较差，最低去除率仅为21.79%，去除效果显著下降（$P<0.05$），未达到地表Ⅴ类水要求。这一方面是因为沟渠运行监测期间，7月、8月水温大多在17℃以上，但由于寒旱区独特的气候条件，8月末以后北方寒旱区逐渐进入秋季，水温下降到12℃左右（图8－16），而总氮等污染物出水浓度与水温呈极显著负相关（$r=-0.634$，$P<0.01$，表8－4），随着温度降低，部分微生物的生长代谢活性降低，降低了微生物对氮污染物的代谢转化效率；另一方面是由于植物逐渐停止生长，对氮元素的吸收减少，造成氮污染物去除效果不佳。

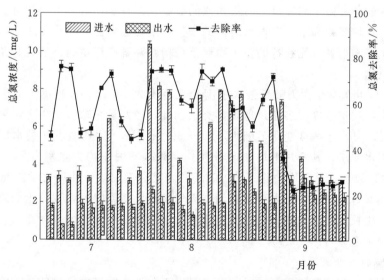

图8－15 好氧—缺氧型生态沟渠对总氮的处理效果

表8－4 温度与O/A型生态沟渠出水水质指标相关性分析

指标	总氮	氨氮	总磷	化学需氧量
温度	$-0.634**$	$-0.370*$	$-0.602**$	$-0.803**$

注：*表示差异显著，$P<0.05$；**表示差异极显著，$P<0.01$。

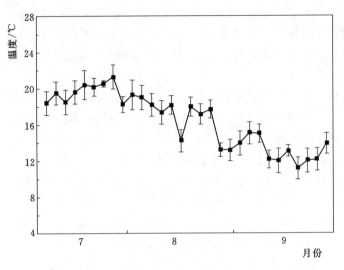

图 8-16　好氧—缺氧型生态沟渠水温变化

3. 对化学需氧量的去除效果

有机污染物可以经过植物的细胞膜进入植物中，少数小分子量的有机污染物可以经植物挥发而从植物叶片部位释放去除，部分不易挥发有机污染物可以经螯合作用降解或者酶分解，但植物并不能通过直接吸收有机污染物作为生长繁殖所需的碳源。由于水生植物能在根部区域形成厌氧、微好氧、好氧区，其为微生物的生长代谢提供了适宜微环境，植物根系表面附着的各种微生物通过对污染物质的吸收代谢转化，对污水中的有机质具有一定的去除能力，这种能力和附着在根系表面的微生物生物量和群落结构关系紧密，因此，好氧—缺氧型生态沟渠各单元独特的微生物群落结构对降解有机物提供了有利条件，有效降解了有机污染物。

由图 8-17 可知，化学需氧量进水浓度变化范围为 48.0～66.4mg/L，进水含氮污染物和有机污染物质量浓度大多超过地表 V 类水标准，经好氧—缺氧型生态沟渠对寒旱区城市水体处理后，其出水浓度变化范围为 24.0～36.8mg/L，达到地表 V 类水以上标准，满足一般景观用水要求，其 7 月平均去除率为 49.63%，8 月平均去除率为 52.42%，9 月平均去除率为 41.51%，总平均去除率为 47.95%。其在 7 月、8 月对化学需氧量的去除效果较好，但在 9 月上旬以后，由于试验地点天气转冷，气温降低，部分水处理微生物因生存环境改变，生长代谢活性减弱，进而造成对化学需氧量的去除效果渐差，化学需氧量的去除率下降较为明显（$P<0.05$）。

4. 对总磷的去除效果

基质作为人工湿地中的重要组成部分，是人工湿地去除磷污染物的主要途径，目前湿地基质已由单一基质向组合基质转变，组合基质中的各类基质可以形成对污染物的吸附优势叠加互补，基质的不同性质可以为微生物的生长提供多样的生存环境，这可以较好地提高氮磷污染物的去除效果。而水生植物对磷污染物的去除方式可分为直接去除与间接去除，直接去除是植物以吸附、吸收和富集的方式直接去除水体中的磷，间接去除则以植物根茎泌氧、增加与维持人工湿地的水力传输、影响其水力停留时间为去除磷污染物的方

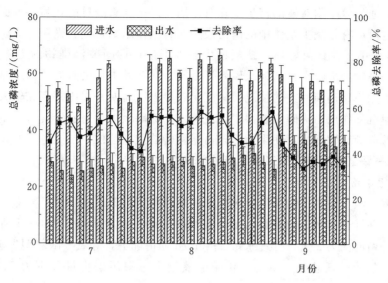

图 8-17　好氧—缺氧型生态沟渠对化学需氧量的处理效果

式，并且通过植物根系的泌氧能力为大量微生物生长繁殖创造适宜环境以达到磷污染物的去除。由图 8-18 可以看出，总磷进水浓度变化范围为 $0.134 \sim 0.404 mg/L$，其出水浓度变化范围为 $0.059 \sim 0.209 mg/L$，进水总磷浓度大多未超过地表Ⅴ类水标准，且好氧—缺氧型生态沟渠对总磷去除效果较好，其 7 月平均去除率为 44.72%，8 月平均去除率为 49.61%，9 月平均去除率为 25.99%，总平均去除率为 40.27%。

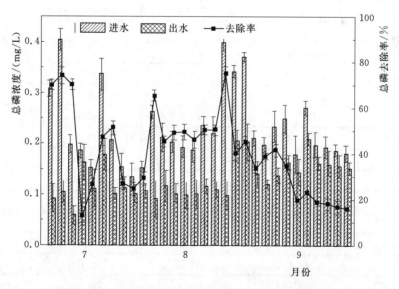

图 8-18　好氧—缺氧型生态沟渠对总磷的处理效果

经研究发现，在富营养化水体生态修复措施中，植物对吸收富营养物质虽然存在一定的去除效果，但植物对磷元素的吸收作用受植物吸收能力的限制，主要是以微生物及沉积物在去除水体磷污染物过程中发挥作用，这是由于一方面磷元素是微生物生长繁殖所必需的营养元素，通过微生物对磷的富集、降解作用可以达到除磷目的，另一方面沉积物对磷的吸附固定也可以有效减少水体中的磷污染物，其他作用如曝气、光照等对磷的去除率几乎为0，影响较小。并且由好氧—缺氧型生态沟渠运行期间磷污染物的去除效果可以看出，沟渠磷污染物的去除存在前期除磷效果较好，在7月中旬去除效果出现显著下降，后期磷污染物去除率又逐渐回升的情况。该变化趋势表明前期基质内外存在较大的磷污染物压力差，吸附沉淀作用为除磷主要因素，后期由于除磷微生物附着于含有大量磷污染物的基质表面，并逐渐繁殖增生，使生物除磷占据除磷的主导地位。

8.4.3 好氧—缺氧型生态沟渠工程经济效益分析

1. 工程污染物削减分析

通过好氧—缺氧型生态沟渠每个进出水周期内测定的进出水总氮、氨氮、化学需氧量和总磷浓度，并计算其污染物含量与其污染物削减量。测定结果如表8-5所示，由表可知，在水力停留时间为2天，处理水量294m³/d的情况下，好氧—缺氧型生态沟渠在7—9月监测期间总计拦截总氮、氨氮、化学需氧量和总磷污染物量分别为532628.04mg、169361.64mg、4915680.00mg和17886.96mg，平均总氮、氨氮、化学需氧量和总磷污染物去除量分别为8877.134mg/d、2822.694mg/d、81928.000mg/d和298.116mg/d。

表 8-5　　　　　　　　　　　生态沟渠污染物去除量　　　　　　　　　　单位：mg

日期	总氮去除量	氨氮去除量	化学需氧量去除量	总磷去除量
7月5—7日	8861.16	8620.08	136416	1270.08
7月8—10日	15329.16	5415.48	169344	1758.12
7月11—13日	13900.32	3381	169344	817.32
7月14—16日	9931.32	5985.84	131712	135.24
7月17—19日	9413.88	5785.92	145824	235.2
7月20—22日	21291.48	7861.56	183456	929.04
7月23—25日	27612.48	7032.48	206976	623.28
7月26—28日	11377.8	3992.52	145824	241.08
7月29—31日	8190.84	5115.6	122304	194.04
8月1—3日	9925.44	4233.6	122304	258.72
8月4—6日	45446.52	10313.52	211680	1011.36
8月7—9日	36261.96	7497	206976	564.48
8月10—12日	34597.92	9261	216384	588
8月13—15日	15276.24	1522.92	183456	564.48
8月16—18日	11248.44	2087.4	183456	505.68
8月19—21日	33621.84	9960.72	221088	699.72
8月22—24日	25313.4	5815.32	206976	646.8
8月25—27日	35115.36	11195.52	221088	1769.88
8月28—30日	25019.4	4598.16	164640	799.68
8月31—9月2日	26501.16	5168.52	145824	987.84

续表

日期	总氮去除量	氨氮去除量	化学需氧量去除量	总磷去除量
9月3—5日	15129.24	4480.56	150528	411.6
9月6—8日	18633.72	6762	192864	452.76
9月9—11日	30311.4	8919.96	216384	570.36
9月12—14日	15611.4	6397.44	155232	505.68
9月15—17日	4121.88	3363.36	127008	205.8
9月18—20日	5915.28	3769.08	108192	364.56
9月21—23日	4445.28	2399.04	122304	217.56
9月24—26日	4886.28	2781.24	112896	205.8
9月27—29日	4580.52	2945.88	127008	182.28
9月30—10月2日	4756.92	2698.92	108192	170.52
总计	532 628.04	169 361.64	4 915 680.00	17 886.96

2. 工程经济性分析

构建生态沟渠总长15m，深1.2m，基建及运行费用共计5850.8元，工程所用材料及成本见表8-6，根据好氧—缺氧型生态沟渠对总氮、氨氮、化学需氧量和总磷污染物的削减量计算出其处理成本比分别为0.011元/mg、0.034元/mg、0.001元/mg和0.327元/mg，经济效益较高。

表8-6　　　　　　　　　　　　　　生态沟渠材料及成本

序号	项目名称	项目特征描述	计量单位	工程量	金额/元 单价	金额/元 合价
1	挖沟槽土方		m³	12.15	30.00	364.50
2	沟槽内砖砌体		m²	2.43	30.00	72.90
3	防渗膜		m²	40	15.00	600.00
4	土工布		m²	41	10.00	410.00
5	PVC排水管	DN50	m	3	25.00	75.00
6	组合基质	砖块、沸石、炉渣	t	1.5	860.00	1290.00
7	鸢尾	27株/m²	m²	9.8	108.00	1058.40
8	浮床	0.33m×0.33m	个	32	7.00	224.00
9	集水池		m²	24	30.00	720.00
10	进水管	DN20	m	4	4.00	16.00
11	阀门		个	1	20.00	20.00
12	流量计		个	1	137.50	137.50
13	水泵		台	1	550.00	550.00
14	缓释氧颗粒		kg	7.5	15.00	112.50
15	其他					200.00
总计						5850.80

8.5 好氧—缺氧型生态沟渠微生物群落结构特性

8.5.1 高通量测序数据统计

通过对赛汗塔拉城中湿地草原进水沟渠底泥（L1）、螺旋形辫带式生物填料附着污

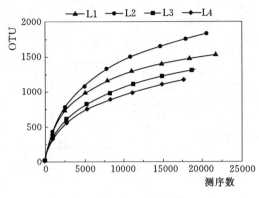

图8-19 稀释曲线

泥（L2）、组合基质（L3）和黄花鸢尾根系附着污泥（L4）样品的高通量测序，并对数据进行处理，得到如图8-19所示的有效序列数及OTU数。4个样品均获得17000以上的有效序列。经过对数据的优化处理，将质量较高的序列以97％相似度进行划分，分别得到1167～1534个OTU，进水沟渠底泥及生态沟渠中细菌种群丰富。

常用覆盖率以及稀释曲线来衡量所测序列库容中是否有足够的环境微生物种类和数量。从表8-8可知，通过对各样品中所获得的数据进行处理，测序结果显示测得有效序列数总计78304条，且各样品覆盖率均在99％以上，表明对进水沟渠底泥及生态沟渠中的样品基因序列检出概率较高，测序结果可以代表样品中微生物的真实情况。从图8-19的稀释曲线可以看出，曲线逐渐趋缓，此时若继续加大测序深度，得到的OTU数目将会逐渐减少，表明用于OTU聚类测序数据量较合理，更多数据量将产生少量新的OTU，本实验测序数据已经得到了样品的绝大部分信息，测序结果满足分析要求。

8.5.2 各部细菌多样性分析

1. α 多样性分析

各样品中细菌的OTUs数量及基于OTUs数量和相对丰度的4个Alpha多样性指数见表8-8。Chao、Ace指数代表细菌的丰度，其数值越大，数量越多；Shannon多样性指数、Simpson指数代表细菌群落多样性，Shannon多样性指数数值越高，Simpson指数数值越低，则样品物种多样性越高。由表8-7可知，L2、L3及L4样品的OTUs数量、丰度指数、多样性指数均与L1样品存在差异。经过数值比较表明，L1细菌丰度及多样性较生态沟渠中的L2、L3及L4样品高，L1的细菌群落含有更多微生物数量及更高的微生物多样性。研究表明，细菌的生长繁殖需要碳源、氮源和无机盐等营养物质，并对光照强度等环境均有要求，而进水沟渠底泥由于常年存在植物腐烂、不定期的城市雨水径流输入，其底泥碳源、氮源等营养物质积累丰富，故其细菌多样性相对较高。而且生物种群多样性指数数值越高，其生态环境越健康稳定，因此若是在原有沟渠的基础上构建好氧—缺氧型生态沟渠系统，其抗冲击性及去除效果可能进一步提高。

在好氧—缺氧型生态沟渠中，好氧单元的L2样品Chao、Ace指数数值分别为37和37.36；Shannon多样性指数数值为1.80，Simpson指数数值为0.23，其物种丰度及多样性最高。缺氧单元的L3样品Chao、Ace指数数值分别为29.5和29.59；Shannon多样

表 8-7　　　　　　　　　　　　各部细菌多样性分析

样品	序列数量	OTUs 数量	丰度指数		多样性指数		常用覆盖率
			Chao	Ace	Shannon	Simpson	
L1	21520	1534	37.2	38.02	2.03	0.18	0.9999
L2	20263	1830	37	37.36	1.80	0.23	0.9998
L3	18932	1317	29.5	29.59	1.60	0.30	0.9998
L4	17589	1167	30.5	31.92	1.74	0.27	0.9998

指数数值为 1.60，Simpson 指数达到 0.30，其物种丰度及多样性最低。该研究结果表明，由于氧环境不同，造成处于好氧单元的 L2 表面附着细菌种类多于 L3，这与高溶解氧环境中往往含有更高数量微生物、更高微生物群落多样性的研究结果较一致。

2. β 多样性分析

为了探究不同生境下 L1、L2、L3、L4 的细菌组成相似及差异性，对各样品细菌组成进行样本层级聚类分析，分析结果如图 8-20 所示。虽然鸢尾能够通过自身通气组织为茎、根系等分泌氧气，但其属于泌氧能力较低的植物，根系上形成的生物膜内层仍处于缺氧状态，与缺氧单元的组合基质氧环境较为接近，使得 L3、L4 细菌组成更为接近。L2 与 L3 上方均种植鸢尾，研究表明一些特定细菌会与特定的植物协同进化，这有利于特定细菌生长从而改变植物根区附近的细菌群落结构，因而细菌组成较为接近，但由于两个样本所处单元的氧状态不同，故其仍存在差异性。L1 由于未种植植物，所以其与生态沟渠微生物样品存在差异，但是由于生态沟渠使用进水沟渠底泥进行挂膜启动，因此进水沟渠底泥与生态沟渠中的细菌组成也有一定的相似程度。总体来看，不同生境下细菌 β 多样性受水体溶解氧、植物种植等各种因素影响。

8.5.3　各样品间细菌组成的总体差异和相似性

为进一步明确各部细菌群落的差异和相似性，从 Venn 图（图 8-21）对 4 组样品中共有和特有的 OTUs 进行分析，较为直观地表明各样品间 OTU 的重叠情况，L1、L2、L3 和 L4 表面附着细菌共有 OTUs 为 477 个，所特有的 OTUs 分别为 362 个、370 个、116

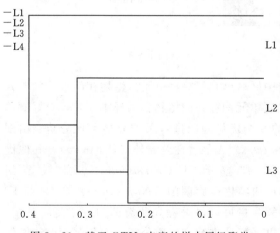

图 8-20　基于 OTUs 丰度的样本层级聚类

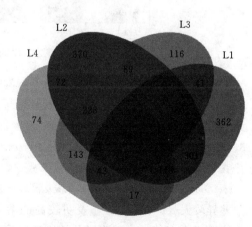

图 8-21　基于 OTUs 的 venn 分析结果

个和 74 个。其中，L1 和 L2 共有 OTUs 最多，为 1071 个，表明进水沟渠底泥中的微生物大多在螺旋形辫带式生物填料表面生存；L2 与 L3 表面附着细菌共有 OTUs 974 个，表明螺旋形辫带式生物填料虽然在好氧单元内，但其生物膜的厚度造成其内部也存在一定区域的缺氧环境。L2 和 L4 表面附着细菌共有 OTUs 与 L3 和 L4 表面附着细菌共有 OTUs 数量相近，分别为 890 个和 891 个，分析认为植物对组合基质与螺旋形辫带式生物填料表面附着细菌的影响作用较一致，并未产生较大差异。

8.5.4　各部细菌群落结构组成

1. 门水平

图 8-22 列出了各个样品的主要细菌门（相对丰度 1% 以上）及其相对丰度。从测序结果可以看出，优势门主要集中在变形菌门（*Proteobacteria*）和放线菌门（*Actinobacteria*），这两个门相对丰度在各个样品中均占 15% 以上。其中 L1 中绿弯菌门（*Chloroflexi*）占比达 27.6%，是其主要细菌门；酸杆菌门（*Acidobacteria*）含量也较高，其相对丰度为 5.8%。在 L2 中，厚壁菌门（*Firmicutes*）占比在 10% 以上。在 L3 中，变形菌门（*Proteobacteria*）相对丰度高达 49.6%，拟杆菌门（*Bacteroidetes*）丰度相对于其他样品含量较高，为 11.2%。在 L4 样品中，除变形菌门（*Proteobacteria*）和放线菌门（*Actinobacteria*）外，厚壁菌门（*Firmicutes*）占比也在 10% 以上。此外，*Patescibacteria*、芽单胞菌门（*Gemmatimonadetes*）等也有检出，相对丰度较低。

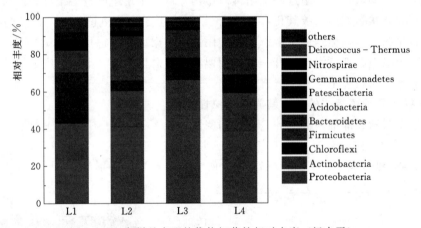

图 8-22　各样品表面的优势细菌的相对丰度（门水平）

为了进一步探究好氧—缺氧型生态沟渠中好氧单元与缺氧单元微生物在门水平的差异性，明确各单元主要功能，将好氧单元与缺氧单元均存在的植物根系样本剔除，对好氧单元的 L2 与缺氧单元的 L3 表面附着微生物的 9 个优势菌门进行了差异显著性分析。由图 8-23 可知，除了芽单胞菌门（*Gemmatimonadetes*）无显著性差异外（$P > 0.05$），其他优势菌门均存在显著差异（$P < 0.01$），厚壁菌门（*Firmicutes*）、放线菌门（*Actinobacteria*）、酸杆菌门（*Acidobacteria*）和硝化螺旋菌门（*Nitrospirae*）在 L2 与 L3 中差异较大（$P < 0.001$），表明较高的溶解氧含量可以显著提高此类菌门的丰度。其中，放线菌门大多能促进动物以及植物残骸腐烂并较好地进行有机质分解，硝化螺旋菌能够促使氮污染物转化为硝态氮，进而为反硝化脱氮提供电子受体。因此，生态沟渠的好氧单元

在降解有机质，促进含氮污染物的微生物硝化反应方面具有重要作用。而 L3 中的变形菌门（*Proteobacteria*）、拟杆菌门（*Bacteroidetes*）、绿弯菌门（*Chloroflexi*）与 L2 也存在显著性差异（$P<0.001$），其中变形菌门（*Proteobacteria*）、拟杆菌门（*Bacteroidetes*）在反硝化脱氮过程中起重要作用，其包含许多与碳、氮、硫循环等有关的菌属，并且在生态沟渠中分布较多，这与已有的关于人工湿地细菌群落结构的研究结果具有一致性，并且绿弯菌门（*Chloroflexi*）中也包含一部分的脱氮细菌。因此，缺氧单元的组合基质在好氧—缺氧型生态沟渠中微生物脱氮的作用相对较大。

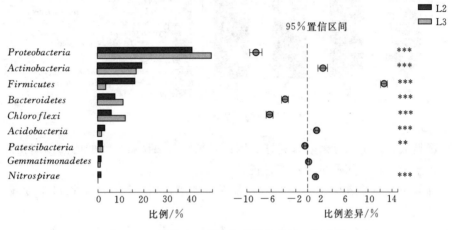

图 8-23 样品表面优势细菌的差异性（门水平）

2. 属水平

通过细菌群落结构的进一步解析，图 8-24 列出了各个样品的主要细菌属（相对丰度 2% 以上）及其相对丰度。从测序结果可以看出，在 L1 中，未命名厌氧绳菌科（*norank-f-Anaerolineaceae*）相对丰度较高，占比为 7.6%，低温细菌（*Cryobacterium*）相对丰度也较高，占比为 5.6%。在 L2 样品中，节杆菌属（*Arthrobacter*）、芽殖杆菌属（*Gemmobacter*）相对丰度均在 3% 以上，占比相对较高。在 L3 中，Steroidobacteraceae 相对丰度较高，占比 7.4%；其次为未命名暖绳菌科（*norank-f-Caldilineaceae*），占比为 5.7%；芽殖杆菌属（*Gemmobacter*）在组合基质中也存在，其相对丰度为 4.1%；伯克氏菌属（*Burkholderiaceae*）的相对丰度也较高，占比 3.7%。在 L4 样品中，微小杆菌属（*Exiguobacterium*）相对丰度较高，达 10.4%；其次为相对丰度在 5.6% 的不动杆菌（*Acinetobacter*）；并且暖绳菌科（*Caldilineaceae*）、芽殖杆菌属（*Gemmobacter*）均存在于植物根系样品中，且相对丰度均在 3% 以上。

从 L4 样品来看，植物根系样品中的微小杆菌属（*Exiguobacterium*）占比较大，其属于兼性厌氧菌，生境广阔，多数菌种具有耐/嗜冷性、耐/嗜热性、耐/嗜盐性、耐/嗜碱性，在分解有机污染物，根际促生，转化重金属等方面均有重要作用。不动杆菌（*Acinetobacter*）数量在根系样品中也有一定占比，这是因为根区环境不仅可以为各种微生物的生存提供适宜的微环境，还刺激了不动杆菌属（*Acinetobacter*）中的某些以氨氮为氮源的细菌生长繁殖。此外，不动杆菌（*Acinetobacter*）丰度还与湿地微生物磷污染物去除率有

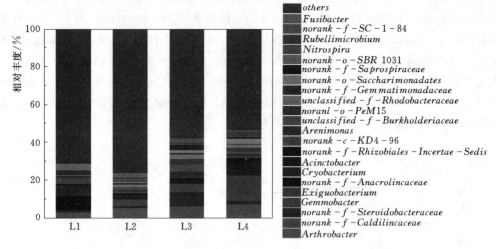

图 8-24 各样品表面的优势细菌的相对丰度（属水平）

关，其丰度越大，微生物除磷效果越好。因此，植物与根系微生物的协同作用在好氧—缺氧型生态沟渠中的脱氮除磷机制不可忽视。

剔除好氧单元与缺氧单元共存的植物根系样本后，对 L2、L3 中相对丰度较高的 10 种优势菌属进行差异性分析，由图 8-25 可知，在螺旋形辫带式生物填料中，由于第一单元的好氧环境，使节杆菌属（*Arthrobacter*）数量在螺旋形辫带式生物填料中的占比相对于组合基质较高，差异显著（$P < 0.001$）。节杆菌属（*Arthrobacter*）属于亚硝化菌属，可以完成氨氧化作用，促进湿地植物生长并强化植物对矿质营养的吸收和利用，且能抑制有害生物的细菌，为后续的硝化反应提供前提条件，在除氮过程中不可或缺。

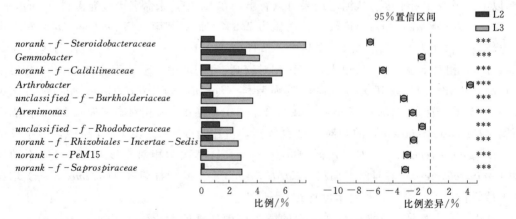

图 8-25 样品表面优势细菌的差异性（属水平）

脱氮菌属中的芽殖杆菌属（*Gemmobacter*）具有较强的脱氮性能，由于其属于兼性厌氧菌，故其在 L2 和 L3 表面均存在较大丰度，尤其以 L3 样品中居多（$P < 0.001$）。研究发现 L3 中 *Steroidobacteraceae*、暖绳菌科（*Caldilineaceae*）、伯克氏菌属（*Burkholderiaceae*）等反硝化菌属占优势，与 L2 表面附着细菌存在显著差异（$P < 0.001$），这是由于

组合基质中芽殖杆菌属（*Gemmobacter*）占比较大，研究表明在活性污泥中添加包含了芽殖杆菌属（*Gemmobacter*）的芽孢杆菌情况下会促进其他反硝化细菌的生长，且在各细菌的协同作用下可以使活性污泥具有更高效的反硝化特性，故芽殖杆菌属（*Gemmobacter*）在此生态沟渠脱氮中具有重要作用。

本研究还发现 L3 中具有氢自养反硝化功能，且碳氮比对其反硝化性能影响较小的铁矿沙单孢菌属（*Arenimonas*）也存在一定的丰度，并且与螺旋形辫带式生物填料表面附着细菌差异显著（$P < 0.001$）。经分析认为，这是由于组合基质中丰富的元素种类为铁矿沙单孢菌属提供了适宜的生存环境，促进了它的生长繁殖，这也是生态沟渠在碳氮比为12.6 的情况下仍具有较高氮污染物去除效果的原因。因此，在基质—植物—微生物的协同作用下，该好氧—缺氧型生态沟渠在寒旱区城市面源污染防治中的去污效果较好。

研究人员以面源污染防治措施中的生态沟渠系统为研究对象，探究了不同水力停留时间以及水位高度对生态沟渠系统去除氨氮、总氮、化学需氧量和总磷各污染物的影响，并在此基础上构建好氧—缺氧型生态沟渠工程，将其应用于寒旱区城市水体面源污染防治中，对好氧—缺氧型生态沟渠在寒旱区城市水体中的应用效果进行了探讨，并进行经济效益分析。最后，通过高通量测序分析好氧—缺氧型生态沟渠各部微生物群落的多样性及结构差异性，揭示其污染物去除机理。

参 考 文 献

［1］ 周建军，张曼. 近年长江中下游径流节律变化、效应与修复对策［J］. 湖泊科学，2018，30（6）：1471－1488.

［2］ 翟敏婷，辛卓航，韩建旭，张璐，张弛. 河流水质模拟及污染源归因分析［J］. 中国环境科学，2019，39（8）：3457－3464.

［3］ Wang J L，Ni J P，Chen C L，et al. Source－sink landscape spatial characteristics and effect on nonpoint source pollution in a small catchment of the Three Gorge Reservoir Region［J］. Journal of Mountain Science，2018，15（2）：327－339.

［4］ 蒋倩文，刘锋，彭英湘，等. 生态工程综合治理系统对农业小流域氮磷污染的治理效应［J］. 环境科学，2019，40（5）：2194－2201.

［5］ 吴国平，高孟宁，唐骏，等. 自然生物膜对面源污水中氮磷去除的研究进展［J］. 生态与农村环境学报，2019，35（7）：817－825.

［6］《海绵城市建设技术指南——低影响开发雨水系统构建（试行）》发布实施［J］. 城市规划通讯，2014（21）：8.

［7］ 王闪. 城市下凹式绿地和草地对降雨径流磷污染控制效果研究［D］. 北京：北京林业大学，2015.

［8］ 朋四海，黄俊杰，李田. 过滤型生物滞留池径流污染控制效果研究［J］. 给水排水，2014，40（6）：38－42.

［9］ Han H，Cui Y，Gao R，et al. Study on nitrogen removal from rice paddy field drainage by interaction of plant species and hydraulic conditions in eco－ditches［J］. Environmental Science and Pollution Research，2019.

［10］ Compant S，Clément C，Sessitsch A. Plant growth－promoting bacteria in the rhizo－and endosphere of plants：Their role，colonization，mechanisms involved and prospects for utilization［J］. Soil Biology and Biochemistry，2010，42（5）：669－678.

［11］ 李振灵，丁彦礼，白少元，等. 潜流人工湿地基质结构与微生物群落特征的相关性［J］. 环境科学，2017，38（9）：3713－3720.

［12］ Hirsch P，Schlesner H. Gemmobacter［M］. Bergey's Manual of Systematics of Archaea and Bacteria：John Wiley&amp；Sons，Ltd，2015.

［13］ 王思宇，李军，王秀杰，等. 添加芽孢杆菌污泥反硝化特性及菌群结构分析［J］. 中国环境科学，2017，37（12）：4649－4656.

［14］ 苏俊峰，张凯，黄廷林，等. 氢自养反硝化细菌 SY6 的反硝化特性研究［J］. 应用基础与工程科学学报，2015，23（3）：493－498.